COURS DE PHYSIQUE MATHÉMATIQUE

———

CALCUL DES PROBABILITÉS

69264 PARIS. — IMPRIMERIE GAUTHIER-VILLARS et Cie

Quai des Grands-Augustins, 55

COURS DE LA FACULTÉ DES SCIENCES DE PARIS

PUBLIÉS SOUS LES AUSPICES

DE L'ASSOCIATION AMICALE DES ÉLÈVES ET ANCIENS ÉLÈVES

DE LA FACULTÉ DES SCIENCES

CALCUL

DES

PROBABILITÉS

PAR

H. POINCARÉ

MEMBRE DE L'INSTITUT

RÉDACTION DE

A. QUIQUET

ANCIEN ÉLÈVE DE L'ÉCOLE NORMALE SUPÉRIEURE

DEUXIÈME ÉDITION, REVUE ET AUGMENTÉE PAR L'AUTEUR

NOUVEAU TIRAGE 1923

PARIS

GAUTHIER-VILLARS, IMPRIMEUR-LIBRAIRE

DU BUREAU DES LONGITUDES, DE L'ÉCOLE POLYTECHNIQUE

55, Quai des Grands-Augustins, 55

1912

CALCUL DES PROBABILITÉS.

INTRODUCTION (¹).

I. — LE HASARD.

« Comment oser parler des lois du hasard? Le hasard n'est-il pas l'antithèse de toute loi? » Ainsi s'exprime Bertrand, au début de son *Calcul des probabilités*. La probabilité est opposée à la certitude; c'est donc ce qu'on ignore et, par conséquent semble-t-il, ce qu'on ne saurait calculer. Il y a là une contradiction au moins apparente et sur laquelle on a déjà beaucoup écrit.

Et d'abord qu'est-ce que le hasard? Les anciens distinguaient les phénomènes qui semblaient obéir à des lois harmonieuses, établies une fois pour toutes, et ceux qu'ils attribuaient au hasard; c'étaient ceux qu'on ne pouvait prévoir parce qu'ils étaient rebelles à toute loi. Dans chaque domaine, les lois précises ne décidaient pas de tout, elles traçaient seulement les limites entre lesquelles il était permis au hasard de se mouvoir. Dans cette conception, le mot hasard avait un sens précis, objectif : ce qui était hasard

---

(¹) Cette Introduction est extraite du Chapitre intitulé : *Le hasard*, dans mon Ouvrage *Science et Méthode* (Flammarion).

pour l'un, était aussi hasard pour l'autre et même pour les dieux.

Mais cette conception n'est plus la nôtre; nous sommes devenus des déterministes absolus, et ceux mêmes qui veulent réserver les droits du libre arbitre humain laissent du moins le déterminisme régner sans partage dans le monde inorganique. Tout phénomène, si minime qu'il soit, à une cause, et un esprit infiniment puissant, infiniment bien informé des lois de la nature, aurait pu le prévoir dès le commencement des siècles. Si un pareil esprit existait, on ne pourrait jouer avec lui à aucun jeu de hasard, on perdrait toujours.

Pour lui, en effet, le mot de hasard n'aurait pas de sens, ou plutôt il n'y aurait pas de hasard. C'est à cause de notre faiblesse et de notre ignorance qu'il y en aurait un pour nous. Et, même sans sortir de notre faible humanité, ce qui est hasard pour l'ignorant, n'est plus hasard pour le savant. Le hasard n'est que la mesure de notre ignorance. Les phénomènes fortuits sont, par définition, ceux dont nous ignorons les lois.

Mais cette définition est-elle bien satisfaisante? Quand les premiers bergers chaldéens suivaient des yeux les mouvements des astres, ils ne connaissaient pas encore les lois de l'Astronomie; auraient-ils songé à dire que les astres se meuvent au hasard? Si un physicien moderne étudie un phénomène nouveau, et s'il en découvre la loi le mardi, aurait-il dit le lundi que ce phénomène était fortuit? Mais il y a plus : n'invoque-t-on pas souvent, pour prédire un phénomène, ce que Bertrand appelle les lois du hasard? Et, par exemple, dans la théorie cinétique des gaz, on retrouve les lois connues de Mariotte et de Gay-Lussac, grâce à cette hypothèse que les vitesses des molécules gazeuses varient irrégulièrement, c'est-à-dire au hasard. Les lois observables seraient beaucoup moins simples, diront tous les physiciens, si les vitesses étaient réglées par quelque loi élémentaire simple, si les molécules étaient, comme on dit, *organisées*, si elles obéissaient à quelque discipline. C'est grâce au hasard, c'est-à-dire grâce à notre ignorance, que nous pouvons conclure ; et alors si le mot hasard est tout simplement un synonyme d'ignorance, qu'est-ce que cela veut dire ? Faut-il donc traduire comme il suit ?

« Vous me demandez de vous prédire les phénomènes qui vont se produire. Si, par malheur, je connaissais les lois de ces phénomènes, je ne pourrais y arriver que par des calculs inextricables et je devrais renoncer à vous répondre ; mais, comme j'ai la chance de les ignorer, je vais vous répondre tout de suite. Et, ce qu'il y a de plus extraordinaire, c'est que ma réponse sera juste. »

Il faut donc bien que le hasard soit autre chose que le nom que nous donnons à notre ignorance, que parmi les phénomènes dont nous ignorons les causes, nous devions distinguer les phénomènes fortuits, sur lesquels le calcul des probabilités nous renseignera provisoirement, et ceux qui ne sont pas fortuits et sur lesquels nous ne pouvons rien dire, tant que nous n'aurons pas déterminé les lois qui les régissent. Et pour les phénomènes fortuits eux-mêmes, il est clair que les renseignements que nous fournit le calcul des probabilités ne cesseront pas d'être vrais le jour où ces phénomènes seront mieux connus.

Le directeur d'une compagnie d'assurances sur la vie ignore quand mourra chacun de ses assurés, mais il compte sur le calcul des probabilités et sur la loi des grands nombres et il ne se trompe pas, puisqu'il distribue des dividendes à ses actionnaires. Ces dividendes ne s'évanouiraient pas si

un médecin très perspicace et très indiscret venait, une fois
les polices signées, renseigner le directeur sur les chances
de vie des assurés. Ce médecin dissiperait l'ignorance du
directeur, mais il n'aurait aucune influence sur les dividendes qui ne sont évidemment pas un produit de cette
ignorance.

II. — Définition du hasard.

Pour trouver une meilleure définition du hasard, il nous
faut examiner quelques-uns des faits qu'on s'accorde à
regarder comme fortuits, et auxquels le calcul des probabilités paraît s'appliquer; nous rechercherons ensuite quels
sont leurs caractères communs.

Le premier exemple que nous allons choisir est celui de
l'équilibre instable; si un cône repose sur sa pointe, nous
savons bien qu'il va tomber, mais nous ne savons pas de
quel côté; il nous semble que le hasard seul va en décider.
Si le cône était parfaitement symétrique, si son axe était
parfaitement vertical, s'il n'était soumis à aucune autre
force que la pesanteur, il ne tomberait pas du tout. Mais le
moindre défaut de symétrie va le faire pencher légèrement
d'un côté ou de l'autre, et dès qu'il penchera, si peu que ce
soit, il tombera tout à fait de ce côté. Si même la symétrie
est parfaite, une trépidation très légère, un souffle d'air
pourra le faire incliner de quelques secondes d'arc ; ce sera
assez pour déterminer sa chute et même le sens de sa chute
qui sera celui de l'inclinaison initiale.

Une cause très petite, qui nous échappe, détermine un
effet considérable que nous ne pouvons pas ne pas voir, et
alors nous disons que cet effet est dû au hasard. Si nous connaissions exactement les lois de la nature et la situation de

l'univers à l'instant initial, nous pourrions prédire exactement la situation de ce même univers à un instant ultérieur. Mais, lors même que les lois naturelles n'auraient plus de secret pour nous, nous ne pourrions connaître la situation qu'*approximativement*. Si cela nous permet de prévoir la situation ultérieure *avec la même approximation*, c'est tout ce qu'il nous faut, nous disons que le phénomène a été prévu, qu'il est régi par des lois ; mais il n'en est pas toujours ainsi, il peut arriver que de petites différences dans les conditions initiales en engendrent de très grandes dans les phénomènes finaux ; une petite erreur sur les premières produirait une erreur énorme sur les derniers. La prédiction devient impossible et nous avons le phénomène fortuit.

Notre second exemple sera fort analogue au premier et nous l'emprunterons à la météorologie. Pourquoi les météorologistes ont-ils tant de peine à prédire le temps avec quelque certitude ? Pourquoi les chutes de pluie, les tempêtes elles-mêmes nous semblent-elles arriver au hasard, de sorte que bien des gens trouvent tout naturel de prier pour avoir la pluie ou le beau temps, alors qu'ils jugeraient ridicule de demander une éclipse par une prière ? Nous voyons que les grandes perturbations se produisent généralement dans les régions où l'atmosphère est en équilibre instable. Les météorologistes voient bien que cet équilibre est instable, qu'un cyclone va naître quelque part ; mais où, ils sont hors d'état de le dire ; un dixième de degré en plus ou en moins en un point quelconque, le cyclone éclate ici et non pas là, et il étend ses ravages sur des contrées qu'il aurait épargnées. Si l'on avait connu ce dixième de degré, on aurait pu le savoir d'avance, mais les observations n'étaient ni assez serrées, ni assez précises, et c'est pour cela que tout semble dû à l'intervention du hasard. Ici encore, nous retrouvons le même contraste entre une cause minime, inappréciable pour l'observateur, et des effets considérables, qui sont quelquefois d'épouvantables désastres.

Passons à un autre exemple, la distribution des petites planètes sur le zodiaque. Leurs longitudes initiales ont pū être quelconques; mais leurs moyens mouvements étaient différents et elles circulent depuis si longtemps qu'on peut dire qu'actuellement, elles sont distribuées *au hasard* le long du zodiaque. De très petites différences initiales entre leurs distances au Soleil, ou ce qui revient au même entre leurs mouvements moyens, ont fini par donner d'énormes différences entre leurs longitudes actuelles; un excès d'un millième de seconde dans le moyen mouvement diurne donnera, en effet, une seconde en trois ans, un degré en dix mille ans, une circonférence entière en trois ou quatre millions d'années, et qu'est-ce que cela auprès du temps qui s'est écoulé depuis que les petites planètes se sont détachées de la nébuleuse de Laplace? Voici donc une fois de plus une petite cause et un grand effet; ou mieux de petites différences dans la cause et de grandes différences dans l'effet.

Le jeu de la roulette nous éloigne moins qu'il ne semble de l'exemple précédent. Supposons une aiguille qu'on peut faire tourner autour d'un pivot, sur un cadran divisé en roo secteurs alternativement rouges et noirs. Si elle s'arrête sur un secteur rouge, la partie est gagnée, sinon, elle est perdue. Tout dépend évidemment de l'impulsion initiale que nous donnons à l'aiguille. L'aiguille fera, je suppose, 10 ou 20 fois le tour, mais elle s'arrêtera plus ou moins vite, suivant que j'aurai poussé plus ou moins fort. Seulement, il suffit que l'impulsion varie d'un millième, ou d'un deux-millième, pour que mon aiguille s'arrête à un secteur qui est noir ou au secteur suivant qui est rouge. Ce sont là des différences que le sens musculaire ne peut apprécier et qui échapperaient même à des instruments plus délicats. Il m'est donc impossible de prévoir ce que va faire l'aiguille que je viens de lancer, et c'est pourquoi mon cœur bat et que j'attends tout du hasard. La différence dans la cause est imperceptible, et la différence dans l'effet est pour moi de la plus haute importance, puisqu'il y va de toute ma mise.

III

Voici maintenant d'autres exemples où nous allons voir apparaître des caractères un peu différents. Prenons d'abord la théorie cinétique des gaz. Comment devons-nous nous représenter un récipient rempli de gaz? D'innombrables molécules, animées de grandes vitesses, sillonnent ce récipient dans tous les sens; à chaque instant, elles choquent les parois, ou bien elles se choquent entre elles; et ces chocs ont lieu dans les conditions les plus diverses. Ce qui nous frappe surtout ici, ce n'est pas la petitesse des causes, c'est leur complexité. Et, cependant, le premier élément se retrouve encore ici et joue un rôle important. Si une molécule était déviée vers la gauche ou la droite de sa trajectoire, d'une quantité très petite, comparable au rayon d'action des molécules gazeuses, elle éviterait un choc, ou elle le subirait dans des conditions différentes, et cela ferait varier, peut-être de 90° ou de 180°, la direction de sa vitesse après le choc.

Et ce n'est pas tout, il suffit, nous venons de le voir, de dévier la molécule avant le choc d'une quantité infiniment petite, pour qu'elle soit déviée, après le choc, d'une quantité finie. Si alors la molécule subit deux chocs successifs, il suffira de la dévier, avant le premier choc, d'une quantité infiniment petite du second ordre, pour qu'elle le soit, après le premier choc, d'une quantité infiniment petite du premier ordre et, après le second choc, d'une quantité finie. Et la molécule ne subira pas deux chocs seulement, elle en subira un très grand nombre par seconde. De sorte que si le premier choc a multiplié la déviation par un très grand nombre A, après n chocs, elle sera multipliée par A^n; elle sera donc devenue très grande, non seulement parce que A est grand, c'est-à-dire parce que les petites causes produisent de grands effets, mais parce que l'exposant n est grand, c'est-à-dire parce que les chocs sont très nombreux et que les causes sont très complexes.

Passons à un deuxième exemple; pourquoi, dans une averse, les gouttes de pluie nous semblent-elles distribuées au hasard? C'est encore à cause de la complexité des causes qui déterminent leur formation. Des ions se sont répandus dans l'atmosphère, pendant longtemps ils ont été soumis à des courants d'air constamment changeants, ils ont été entraînés dans des tourbillons de très petites dimensions, de sorte que leur distribution finale n'a plus aucun rapport avec leur distribution initiale. Tout à coup, la température s'abaisse, la vapeur se condense et chacun de ces ions devient le centre d'une goutte de pluie. Pour savoir quelle sera la distribution de ces gouttes et combien il en tombera sur chaque pavé, il ne suffirait pas de connaître la situation initiale des ions, il faudrait supputer l'effet de mille courants d'air minuscules et capricieux.

Et c'est encore la même chose si l'on met des grains de poussière en suspension dans l'eau; le vase est sillonné par des courants dont nous ignorons la loi, nous savons seulement qu'elle est très compliquée; au bout d'un certain temps, les grains seront distribués au hasard, c'est-à-dire uniformément, dans ce vase, et cela est dû précisément à la complication de ces courants. S'ils obéissaient à quelque loi simple, si, par exemple, le vase était de révolution et si les courants circulaient autour de l'axe du vase en décrivant des cercles, il n'en serait plus de même, puisque chaque grain conserverait sa hauteur initiale et sa distance initiale à l'axe.

On arriverait au même résultat en envisageant le mélange de deux liquides ou de deux poudres à grains fins. Et pour prendre un exemple plus grossier, c'est aussi ce qui arrive quand on bat les cartes d'un jeu. A chaque coup, les cartes subissent une permutation (analogue à celles qu'on étudie dans la théorie des substitutions). Quelle est celle qui se réalisera? La probabilité, pour que ce soit telle permutation [par exemple, celle qui amène au rang n la carte qui occupait le rang $\varphi(n)$ avant la permutation], cette probabilité, dis-je, dépend des habitudes du joueur. Mais si ce joueur bat les cartes assez longtemps, il y aura un grand nombre de permutations successives; et l'ordre final qui en résultera ne sera plus régi que par le hasard; je veux dire que tous les ordres possibles seront également probables. C'est au grand nombre des permutations successives, c'est-à-dire à la complexité du phénomène, que ce résultat est dû.

Un mot enfin de la théorie des erreurs. C'est ici que les causes sont complexes et qu'elles sont multiples. A combien de pièges n'est pas exposé l'observateur, même avec le meilleur instrument? Il doit s'attacher à apercevoir les plus gros et à les éviter. Ce sont ceux qui donnent naissance aux erreurs systématiques. Mais quand il les a éliminés, en admettant qu'il y parvienne, il en reste beaucoup de petits, lesquels, en accumulant leurs effets, peuvent devenir dangereux. C'est de là que proviennent les erreurs accidentelles; et nous les attribuons au hasard, parce que leurs causes sont trop compliquées et trop nombreuses. Ici encore, nous n'avons que de petites causes, mais chacune d'elles ne produirait qu'un petit effet; c'est par leur union et par leur nombre que leurs effets deviennent redoutables.

IV

On peut se placer encore à un troisième point de vue, qui a moins d'importance que les deux premiers et sur lequel j'insisterai moins. Quand on cherche à prévoir un fait et qu'on en examine les antécédents, on s'efforce de s'enquérir de la situation antérieure; mais on ne saurait le faire pour toutes les parties de l'univers, on se contente de savoir ce qui se passe dans le voisinage du point où le fait doit se produire, ou ce qui paraît avoir quelque rapport avec ce fait. Une enquête ne peut être complète, et il faut savoir choisir. Mais il peut arriver que nous ayons laissé de côté des circonstances qui, au premier abord, semblaient complètement étrangères au fait prévu, auxquelles on n'aurait jamais songé à attribuer aucune influence et qui, cependant, contre toute prévision, viennent à jouer un rôle important.

Un homme passe dans la rue en allant à ses affaires; quelqu'un qui aurait été au courant de ces affaires pourrait dire pour quelle raison il est parti à telle heure, pourquoi il est passé par telle rue. Sur le toit travaille un couvreur; l'entrepreneur qui l'emploie pourra, dans une certaine mesure, prévoir ce qu'il va faire. Mais l'homme ne pense guère au

couvreur, ni le couvreur à l'homme : ils semblent appartenir à deux mondes complètement étrangers l'un à l'autre. Et
pourtant, le couvreur laisse tomber une tuile qui tue
l'homme, et on n'hésitera pas à dire que c'est là un hasard.

Notre faiblesse ne nous permet pas d'embrasser l'univers
tout entier, et nous oblige à le découper en tranches. Nous
cherchons à le faire aussi peu artificiellement que possible,
et, néanmoins, il arrive, de temps en temps, que deux de ces
tranches réagissent l'une sur l'autre. Les effets de cette
action mutuelle nous paraissent alors dus au hasard.

Est-ce là une troisième manière de concevoir le hasard ?
Pas toujours; en effet, la plupart du temps, on est ramené à
la première ou à la seconde. Toutes les fois que deux
mondes, généralement étrangers l'un à l'autre, viennent
ainsi à réagir l'un sur l'autre, les lois de cette réaction ne
peuvent être que très complexes, et, d'autre part, il aurait
suffi d'un très petit changement dans les conditions initiales de ces deux mondes pour que la réaction n'eût pas
lieu. Qu'il aurait fallu peu de chose pour que l'homme
passât une seconde plus tard, ou que le couvreur laissât
tomber sa tuile une seconde plus tôt !

V. — Les lois du hasard.

Tout ce que nous venons de dire ne nous explique pas
encore pourquoi le hasard obéit à des lois. Suffit-il que les
causes soient petites, ou qu'elles soient complexes, pour
que nous puissions prévoir, sinon quels en sont les effets
dans chaque cas, mais au moins ce que seront ces effets *en
moyenne?* Pour répondre à cette question, le mieux est de
reprendre quelques-uns des exemples cités plus haut.

Je commencerai par celui de la roulette. J'ai dit que le

point où s'arrêtera l'aiguille va dépendre de l'impulsion initiale qui lui est donnée. Quelle est la probabilité pour que cette impulsion ait telle ou telle valeur? Je n'en sais rien, mais il m'est difficile de ne pas admettre que cette probabilité est représentée par une fonction analytique continue. La probabilité pour que l'impulsion soit comprise entre a et $a + \varepsilon$ sera alors sensiblement égale à la probabilité pour qu'elle soit comprise entre $a + \varepsilon$ et $a + 2\varepsilon$, *pourvu que ε soit très petit.* C'est là une propriété commune à toutes les fonctions analytiques. Les petites variations de la fonction sont proportionnelles aux petites variations de la variable.

Mais, nous l'avons supposé, une très petite variation de l'impulsion suffit pour changer la couleur du secteur devant lequel l'aiguille finira par s'arrêter. De a à $a + \varepsilon$ c'est le rouge, de $a + \varepsilon$ à $a + 2\varepsilon$ c'est le noir; la probabilité de chaque secteur rouge est donc la même que celle du secteur noir suivant, et, par conséquent, la probabilité totale du rouge est égale à la probabilité totale du noir.

La donnée de la question, c'est la fonction analytique qui représente la probabilité d'une impulsion initiale déterminée. Mais le théorème reste vrai, quelle que soit cette donnée, parce qu'il dépend d'une propriété commune à toutes les fonctions analytiques. Il en résulte que, finalement, nous n'ayons plus aucun besoin de la donnée.

Ce que nous venons de dire pour le cas de la roulette s'applique aussi à l'exemple des petites planètes. Le zodiaque peut être regardé comme une immense roulette sur laquelle le Créateur a lancé un très grand nombre de petites boules, auxquelles il a communiqué des impulsions initiales diverses, variant suivant une loi d'ailleurs quelconque. Leur distribution actuelle est uniforme et indépendante de cette loi, pour la même raison que dans le cas précédent. On voit ainsi pourquoi les phénomènes obéissent aux lois du hasard, quand de petites différences dans les causes suffisent pour amener de grandes différences dans les effets. Les probabilités de ces petites différences peuvent alors être regardées comme proportionnelles à ces différences elles-mêmes, justement parce que ces différences sont petites et que les petits accroissements d'une fonction continue sont proportionnels à ceux de la variable.

Passons à un exemple entièrement différent, où intervient surtout la complexité des causes; je suppose qu'un joueur batte un jeu de cartes. A chaque battement, il intervertit l'ordre des cartes, et il peut les intervertir de plusieurs manières. Supposons trois cartes seulement pour simplifier l'exposition. Les cartes qui, avant le battement, occupaient respectivement les rangs 123, pourront, après le battement, occuper les rangs

$$123, \quad 231, \quad 312, \quad 321, \quad 132, \quad 213.$$

Chacune de ces six hypothèses est possible et elles ont respectivement pour probabilités

$$p_1, \quad p_2, \quad p_3, \quad p_4, \quad p_5, \quad p_6.$$

La somme de ces six nombres est égale à 1; mais c'est tout ce que nous en savons; ces six probabilités dépendent naturellement des habitudes du joueur, que nous ne connaissons pas.

Au second battement et aux suivants, cela recommencera et dans les mêmes conditions; je veux dire que p_4, par exemple, représente toujours la probabilité pour que les trois cartes qui occupaient après le n^e battement et avant le $(n+1)^e$ les rangs 123, pour que ces trois cartes, dis-je, occupent les rangs $3\,2\,1$ après le $(n+1)^e$ battement. Et cela reste vrai, quel que soit le nombre n, puisque les habitudes du joueur, sa façon de battre restent les mêmes.

Mais, si le nombre des battements est très grand, les cartes qui, avant le 1er battement, occupaient les rangs 123, pourront, après le dernier battement, occuper les rangs

$$123, \quad 231, \quad 312, \quad 321, \quad 132 \quad 213,$$

et la probabilité de ces six hypothèses sera sensiblement la même et égale à $\frac{1}{6}$; et cela sera vrai, quels que soient les nombres $p_1, \ldots, p_6$, que nous ne connaissons pas. Le grand nombre des battements, c'est-à-dire la complexité des causes, a produit l'uniformité.

Cela s'appliquerait sans changement, s'il y avait plus de trois cartes; mais, même avec trois cartes, la démonstration serait compliquée; je me contenterai ici de la donner pour deux cartes seulement [1]. Nous n'avons plus que deux hypothèses

$$1\,2, \quad 2\,1,$$

avec les probabilités p_1 et $p_2 = 1 - p_1$. Supposons n battements, et supposons que je gagne 1 franc si les cartes sont finalement dans l'ordre initial, et que j'en perde 1 si elles sont finalement interverties. Alors, mon espérance mathématique sera

$$(p_1 - p_2)^n.$$

La différence $p_1 - p_2$ est certainement plus petite que 1; de sorte que, si n est très grand, mon espérance sera nulle; nous n'avons pas besoin de connaître p_1 et p_2 pour savoir que le jeu est équitable.

---

[1] *Voir* un calcul plus complet au Chapitre intitulé : *Questions diverses.*

Il y aurait une exception toutefois, si l'un des nombres p_1 et p_2 était égal à 1 et l'autre nul. *Cela ne marcherait plus alors, parce que nos hypothèses initiales seraient trop simples.*

Ce que nous venons de voir ne s'applique pas seulement au mélange des cartes, mais à tous les mélanges, à ceux des poudres et des liquides, et même à ceux des molécules gazeuses dans la théorie cinétique des gaz. Pour en revenir à cette théorie, supposons, pour un instant, un gaz dont les molécules ne puissent se choquer mutuellement, mais puissent être déviées par des chocs sur les parois du vase où le gaz est renfermé. Si la forme du vase est suffisamment compliquée, la distribution des molécules et celle des vitesses ne tarderont pas à devenir uniformes. Il n'en sera plus de même si le vase est sphérique ou s'il a la forme d'un parallélépipède rectangle. Pourquoi? Parce que, dans le premier cas, la distance du centre à une trajectoire quelconque demeurera constante; dans le second cas, ce sera la valeur absolue de l'angle de chaque trajectoire avec les faces du parallélépipède.

On voit ainsi ce que l'on doit entendre par conditions *trop simples*; ce sont celles qui conservent quelque chose, qui laissent subsister un invariant. Les équations différentielles du problème sont-elles trop simples pour que nous puissions appliquer les lois du hasard? Cette question paraît, au premier abord, dénuée de sens précis; nous savons maintenant ce qu'elle veut dire. Elles sont trop simples, si elles conservent quelque chose, si elles admettent une intégrale uniforme; si quelque chose des conditions initiales demeure inaltéré, il est clair que la situation finale ne pourra plus être indépendante de la situation initiale.

Venons enfin à la théorie des erreurs. A quoi sont dues les erreurs accidentelles, nous l'ignorons, et c'est justement parce que nous l'ignorons que nous savons qu'elles vont obéir à la loi de Gauss. Tel est le paradoxe. Il s'explique à peu près de la même manière que dans les cas précédents. Nous n'avons besoin de savoir qu'une chose : que les erreurs sont très nombreuses, qu'elles sont très petites, que chacune d'elles peut être aussi bien négative que positive. Quelle est la courbe de probabilité de chacune d'elles? Nous n'en savons rien, nous supposons seulement que cette courbe est symétrique. On démontre alors que l'erreur résultante suivra la loi de Gauss, et cette loi résultante est indépendante des lois particulières que nous ne connaissons pas. Ici, encore, la simplicité du résultat est née de la complication même des données.

<h2 style="text-align:center">VI</h2>

Nous avons cherché à définir le hasard, et il convient maintenant de se poser une question. Le hasard, étant ainsi défini dans la mesure où il peut l'être, a-t-il un caractère objectif?

On peut se le demander. J'ai parlé de causes très petites ou très complexes. Mais ce qui est très petit pour l'un ne peut-il être grand pour l'autre, et ce qui semble très complexe à l'un ne peut-il paraître simple à l'autre? J'ai déjà répondu en partie, puisque j'ai dit plus haut, d'une façon précise, dans quel cas des équations différentielles deviennent trop simples pour que les lois du hasard restent applicables. Mais il convient d'examiner la chose d'un peu plus près, car on peut se placer encore à d'autres points de vue.

Que signifie le mot très petit? Il suffit, pour le comprendre, de se reporter à ce que nous avons dit plus haut. Une différence est très petite, un intervalle est très petit, lorsque, dans les limites de cet intervalle, la probabilité reste sensiblement constante. Et pourquoi cette probabilité peut-elle être regardée comme constante dans un petit intervalle? C'est parce que nous admettons que la loi de probabilité est représentée par une courbe continue; et non seulement continue au sens analytique du mot, mais *pratiquement* continue, comme je l'expliquais plus haut. Cela veut dire que, non seulement, elle ne présentera pas d'hiatus absolu, mais qu'elle n'aura pas non plus de saillants et de rentrants trop aigus ou trop accentués.

Et qu'est-ce qui nous donne le droit de faire cette hypothèse? Nous l'avons dit plus haut, c'est parce que, depuis le commencement des siècles, il y a des causes complexes qui ne cessent d'agir dans le même sens et qui font tendre constamment le monde vers l'uniformité, sans qu'il puisse jamais revenir en arrière. Ce sont ces causes qui ont peu à peu abattu les saillants et rempli les rentrants, et c'est pour cela que nos courbes de probabilité n'offrent plus que des ondulations lentes. Dans des milliards de milliards de siècles, on aura fait un pas de plus vers l'uniformité et ces ondulations seront dix fois plus lentes encore : le rayon de courbure moyen de notre courbe sera devenu dix fois plus grand. Et, alors, telle longueur, qui, aujourd'hui, ne nous semble pas très petite, parce que sur notre courbe un arc de cette longueur ne peut être regardé comme rectiligne, devra, au contraire, à cette époque, être qualifiée de très petite, puisque la courbure sera devenue dix fois moindre, et qu'un arc de cette longueur pourra être sensiblement assimilé à une droite.

Ainsi ce mot de très petit reste relatif; mais il n'est pas relatif à tel homme ou à tel autre, il est relatif à l'état actuel du monde. Il changera de sens quand le monde sera devenu plus uniforme, que toutes les choses se seront mélangées plus encore. Mais alors, sans doute, les hommes ne pourront plus vivre et devront faire place à d'autres êtres; dois-je dire beaucoup plus petits ou beaucoup plus grands? De sorte que notre critérium, restant vrai pour tous les hommes, conserve un sens objectif.

Et que veut dire, d'autre part, le mot très complexe? J'ai déjà donné une solution, et c'est celle que j'ai rappelée au début de ce paragraphe, mais il y en a d'autres. Les causes complexes, nous l'avons dit, produisent un mélange de plus en plus intime, mais au bout de combien de temps ce mélange nous satisfera-t-il? Quand aura-t-on accumulé assez de complications? Quand aura-t-on suffisamment battu les cartes? Si nous mélangeons deux poudres, l'une bleue, l'autre blanche, il arrive un moment où la teinte du mélange nous paraît uniforme; c'est à cause de l'infirmité de nos sens; elle sera uniforme pour le presbyte qui est obligé de regarder de loin, quand elle ne le sera pas encore pour le myope. Et quand elle le sera devenue pour toutes les vues, on pourra encore reculer la limite par l'emploi des instruments. Il n'y a pas de chance pour qu'aucun homme discerne jamais la variété infinie qui, si la théorie cinétique est vraie, se dissimule sous l'apparence uniforme d'un gaz. Et, cependant, si l'on adopte les idées de Gouy sur le mouvement brownien, le microscope ne semble-t-il pas sur le point de nous montrer quelque chose d'analogue?

Ce nouveau critérium est donc relatif comme le premier, et, s'il conserve un caractère objectif, c'est parce que tous les hommes ont à peu près les mêmes sens, que la puissance de leurs instruments est limitée et qu'ils ne s'en servent d'ailleurs qu'exceptionnellement.

VII. — LA PROBABILITÉ DANS LES SCIENCES MORALES.

C'est la même chose dans les sciences morales et en particulier dans l'histoire. L'historien est obligé de faire un choix dans les événements de l'époque qu'il étudie; il ne raconte que ceux qui lui semblent les plus importants. Il s'est donc contenté de relater les événements les plus considérables du xvi⁰ siècle par exemple, de même que les faits les plus remarquables du xvii⁰ siècle. Si les premiers suffisent pour expliquer les seconds, on dit que ceux-ci sont « conformes aux lois de l'histoire ». Mais si un grand événement du xvii⁰ siècle reconnaît pour cause un petit fait du xvi⁰ siècle, qu'aucune histoire ne rapporte, que tout le monde a négligé, alors on dit que cet événement est dû au hasard; ce mot a donc le même sens que dans les sciences physiques; il signifie que de petites causes ont produit de grands effets.

Le plus grand hasard est la naissance d'un grand homme. Ce n'est que par hasard que se sont rencontrées deux cellules génitales, de sexe différent, qui contenaient précisément, chacune de son côté, les éléments mystérieux dont la réaction mutuelle devait produire le génie. On tombera d'accord que ces éléments doivent être rares et que leur rencontre est encore plus rare. Qu'il aurait fallu peu de chose pour dévier de sa route le spermatozoïde qui les portait; il aurait suffi de le dévier d'un dixième de millimètre et Napoléon ne naissait pas et les destinées d'un continent étaient changées. Nul exemple ne peut mieux faire comprendre les véritables caractères du hasard.

Un mot encore sur les paradoxes auxquels a donné lieu l'application du calcul des probabilités aux sciences morales.

On a démontré qu'aucune Chambre ne contiendrait jamais aucun député de l'opposition, ou du moins un tel événement serait tellement improbable qu'on pourrait, sans crainte, parier le contraire, et parier un million contre un sou. Condorcet s'est efforcé de calculer combien il fallait de jurés pour qu'une erreur judiciaire devînt pratiquement impossible. Si l'on avait utilisé les résultats de ce calcul, on se serait certainement exposé aux mêmes déceptions qu'en pariant sur la foi du calcul que l'opposition n'aurait jamais aucun représentant.

Les lois du hasard ne s'appliquent pas à ces questions. Si la justice ne se décide pas toujours par de bonnes raisons, elle use moins qu'on ne croit de la méthode de Bridoye; c'est peut-être fâcheux puisque, alors, le système de Condorcet nous mettrait à l'abri des erreurs judiciaires.

Qu'est-ce à dire? Nous sommes tentés d'attribuer au hasard les faits de cette nature, parce que les causes en sont obscures; mais ce n'est pas là le vrai hasard. Les causes nous sont inconnues, il est vrai, et même elles sont complexes; mais elles ne le sont pas assez puisqu'elles conservent quelque chose; nous avons vu que c'est là ce qui distingue les causes « trop simples ». Quand des hommes sont rapprochés, ils ne se décident plus au hasard et indépendamment les uns des autres; ils réagissent les uns sur les autres. Des causes multiples entrent en action, elles troublent les hommes, les entraînent à droite et à gauche, mais il y a une chose qu'elles ne peuvent détruire, ce sont leurs habitudes de moutons de Panurge. Et c'est cela qui se conserve.

VIII. — Réflexions diverses.

Il y aurait beaucoup d'autres questions à soulever, si je voulais les aborder avant d'avoir résolu celle que je m'étais plus spécialement proposée. Quand nous constatons un résultat simple, quand nous trouvons un nombre rond, par exemple, nous disons qu'un pareil résultat ne peut pas être dû au hasard, et nous cherchons pour l'expliquer une cause non fortuite. Et, en effet, il n'y a qu'une très faible probabilité pour qu'entre 10000 nombres, le hasard amène un nombre rond, le nombre 10000 par exemple; il y a seulement une chance sur 10000. Mais il n'y a non plus qu'une chance sur 10000 pour qu'il amène n'importe quel autre nombre; et cependant ce résultat ne nous étonnera pas, et il ne nous répugnera pas de l'attribuer au hasard; et cela simplement parce qu'il sera moins frappant.

Y a-t-il là, de notre part, une simple illusion, ou bien y a-t-il des cas où cette façon de voir est légitime? Il faut l'espérer, car, sans cela, toute science serait impossible. Quand nous voulons contrôler une hypothèse, que faisons-nous? Nous ne pouvons en vérifier toutes les conséquences, puisqu'elles seraient en nombre infini; nous nous contentons d'en vérifier quelques-unes et, si nous réussissons, nous déclarons l'hypothèse confirmée, car tant de succès ne sauraient être dus au hasard. Et c'est toujours au fond le même raisonnement.

Je ne puis ici le justifier complètement, cela me prendrait trop de temps; mais je puis dire au moins ceci : nous nous trouvons en présence de deux hypothèses, ou bien une cause simple, ou bien cet ensemble de causes complexes que nous appelons le hasard. Nous trouvons naturel d'admettre que la première doit produire un résultat simple, et, alors, si nous constatons ce résultat simple, le nombre rond, par exemple, il nous paraît plus vraisemblable de l'attribuer à la cause simple qui devait nous le donner presque certainement, qu'au hasard qui ne pouvait nous le donner qu'une fois sur 10000. Il n'en sera plus de même, si nous constatons un résultat qui n'est pas simple; le hasard, il est vrai, ne l'amènera pas non plus plus d'une fois sur 10000; mais la cause simple n'a pas plus de chance de le produire.

Nous verrons plus loin pourquoi, dans une table de logarithmes, les décimales paraissent distribuées conformément aux lois du hasard. On peut se poser la même question en ce qui concerne le nombre π. Ici, elle est plus délicate.

Nous savons, par exemple, que ce nombre est compris entre 3 et 4, et nous envisageons les n premières décimales; considérons la partie entière de $10^n(\pi - 3)$, elle est comprise entre 0 et 10^n; parmi les 10^n entiers compris entre ces limites, considérons-en un au hasard, envisageons combien il y figure de chiffres 7 et combien de chiffres 5, et envisageons l'excès du premier nombre sur le second. Soit e cet excès. Supposons que parmi nos 10^n nombres, il y en ait N où le rapport $\dfrac{e}{n}$ soit plus petit que ε.

La loi des grands nombres nous apprend que N. 10^{-n} tend vers 1, quand n croît indéfiniment. Si donc, nous choisissons entre ces limites un nombre *au hasard*, la probabilité pour que l'excès e et les excès analogues soient relativement très petits, c'est-à-dire la probabilité pour que les décimales soient réparties conformément aux lois du hasard, sera très voisine de la certitude.

Mais pourquoi avons-nous le droit de raisonner comme

si le nombre π avait été choisi au hasard. Si au lieu de π, nous avions envisagé une fraction rationnelle simple, dont la réduction en fraction décimale aurait engendré une fraction périodique, le résultat n'aurait plus été vrai du tout.

Il semble que le nombre π nous paraît choisi au hasard, parce que sa genèse est compliquée et que nous raisonnons inconsciemment sur lui, comme nous avons coutume de le faire sur les effets produits par un ensemble de causes compliquées.

CHAPITRE I.

DÉFINITION DES PROBABILITÉS.

1. On ne peut guère donner une définition satisfaisante de la *Probabilité*. On dit ordinairement : la probabilité d'un événement est le rapport du nombre des cas favorables à cet événement au nombre total des cas possibles.

Ainsi, si le premier nombre est n et le second N, la probabilité est $\frac{n}{N}$; cette définition, dans certains cas, ne soulève aucune difficulté. Dans un jeu de 32 cartes, la probabilité de tirer un roi est $\frac{4}{32}$, puisque le nombre total des cas possibles, c'est-à-dire des cartes, est 32, et que parmi ces cartes il y a quatre rois ; on a donc ici $N = 32$, $n = 4$. Quand on jette un dé, la probabilité d'amener le point 4 est $\frac{1}{6}$, car $N = 6$ et $n = 1$, le dé ayant 6 faces dont une seule porte le point 4. Dans une urne qui contient n boules blanches et p noires, on tire une boule ; la probabilité qu'elle soit blanche est

$$\frac{n}{n+p}.$$

2. Prenons un exemple un peu plus compliqué. Deux urnes, qui ne diffèrent pas extérieurement, renferment la première n boules blanches et p noires, la seconde n' blanches et p' noires.

On fait tirer une boule à une personne, et on demande quelle est la probabilité pour amener blanche. On pourrait dire que le nombre total des cas est $n + n' + p + p'$ et que la probabilité est $\dfrac{n + n'}{n + n' + p + p'}$. On peut dire aussi que deux cas peuvent d'abord se présenter, soit la première, soit la seconde urne; la probabilité de prendre dans la première est $\dfrac{1}{2}$, et dans la seconde $\dfrac{1}{2}$, car il y a autant de chances de mettre la main dans l'une que dans l'autre. Si j'ai mis la main dans la première urne, la probabilité est $\dfrac{n}{n + p}$ pour que, prenant dans la première urne, on ait une boule blanche; en vertu du théorème de la probabilité composée, que je ne tarderai pas à établir, la probabilité de mettre à la fois la main dans la première urne et d'en tirer une boule blanche est $\dfrac{1}{2}\dfrac{n}{n + p}$; la probabilité analogue pour la seconde urne est $\dfrac{1}{2}\dfrac{n'}{n' + p'}$.

La somme

$$\frac{1}{2}\frac{n}{n + p} + \frac{1}{2}\frac{n'}{n' + p'}$$

est l'évaluation correcte de la probabilité demandée, et il n'y aura égalité entre les deux évaluations que dans un cas particulier

$$\frac{n}{n + p} = \frac{n'}{n' + p'}, \qquad \text{c'est-à-dire} \qquad \frac{n}{p} = \frac{n'}{p'}.$$

A quoi tient cette divergence? A ce que les $n + n' + p + p'$ cas ne sont pas *également* probables.

Ainsi, supposons qu'il y ait deux fois plus de boules dans

la première urne

$$n' + p' = \frac{1}{2}(n + p).$$

La probabilité pour que je prenne une boule *donnée* dans cette urne est $\dfrac{1}{2(n+p)}$; et pour que je la prenne dans la seconde elle est $\dfrac{1}{(n+p)}$.

A la définition de la probabilité, il faut donc ajouter : à condition que tous les cas soient *également* vraisemblables.

Citons deux autres exemples dus à Bertrand.

3. Problème des trois coffrets. — Trois coffrets identiques, A,B,C, ont chacun deux tiroirs, α, β ; ceux de **A** contiennent chacun une pièce d'or, ceux de **B** une pièce d'argent, et ceux de **C** ont l'un une pièce d'or, l'autre une pièce d'argent :

	A	B	C
α	or	argent	or
β	or	argent	argent.

Quelle est la probabilité pour que, en ouvrant au hasard un des six tiroirs, l'on ait une pièce d'or? Six cas sont également probables : $A\alpha$, $A\beta$, $B\alpha$, $B\beta$, $C\alpha$, $C\beta$; de ces six cas, trois sont favorables à l'arrivée de la pièce d'or : $A\alpha$, $A\beta$, $C\alpha$. La probabilité est donc $\dfrac{1}{2}$.

Si l'on prend un des trois coffrets au hasard, la probabilité pour prendre C est $\dfrac{1}{3}$.

J'ouvre au hasard un des tiroirs, j'y trouve une médaille d'or; quelle est la probabilité pour que la deuxième médaille soit en argent?

Ou bien, je suis tombé sur le coffret C, ou bien sur le coffret A : dans le premier cas, la seconde médaille sera en argent, dans le second en or. La probabilité semble donc $\frac{1}{2}$. Cette conclusion est fausse.

Avant d'ouvrir le tiroir, je savais que j'y trouverais une pièce d'or ou une pièce d'argent avec une probabilité égale, c'est-à-dire $\frac{1}{2}$; or, je puis trouver la pièce d'or dans trois cas, $A\alpha$, $A\beta$, $C\alpha$, et de ces trois cas un seul, $C\alpha$, est favorable à l'arrivée de la pièce d'argent dans le second tiroir.

Dans la première évaluation de la probabilité à $\frac{1}{2}$, les deux cas envisagés étaient inégalement probables : le cas A correspond à $A\alpha$ et à $A\beta$, et est deux fois plus probable que le cas C, qui ne correspond qu'à $C\alpha$.

4. Problème du jeu de boules. — Deux joueurs également habiles, Pierre et Paul, jouent aux boules; Pierre a deux boules à lancer, Paul une boule, et la victoire est à celui des deux dont l'une des boules approchera le plus du but.

Quelle est la probabilité pour que Paul gagne?

Soient A et B les boules de Pierre, C celle de Paul; six cas peuvent se présenter, en rangeant les boules suivant leur proximité du but.

$$ABC, \quad BCA, \quad CAB, \quad ACB, \quad CBA, \quad BAC.$$

Ces six cas sont également probables; ceux qui donnent la victoire à Pierre sont au nombre de quatre, ceux qui donnent la victoire à Paul au nombre de deux : la probabilité de gagner est donc $\frac{1}{3}$ pour Paul.

On pourrait raisonner autrement : la boule A de Pierre est plus éloignée du but que C, ou bien c'est le contraire.

$$A > C \quad \text{ou} \quad A < C.$$

De même pour la boule B

$$B > C \quad \text{ou} \quad B < C.$$

Donc quatre cas sont possibles

$$
\begin{aligned}
A > C \quad &\text{avec} \quad B > C, \\
A < C \quad &\text{\guillemotright} \quad B > C, \\
A > C \quad &\text{\guillemotright} \quad B < C, \\
A < C \quad &\text{\guillemotright} \quad B < C.
\end{aligned}
$$

Un seul cas, le premier, est favorable à Paul, puisque sa boule est à la fois plus rapprochée que A et B; la probabilité serait donc $\dfrac{1}{4}$.

Mais les quatre cas ne sont pas également probables.

$$
\begin{array}{lllll}
A > C \text{ avec } B > C & \text{correspond à} & 2 \text{ combinaisons} & CAB, CBA, \\
A < C \text{ \guillemotright } B > C & \text{\guillemotright} & 1 & \text{\guillemotright} & ACB, \\
A > C \text{ \guillemotright } B < C & \text{\guillemotright} & 1 & \text{\guillemotright} & BCA, \\
A < C \text{ \guillemotright } B < C & \text{\guillemotright} & 2 & \text{\guillemotright} & ABC, BAC.
\end{array}
$$

5. La définition complète de la probabilité est donc une sorte de pétition de principe : comment reconnaître que tous les cas sont également probables ? Une définition mathématique ici n'est pas possible ; nous devrons, dans chaque application, faire des *conventions*, dire que nous considérerons tel et tel cas comme également probables. Ces conventions ne sont pas tout à fait arbitraires, mais échappent à l'esprit du mathématicien qui n'aura pas à les examiner, une fois qu'elles seront admises.

Ainsi tout problème de probabilité offre deux périodes d'étude : la première, métaphysique pour ainsi dire, qui légitime telle ou telle convention; la seconde, mathématique, qui applique à ces conventions les règles du calcul.

6. Nous allons grouper les questions dont nous nous occuperons, d'après divers points de vue et, d'abord, au point de vue des cas possibles.

Dans une première catégorie, nous rangerons toutes celles où le nombre de cas possibles est fini, ne dépasse pas certaines limites; en général, nous aurons affaire à des jeux de hasard, à de simples problèmes d'analyse combinatoire.

Dans une deuxième catégorie, le nombre des cas possibles reste fini, mais devient très grand; on n'a plus alors qu'une expression approchée de la probabilité par la loi des grands nombres, le théorème de Bernoulli, etc. C'est ce qui se présente en statistique.

Dans une troisième catégorie, le nombre des cas possibles est indéfini.

Ainsi, on lance une aiguille sur une feuille de papier où sont tracées des lignes parallèles : la probabilité pour que l'aiguille rencontre une de ces lignes dépend d'un nombre infini de cas possibles.

C'est dans ce cas surtout qu'il faut définir, avec le plus grand soin, les conventions préalables.

On sait, par exemple, qu'un nombre x, fractionnaire ou incommensurable, est compris entre 0 et 1, et on demande la probabilité pour qu'il soit compris entre 0 et $\frac{1}{2}$: le nombre des cas possibles est infini. On serait tenté de dire que la probabilité est $\frac{1}{2}$; cependant on pourrait dire aussi que si $o < x < \frac{1}{2}$, le carré de x, soit y, est compris entre o et $\frac{1}{4}$.

Puisque $x^2 = y$, et que x est compris entre o et 1, on a $o < y < 1$. Les cas favorables sont tous ceux pour lesquels $o < y < \frac{1}{4}$; si l'on divise l'intervalle compris entre o et 1 en quatre parties égales, la probabilité pour que y soit compris entre o et $\frac{1}{4}$ est $\frac{1}{4}$.

Ce serait pourtant une erreur grossière d'évaluer également à $\frac{1}{4}$ la probabilité pour que x soit compris entre o et $\frac{1}{2}$.

En effet, dans la première évaluation, nous considérons comme également probables les deux hypothèses

$$x_0 < x < x_0 + \varepsilon \qquad \text{et} \qquad x_1 < x < x_1 + \varepsilon,$$

l'intervalle ε étant le même; tandis que, dans la seconde évaluation, nous considérons comme également probables les deux hypothèses

$$x_0^2 < x^2 < x_0^2 + \varepsilon \qquad \text{et} \qquad x_1^2 < x^2 < x_1^2 + \varepsilon;$$

ces deux conventions sont contradictoires.

Ici, x est une constante arbitraire; plus haut, dans le problème de l'aiguille, il y avait trois constantes arbitraires, les coordonnées du milieu de l'aiguille et sa direction. Dans d'autres problèmes de probabilités, il y a encore plus de constantes arbitraires, il y a même des lois arbitraires. Ainsi $y = f(x)$ est une fonction qui peut paraître plus probable que telle autre, ce qui arrive entre autres quand on interpole. C'est là une quatrième catégorie de problèmes.

7. Plaçons-nous à un autre point de vue.

Une question de probabilités ne se pose que par suite de

notre ignorance : il n'y aurait place que pour la certitude si nous connaissions toutes les données du problème. D'autre part, notre ignorance ne doit pas être complète, sans quoi nous ne pourrions rien évaluer. Une classification s'opérerait donc suivant le plus ou moins de profondeur de notre ignorance.

Ainsi la probabilité pour que la sixième décimale d'un nombre dans une table de logarithmes soit égale à 6 est *a priori* de $\frac{1}{10}$; en réalité, toutes les données du problème sont bien déterminées, et, si nous voulions nous en donner la peine, nous connaîtrions exactement cette probabilité. De même, dans les interpolations, dans le calcul des intégrales définies par la méthode de Cotes ou celle de Gauss, etc.

Notre ignorance est plus grande dans les problèmes de Physique; il s'agit de prévoir un événement, c'est-à-dire un phénomène conséquent qui dépend d'une part d'un phénomène antécédent, et d'autre part de la loi qui unit l'antécédent au conséquent. Il peut se faire que nous connaissions la loi, mais non le phénomène antécédent : quelle est la probabilité pour que se produise le phénomène conséquent ?

Nous connaissons, par exemple, la loi du mouvement des molécules; si nous connaissions exactement leur position initiale, nous serions capables de dire où elles seront à un moment donné; la probabilité pour que ces molécules occupent telle position finale dépendra donc de la probabilité que nous attribuerons *par convention* à telle ou telle position initiale. Dans chaque cas, une hypothèse particulière est nécessaire.

Ainsi, quand on cherche la probabilité pour que les comètes aient des orbites elliptiques, on est obligé de faire une convention, on suppose qu'à une grande distance du Soleil ces astres sont uniformément distribués dans l'espace ainsi que les directions de leurs vitesses.

Autre question analogue : les lacunes qu'offre la série des petites planètes sont-elles dues au hasard ? Ici encore, leurs positions initiales sont inconnues, mais l'astronome connaît la loi de leur mouvement. Comment choisir dans ce cas les conventions à faire sur les positions initiales ?

Il est difficile de le faire sans tomber dans l'arbitraire. Cependant, certaines hypothèses semblent tout à fait improbables : on n'admettra pas que les vitesses initiales des comètes soient telles qu'elles aient toutes la même excentricité.

D'un autre côté il peut arriver que certains résultats soient, dans une certaine mesure, indépendants de la loi admise pour relier les antécédents et les conséquents. Considérons un très grand nombre de petites planètes, dont les moyens mouvements soient tous différents : les rayons vecteurs, les longueurs, les vitesses initiales sont distribués d'une façon quelconque. Au bout d'un temps très long, ces petites planètes seront également réparties dans tous les azimuts. Il y en aura un même nombre dans des secteurs égaux.

8. Dans d'autres problèmes, enfin, il peut arriver que notre ignorance soit plus grande encore, que la loi elle-même nous échappe. La définition des probabilités devient alors presque impossible. Si, par exemple, x est une fonction inconnue de t, nous ne savons pas très bien quelle probabilité il faut attribuer, au début, à x_0, pour connaître

$$\int_{t_0}^{t_1} x \, dt.$$

On se laissera souvent guider par un sentiment vague qui s'impose avec puissance, qu'on ne saurait pourtant justifier, mais sans lequel, en tout cas, aucune science ne serait possible. Les lois les mieux établies ne le sont que par des expériences isolées dont on a été obligé de généraliser les résultats. Quand Képler déduisait ses lois des observations de Tycho-Brahé, on aurait pu lui objecter : « Tycho-Brahé n'a pas toujours regardé le ciel, et, pendant qu'il ne l'observait pas, la loi que vous cherchez n'a-t-elle pas changé ? »

Il aurait certainement trouvé l'objection ridicule et aurait répondu : « Cette hypothèse est bien invraisemblable. » C'eût été là faire appel à ce sentiment mal défini de la probabilité.

9. Un problème plus délicat que celui de la probabilité des effets est celui de la probabilité des causes.

Dans notre urne de tout à l'heure, nous savions qu'il y avait n boules blanches et p boules noires; quand nous cherchions la probabilité de tirer une blanche, la cause était connue : c'était une urne avec n blanches et p noires.

Mais, problème inverse, je puis savoir qu'il y a en tout $n + p$ boules, sans connaître comment elles sont réparties. Je tire une noire : quelle est la probabilité pour qu'il y ait plus de noires que de blanches? C'est une probabilité de cause.

On en recherche constamment de pareilles en Physique; les lois ne nous sont connues que par leurs effets qu'on observe. Chercher à en déduire les lois qui sont des causes c'est résoudre un problème de probabilité des causes.

10. Sans insister davantage sur le côté métaphysique des

questions de probabilités, et dans le seul but de provoquer des réflexions sur ce sujet, je ferai encore remarquer qu'une probabilité peut être subjective. L'on a des raisons personnelles de croire telle hypothèse plus probable que telle autre.

La probabilité peut aussi s'objectiver, en statistique par exemple : le nombre probable des personnes qui mourront dans une année est tant; cependant il s'en écartera un peu. Dans quelles limites nos prévisions seront-elles vérifiées ? Pourquoi seront-elles vérifiées ?

Il y a là quelque chose de mystérieux, d'inaccessible au mathématicien.

Quoi qu'il en soit, l'ordre que je suivrai dans l'exposé mathématique des probabilités sera celui que j'ai indiqué plus haut.

Je commencerai par des problèmes où les cas possibles sont en nombre limité; puis j'étudierai, au sujet des cas en nombre très grand, le théorème de Bernoulli et ses conséquences, la probabilité des causes, les problèmes où entrent des constantes arbitraires; le nombre des cas devenant infini, j'exposerai la théorie des erreurs, branche fort importante, et j'apprendrai, enfin, à déterminer des lois ou des fonctions arbitraires.

CHAPITRE II.

PROBABILITÉS TOTALES ET COMPOSÉES.

11. Le calcul des probabilités repose sur deux théorèmes : le théorème des probabilités totales; le théorème des probabilités composées.

Au sujet de deux événements A et B, on peut se poser divers problèmes de probabilité, suivant que l'un de ces événements doit se produire, ou tous les deux, ou aucun.

Ou bien A et B se produiront tous deux, hypothèse que j'appellerai AB;

Ou bien A se produira, B ne se produira pas, hypothèse que j'appellerai AB';

Ou bien A ne se produira pas, B se produira, hypothèse que j'appellerai A'B;

Ou bien ni A, ni B ne se produira, hypothèse que j'appellerai A'B'.

Supposons que A B se réalise dans α cas différents
$$
\begin{array}{cccc}
\text{»} & \text{A B}' & \text{»} & \beta & \text{»} \\
\text{»} & \text{A}'\text{B} & \text{»} & \gamma & \text{»} \\
\text{»} & \text{A}'\text{B}' & \text{»} & \delta & \text{»}
\end{array}
$$

Le nombre total des cas possibles est $\alpha + \beta + \gamma + \delta$, que l'on suppose par convention également probables.

Examinons diverses probabilités.

La probabilité pour que A se produise est

$$(A) \qquad p_1 = \frac{\alpha + \beta}{\alpha + \beta + \gamma + \delta},$$

les cas favorables étant AB et AB′.

La probabilité pour que B se produise est

$$(B) \qquad p_2 = \frac{\alpha + \gamma}{\alpha + \beta + \gamma + \delta}.$$

La probabilité pour que l'un des deux au moins se produise est

$$(A\ ou\ B) \qquad p_3 = \frac{\alpha + \beta + \gamma}{\alpha + \beta + \gamma + \delta},$$

les trois premières hypothèses AB, AB′ et A′B étant favorables.

La probabilité pour que les deux se produisent est

$$(A\ et\ B) \qquad p_4 = \frac{\alpha}{\alpha + \beta + \delta + \gamma},$$

une seule hypothèse AB étant favorable.

Nous avons encore à envisager la probabilité pour que A se produise, si B s'est produit,

$$(A\ si\ B) \qquad p_5 = \frac{\alpha}{\alpha + \gamma};$$

nous savons d'avance que B s'est produit, par suite le nombre des cas possibles se réduit, ainsi que celui des cas favorables.

La probabilité pour que A se produise, si B ne s'est pas produit, est

$$(A\ si\ B′) \qquad p_6 = \frac{\beta}{\beta + \delta},$$

les cas possibles étant au nombre de $\beta + \delta$.

La probabilité pour que B se produise, si A s'est produit, est

$$(B \text{ si } A) \qquad p_7 = \frac{\alpha}{\alpha + \beta}.$$

La probabilité pour que B se produise, si l'on sait que A ne s'est pas produit, est

$$(B \text{ si } A') \qquad p_8 = \frac{\gamma}{\gamma + \delta}.$$

12. Les théorèmes annoncés se réduisent à de simples identités.

Examinons p_1, p_2, p_3, p_4. On a

$$p_1 + p_2 = p_3 + p_4,$$

$$p_4 = \frac{\alpha}{\alpha + \beta + \gamma + \delta} = \frac{\alpha}{\alpha + \gamma} \, \frac{\alpha + \gamma}{\alpha + \beta + \gamma + \delta} = p_2 p_5 \, ;$$

de même

$$p_4 = p_1 p_7.$$

Ainsi la somme des probabilités pour que A se produise et pour que B se produise est égale à la somme des probabilités pour que l'un des deux au moins se produise et pour que tous les deux se produisent

$$(A) + (B) = (A \text{ ou } B) + (A \text{ et } B).$$

La probabilité pour que A et B se produisent tous deux est égale à la probabilité pour que B se produise, multipliée par la probabilité pour que A se produise, quand on sait que B s'est produit.

Ou, inversement, elle est égale à la probabilité pour que A se produise, multipliée par la probabilité pour que B se produise, quand on suppose que A doit se produire.

$$(A \text{ et } B) = (B)(A \text{ si } B) = (A)(B \text{ si } A).$$

13. Supposons, en particulier, $\alpha = 0$, d'où $p_4 = 0$; alors

$$p_1 + p_2 = p_3.$$

Lorsque les deux événements ne peuvent arriver tous deux à la fois, la probabilité de A et celle de B ont pour somme la probabilité pour que l'un quelconque se produise.

Ainsi, quand un événement peut se produire de deux manières différentes, mais que ces deux manières ne peuvent arriver simultanément, la probabilité de l'arrivée de cet événement est égale à la somme de la probabilité pour qu'il se produise de la première manière et de la probabilité pour qu'il se produise de la deuxième manière.

C'est le théorème des *probabilités totales*.

14. Il peut arriver que $p_5 = p_1$. Alors

$$\frac{\alpha}{\alpha + \gamma} = \frac{\alpha + \beta}{\alpha + \beta + \gamma + \delta},$$

d'où

$$\frac{\alpha + \gamma}{\alpha} = \frac{\alpha + \beta + \gamma + \delta}{\alpha + \beta},$$

$$1 + \frac{\gamma}{\alpha} = 1 + \frac{\gamma + \delta}{\alpha + \beta},$$

$$\frac{\alpha + \beta}{\alpha} = \frac{\gamma + \delta}{\gamma},$$

$$1 + \frac{\beta}{\alpha} = 1 + \frac{\delta}{\gamma},$$

$$\frac{\alpha}{\beta} = \frac{\gamma}{\delta}.$$

Quand cette dernière condition est remplie, on a $p_1 = p_5$; on a aussi $p_4 = p_6$, en permutant α avec β, γ avec δ; on a encore $p_2 = p_7$, car p_1 se permute avec p_2 et p_5 avec p_7; de même $p_2 = p_8$.

Ainsi

$$p_1 = p_5 = p_6,$$
$$p_2 = p_7 = p_8.$$

En d'autres termes, la probabilité pour que **A** se produise reste la même si l'on sait que **B** s'est produit ou si l'on sait que **B** ne s'est pas produit; ou, enfin, la probabilité de **A** est indépendante de **B**.

On dit que les deux événements sont indépendants.

De $p_5 = p_1$, on déduit

$$p_4 = p_1 p_2 :$$

la probabilité pour que les deux événements se produisent, s'ils sont indépendants, est le produit de la probabilité de chacun des deux événements.

C'est le théorème des *probabilités composées*.

15. Dans un jeu de 32 cartes, on tire 2 cartes à la fois.

La probabilité pour que la première soit un roi est

$$p_1 = \frac{1}{8};$$

la probabilité pour que la seconde soit un roi est

$$p_2 = \frac{1}{8};$$

la probabilité pour que les deux cartes tirées soit précisément deux rois est

$$p_4 = \frac{4 \times 3}{32 \times 31}.$$

On cherche parmi tous les arrangements des cartes deux à deux, soit 32×31, ceux qui sont favorables à l'événement : il y en a 4×3, car il y a 4 rois dans le jeu, et on peut former avec eux, 2 à 2, autant d'arrangements qu'avec 4 lettres 2 à 2.

La probabilité pour que, dans les 2 cartes, il y ait au moins un roi est

$$p_3 = p_1 + p_2 - p_4 = \frac{8 \times 31 - 12}{32 \times 31}.$$

Il faudrait se garder de dire que la probabilité pour que l'on ait au moins un roi est le double de la probabilité pour que l'on ait un roi.

Une urne renferme k boules numérotées de 1 à k. Si l'on cherche la probabilité d'amener le n° 1, en tirant deux boules à la fois, le 1 peut figurer soit sur la première boule, soit sur la seconde ; les deux événements sont incompatibles et la probabilité totale est

$$p_1 + p_2 = \frac{2}{k}.$$

Revenons aux rois du jeu de cartes. Les événements sont-ils indépendants ?

On n'a pas $p_4 = p_1 p_2$, mais $p_4 = p_1 p_7$.

En se reportant à la signification de p_7, on voit que, si le premier événement A s'est produit, il ne reste que trois rois et 31 cartes, et la probabilité pour que B arrive est

$$p_7 = \frac{3}{31}.$$

Ainsi

$$p_4 = \frac{4 \times 3}{32 \times 31}.$$

Autre exemple d'événements indépendants : je jette deux dés ; quelle est la probabilité que chacun amène 6 ?

La probabilité que l'un amène 6 est $\frac{1}{6}$;

— l'autre — $\frac{1}{6}$.

La probabilité que tous deux amènent 6 est $\frac{1}{36}$, car les deux événements sont indépendants.

16. Cette condition n'est pas toujours aussi évidente, et on pourrait faire de ce théorème un usage illégitime qui s'est rencontré plusieurs fois.

Au tir au pistolet, je cherche la loi probable des écarts : je ne me suis rien donné, ni sur le tireur, ni sur le pistolet. C'est une question dans le goût de « l'âge du capitaine ».

Prenons cependant deux axes de coordonnées, ayant pour origine le centre de la cible : soient x et y les coordonnées rectangulaires d'un point M, ρ et ω ses coordonnées polaires.

Le problème reste indéterminé, si nous admettons que la probabilité des écarts est la même dans toutes les directions.

La probabilité que M se trouve dans un petit élément de surface $d\sigma$ peut se figurer par

$$f(x, y)\, d\sigma.$$

Il faut déterminer $f(x, y)$; cette fonction ne doit dépendre que de ρ pour que la probabilité reste la même dans toutes les directions : cette probabilité s'écrira donc

$$f(\rho)\, d\sigma.$$

Cherchons la probabilité pour que l'abscisse du point de chute soit comprise entre x et $x + dx$; elle se représentera par

$$\varphi(x)\,dx.$$

De même, la probabilité pour que l'ordonnée du point de chute soit comprise entre y et $y + dy$ se représentera par

$$\psi(y)\,dy.$$

Mais on doit supposer que φ et ψ sont égaux pour que la probabilité reste la même dans toutes les directions; dans le second cas, on aura donc

$$\varphi(y)\,dy.$$

Le raisonnement va devenir incorrect : cherchons la probabilité pour que M se trouve dans un petit rectangle de dimensions dx et dy. Deux événements doivent se produire à la fois : 1° l'abscisse est comprise entre x et $x + dx$; 2° l'ordonnée est comprise entre y et $y + dy$.

En vertu du théorème des probabilités composées, la probabilité actuelle sera

$$\varphi(x)\,\varphi(y)\,dx\,dy.$$

D'autre part, cette probabilité s'exprime par $f(\rho)\,d\sigma$; on a donc

$$\varphi(x)\,\varphi(y) = f(\rho).$$

Prenons les dérivés logarithmiques des deux membres par rapport à x, en tenant compte de $\rho^2 = x^2 + y^2$,

$$\frac{\varphi'(x)}{\varphi(x)} = \frac{f'(\rho)}{f(\rho)}\,\frac{x}{\rho}.$$

Ainsi

$$\frac{\varphi'(x)}{x\,\varphi(x)} = \frac{f'(\rho)}{\rho\,f(\rho)},$$

et, par analogie,

$$\frac{\varphi'(y)}{y\,\varphi(y)} = \frac{f'(\rho)}{\rho\,f(\rho)}.$$

Le premier membre de chacune de ces équations dépend soit de x, soit de y; comme ils sont égaux, ils sont constants.

$$\frac{\varphi'(x)}{x\,\varphi(x)} = h,$$

$$\log_e \varphi(x) = \frac{h\,x^2}{2} + \log_e C,$$

$$\varphi(x) = C e^{\frac{h\,x^2}{2}}$$

Ce raisonnement est incorrect : on a appliqué le théorème des probabilités composées, c'est-à-dire qu'on a supposé les événements indépendants; autrement dit, que les écarts suivant l'axe des x sont indépendants des écarts suivant l'axe des y.

Décrivons quatre aires égales à $d\sigma$ autour des quatre sommets A, B, C, D d'un rectangle dont les côtés sont parallèles aux axes. Appelons α, β, γ, δ les probabilités respectives pour que M tombe dans chacun de ces éléments.

J'ai supposé que l'écart en ordonnée était le même pour B et D, situés sur la même parallèle à l'axe des x; que l'écart en abscisse était le même pour A et B, situés sur la même parallèle à l'axe des y; en d'autres termes, que $\frac{\alpha}{\beta} = \frac{\gamma}{\delta}$, ce qui est une hypothèse absolument gratuite.

17. Maxwell a commis la même erreur dans la théorie des gaz. Considérons un gaz comme formé d'un très grand nombre de molécules animées de vitesses différentes; com-

ment les vitesses seront-elles distribuées entre les molécules ?

Choisissons trois axes de coordonnées rectangulaires et,
par l'origine, menons un vecteur représentant en grandeur,
direction et sens la vitesse de ces molécules. Évaluons la
probabilité pour que l'extrémité M du vecteur se trouve
dans un petit élément de volume $d\tau$.

Si je suppose, ce qui est naturel, les vitesses également
susceptibles de toutes les directions, cette probabilité se
représentera par

$$f(r)\,d\tau.$$

La probabilité pour que la première coordonnée soit entre
x et $x + dx$ s'écrira $\varphi(x)dx$; la probabilité pour que
la seconde coordonnée soit entre y et $y + dy$ s'écrira
$\varphi(y)dy$; la probabilité pour que la troisième coordonnée
soit entre z et $z + dz$ s'écrira $\varphi(z)dz$.

La probabilité pour que M soit dans un petit parallélépipède de deux côtés parallèles aux axes étant $f(r)dx\,dy\,dz$,
si le théorème des probabilités composées était applicable,
on aurait comme tout à l'heure

$$f(r) = \varphi(x)\,\varphi(y)\,\varphi(z),$$

ce qui est incorrect.

18. Problème du scrutin. — Ce problème admet une
solution élégante due à M. D. André.

Deux candidats A et B sont en présence; un électeur
bien informé sait à l'avance que A aura m voix et B n voix,
m étant plus grand que n. On demande la probabilité pour
que A garde la majorité pendant tout le dépouillement du
scrutin.

Pour évaluer le nombre des cas possibles, constatons que les m bulletins A et les n bulletins B peuvent se présenter dans autant d'ordres différents qu'il y a de permutations avec répétition de m lettres A et n lettres B, soit

$$\frac{(m+n)!}{m!\,n!}.$$

Je partage ces cas possibles en trois groupes.

Dans le premier, je range tous les cas où A a la majorité au début et la conserve tout le temps, soit N_1 cas tous favorables.

Dans le deuxième, je range tous les cas où le premier bulletin est un bulletin B; A perd donc la majorité au début; ce sont N_2 cas défavorables.

Dans le troisième, je range tous les cas où A a la majorité au début, mais la perd ensuite avant de la retrouver à la fin; ce sont N_3 cas défavorables.

On a

$$N_1 + N_2 + N_3 = \frac{(m+n)!}{m!\,n!},$$

et il s'agit de calculer

$$\frac{N_1}{N_1 + N_2 + N_3}.$$

Évaluons N_2 : le premier bulletin dépouillé porte B; supprimons-le, il reste m bulletins A et $(n-1)$ bulletins B. Le nombre des cas possibles est $\dfrac{(m+n-1)!}{m!\,(n-1)!}$, et donne la valeur de N_2.

Je vais démontrer que $N_3 = N_2$.

LEMME. — *Supposons qu'il y ait égalité de voix dans le scrutin : A a q bulletins, B a q bulletins. Admettons également que A a la majorité au début, et qu'il la conserve jus-*

qu'au dernier bulletin, où il la perd, puisqu'il y a finalement
égalité; le dernier bulletin est donc au nom de **B.** *Dépouil-*
lons dans l'ordre inverse : B *perdra la majorité au dernier*
bulletin seulement.

A un moment déterminé du scrutin, on a dépouillé a bulletins A, et b bulletins B, et l'on a trouvé $a > b$, puisque A
a la majorité. Il reste à dépouiller $q - a$ bulletins A, et $q - b$
bulletins B.

Dans l'ordre inverse, le scrutin aurait donc montré

$$q - b > q - a,$$

c'est-à-dire que B aurait eu la majorité.

Ce lemme établi, revenons au problème qui nous occupe.

Considérons une combinaison α du troisième groupe

$$(\alpha) \qquad\qquad \textbf{AABAB} \,|\, \textbf{BABAA.}$$

A a la majorité jusqu'au trait, puis, au bulletin suivant,
il la perd pour la première fois. A gauche du trait, s'il y a
q bulletins A, il y a $q - 1$ bulletins B, soit en tout $2q - 1$
bulletins.

Considérons une autre combinaison, que nous appellerons
dérivée de α,

$$\textbf{BABAA} \,|\, \textbf{AABAB.}$$

On l'obtient en prenant successivement dans α les bulletins de rang

$$2q, \quad 2q + 1, \quad 2q + 2, \quad \ldots, \quad m + n, \quad 1, \quad 2, \quad \ldots, \quad 2q - 1,$$

c'est-à-dire en transportant à gauche du trait ce qui était à
droite, et inversement.

Le $(2q)^{\text{e}}$ bulletin étant, par définition, le premier qui fait perdre à A sa majorité, chaque combinaison α a une dérivée et une seule.

Considérons maintenant une combinaison β du second groupe : elle commence par B

(β) \qquad BABAAABA;

A a la majorité à la fin.

Formons une combinaison β' de la manière suivante : d'abord le premier bulletin B, puis le dernier bulletin de β, puis le pénultième, etc., c'est-à-dire les bulletins de β en ordre inverse jusqu'au second,

(β') \qquad BABAAABA.

Il est clair que B a d'abord la majorité, puis qu'il finit par la perdre.

Supposons que le $(2p)^e$ bulletin fasse perdre, pour la première fois, la majorité à B ; ici, c'est le second.

La combinaison β' sert à définir le nombre p : il n'y en a qu'un.

Le bulletin qui occupe dans β' le $(2p)^e$ rang occupe dans β le $(m + n + 2 - 2p)^e$ rang.

Dans β, je place un trait avant le terme qui occupe ce rang

(β) \qquad BABAAAB|A.

Considérons enfin la combinaison suivante, que je désignerai par γ et que j'appellerai la dérivée de β; je commence par les bulletins à droite du trait (ici il n'y en a qu'un), et je reprends tous ceux qui sont à gauche.

(γ) \qquad A|BABAAAB.

Les bulletins de β ont été pris dans l'ordre

$$m+n+2-2p, \ldots, m+n, 1, 2, \ldots, m+n-2p, m+n+1-2p.$$

Je dis que cette dérivée appartient toujours au troisième groupe.

D'abord le $(m+n+2-2p)^{\text{e}}$ bulletin doit être A, puisque dans β' il fait perdre la majorité à B; donc γ commence par A.

A ne conservera pas tout le temps la majorité. En effet, les $2p$ premiers bulletins de γ sont, dans un ordre différent, les $2p$ premiers bulletins de β'; et par hypothèse, après le dépouillement de ces $2p$ bulletins, il y avait égalité entre les deux candidats.

Donc, dans γ, A aura perdu la majorité et γ appartiendra au troisième groupe.

Ainsi, toute combinaison du second groupe a une dérivée, et une seule appartenant au troisième groupe.

Si, pour une combinaison α appartenant au troisième groupe, je forme sa dérivée β, puis la dérivée de β, je dis que je retombe sur α.

Démontrons que le q de α correspond au p de β.

En effet, formons β'

$$(\beta') \qquad\qquad \textbf{BBABAA\,|\,AABA}.$$

Si je prends les $2q$ premiers bulletins de β', ce sont précisément les $2q$ premiers bulletins de α dépouillés dans un ordre inverse, et, d'après le lemme, B n'y perdra la majorité qu'à la fin; or, nous savons, d'autre part, que B ne perd la majorité dans β' qu'au $(2p)^{\text{e}}$ bulletin; donc

$$p = q$$

et la dérivée de β sera α.

Si j'ai affaire à une combinaison β, j'en forme la dérivée γ : réciproquement la dérivée de β sera α.

On peut dire que les combinaisons du second groupe sont conjuguées avec celles du troisième, de telle façon que chaque combinaison d'un groupe soit la dérivée de sa conjuguée de l'autre groupe.

Donc

$$N_3 = N_2 ;$$

$$N_2 + N_3 = 2 \frac{(m + n - 1)!}{m! \, (n - 1)!},$$

$$\frac{N_2 + N_3}{N_1 + N_2 + N_3} = \frac{2n}{m + n}.$$

C'est la probabilité que A n'aura pas toujours la majorité ; et

$$\frac{N_1}{N_1 + N_2 + N_3} = 1 - \frac{2n}{m + n} = \frac{m - n}{m + n}$$

est la probabilité qu'il la gardera tout le temps.

19. Problème des dés. — On jette n dés et on demande la probabilité d'amener un point total égal à K.

Supposons d'abord qu'il ne s'agisse que de deux dés ; avec chacun d'eux, six cas différents peuvent se présenter, et les deux réunis offrent trente-six combinaisons.

1	1		
1	2	2	1
1	3	2	2
1	4	.	.
1	5	.	.
1	6	.	.
		2	6
		.	. . .

P.

Une seule correspond au point $K = 2$

2 correspondent au point . . . $K = 3$

3   —   —   . . . $K = 4$

. . . .

1   —   —   . . . $K = 12$

La probabilité d'amener 2 est $\dfrac{1}{36}$

     —   —   3   — $\dfrac{2}{36}$

     —   —   4   — $\dfrac{3}{36}$

. . . .

Prenons le problème plus général de n dés; le nombre total des cas possibles est 6^n : en effet, soit $\alpha_1 \, \alpha_2 \ldots \alpha_n$ une des combinaisons, chacun des nombres α est susceptible de six valeurs, 1, 2, 3, ..., 6; donc le nombre cherché est celui des combinaisons avec répétition de six lettres n à n, soit 6^n.

Le point total devant être un nombre donné à l'avance, K,

$$\alpha_1 + \alpha_2 + \ldots + \alpha_n = K.$$

Considérons l'un des 6^n cas possibles, et, à ce cas, faisons correspondre le monome

$$t_1^{\alpha_1} t_2^{\alpha_2} \ldots t_n^{\alpha_n}.$$

Faisons la somme Π de ces monomes en faisant varier $\alpha_1, \alpha_2, \ldots, \alpha_n$ de 1 à 6.

$$\Pi = \Sigma \, t_1^{\alpha_1} t_2^{\alpha_2} \ldots t_n^{\alpha_n},$$

qui peut s'écrire

$$= (t_1 + t_1^2 + \ldots + t_1^6)(t_2 + t_2^2 + \ldots + t_2^6) \ldots (t_n + t_n^2 + \ldots + t_n^6).$$

C'est un produit de n facteurs ; faisons-y

$$t_1 = t_2 = \ldots = t_n = t.$$

Le monome deviendra

$$t^{\alpha_1 + \alpha_2 + \ldots + \alpha_n} = t^{K},$$

et le polynome Π se réduira à

$$(t + t^2 + \ldots + t^6)^n.$$

Soit N le nombre des cas favorables ; il y a N monomes égaux à t^{K}, leur somme est $N t^{K}$, et si l'on fait $\Sigma N t^{K}$, pour toutes les valeurs possibles de K

$$\Sigma N t^{K} = \Pi.$$

La probabilité demandée est $\dfrac{N}{6^n}$.

La valeur de N est facile à calculer.

Il est la puissance n^e d'une somme de termes en progression géométrique

$$\Pi = \left(\frac{t - t^7}{1 - t} \right)^n = (t - t^7)^n (1 - t)^{-n} ;$$

$(t - t^7)^n$ et $(1 - t)^{-n}$ peuvent se développer par la formule du binome ; en faisant le produit des deux développements, j'aurai le coefficient de t^{K}, c'est-à-dire N.

Reprenons le cas de deux dés. Il devient $(t - t^7)^2 (1 - t)^{-2}$, et l'on a

$$(t - t^7)^2 = t^2 - 2 t^8 + t^{14},$$
$$(1 - t^2)^{-2} = 1 + 2t + 3 t^2 + \ldots.$$

Évaluons le coefficient de t^{K} en faisant le produit de ces deux développements. D'abord, K ne peut dépasser 12 ; puis nous considérerons deux cas, suivant que le point est de 2 à 7 ou de 8 à 12.

Si le point K est au plus égal à 7, $K < 8$, il n'y a à faire intervenir ni t^8, ni t^{14} dans le premier développement, et l'on n'aura à considérer que

$$t^2 + 2t^3 + 3t^4 + \ldots + 6t^7.$$

Ainsi, pour les points 2, 3, 4, ..., 7, N a les valeurs respectives 1, 2, 3, ..., 6.

Si K est égal ou supérieur à 8, il ne faut pas envisager t^{14}, et l'on n'aura affaire qu'à

$$t^2(1 + 2t + \ldots) - 2t^8(1 + 2t + \ldots).$$

Le coefficient de t^K dans le premier monome sera $K - 1$.

Le coefficient de t^8 dans le second monome sera -2; celui de t^9, -4; ...; celui de t^K, $-2(K-7)$. Ainsi

$$N = K - 1 - 2(K - 7) = 13 - K.$$

On trouverait des expressions plus compliquées pour $n > 2$.

20. Problème de la loterie. — Dans une urne, il y a μ boules numérotées de 1 à μ; on en tire n; quelle est la probabilité pour qu'il y ait K boules désignées d'avance?

Les n boules tirées portent des numéros différents entre eux et compris entre 1 et μ.

Les cas possibles sont en même nombre que les arrangements de μ lettres n à n, si l'on tient compte de l'ordre de sortie

$$\frac{\mu!}{(\mu - n)!}.$$

Quand il reste $\mu - i + \iota$ boules, chacune d'elles a même chance de sortie que les autres ; nous supposerons toutes les sorties également probables.

Si l'on ne considère pas l'ordre, le nombre des cas possibles ne sera plus que celui des combinaisons de μ lettres n à n,

$$\frac{\mu!}{(\mu - n)! \, n!}.$$

Je ne considère plus comme distinctes les hypothèses qui ne diffèrent que par l'ordre de sortie. Toutes les combinaisons restent-elles également probables comme les arrangements? Oui, car chacune correspond à $n!$ arrangements.

Le nombre des cas favorables est celui des combinaisons où entrent les K boules désignées ; il en reste, après leur suppression, $\mu - K$ dans l'urne. Donc le nombre des cas favorables est le nombre des combinaisons de $\mu - K$ lettres $n - K$ à $n - K$.

$$\frac{(\mu - K)!}{(\mu - n)! \, (n - K)!}.$$

La probabilité d'amener K numéros désignés à la loterie est donc

$$\frac{(\mu - K)! \, n!}{\mu! \, (n - K)!}.$$

21. Problème de la poule. — Trois joueurs A, B, C jouent aux conditions suivantes. Deux d'entre eux A et B jouent ensemble ; C ne joue pas. Le perdant sort et est remplacé par C. Après chaque partie, le perdant est remplacé. Le jeu prend fin quand un joueur gagne deux fois de suite.

On suppose naturellement que le jeu est un jeu de

hasard, et que la probabilité de gagner une partie est $\frac{1}{2}$ pour chaque joueur.

Par exemple, on peut avoir :

1re partie AB;   A gagne:

2e partie AC;   si A gagne, il est le gagnant définitif;
si C gagne, B rentre;

3e partie BC;   si C gagne, il est le gagnant définitif;
si B gagne, A rentre;

4e partie BA;   et ainsi de suite.

Admettons que A ait gagné la première partie. On demande la probabilité pour chacun des joueurs d'être le gagnant définitif. Soient x, y, z ces probabilités pour A, B, C.

Deux hypothèses sont d'abord possibles. Si A gagne la deuxième partie, c'est le gagnant définitif, et les probabilités des trois joueurs deviendront 1, 0, 0.

Si A perd, A prend la place de C, B se trouve dans les conditions de A, et C rentre comme B; les probabilités deviennent z, x, y.

Appliquons le théorème des probabilités totales et le théorème des probabilités composées.

A peut devenir gagnant définitif par deux hypothèses qui s'excluent l'une l'autre :

1° En gagnant la partie considérée;
2° En la perdant.

La probabilité pour que A soit gagnant définitif est donc

$$x = \frac{1}{2} \times 1 + \frac{1}{2} z.$$

B ne peut gagner que d'une manière : A perd la partie considérée, et B devient gagnant définitif ensuite.

$$y = \frac{1}{2}x.$$

De même pour C la probabilité sera

$$z = \frac{1}{2}y.$$

D'où

$$x = \frac{4}{7}, \qquad y = \frac{2}{7}, \qquad z = \frac{1}{7}.$$

On remarquera que $x + y + z = 1$; lorsqu'il y a plusieurs événements possibles et de telle façon que l'un d'eux et un seulement doive nécessairement arriver, la somme de leurs probabilités est 1, mais ce n'est pas ici absolument le cas, car la partie pourrait se prolonger indéfiniment. Ici notre somme est 1 parce que la probabilité pour que la partie se prolonge indéfiniment est 0.

On vient de supposer que A avait gagné la première partie. Plaçons-nous au commencement du jeu; avant la première partie, C est dehors.

Deux hypothèses : A gagnera ou B gagnera.

Si c'est A, B sortira, C entrera et les probabilités pour chacun deviendront

$$\frac{4}{7}, \quad \frac{2}{7}, \quad \frac{1}{7}.$$

Si c'est B, elles deviendront

$$\frac{1}{7}, \quad \frac{4}{7}, \quad \frac{2}{7}.$$

A peut devenir gagnant définitif : soit en gagnant la première partie, soit en la perdant. La probabilité de la première hypothèse s'obtient par le produit de la probabilité pour A de gagner la première partie et de la probabilité pour devenir gagnant définitif, soit $\frac{1}{2} \times \frac{4}{7}$. La probabilité de la seconde hypothèse est de même $\frac{1}{2} \times \frac{1}{7}$.

On arrive ainsi aux probabilités totales suivantes :

Pour A, $\frac{1}{2} \times \frac{4}{7} + \frac{1}{2} \times \frac{1}{7} = \frac{5}{14}$;

Pour B, la même, $\frac{5}{14}$;

Pour C, sans la calculer autrement, $\frac{4}{14}$.

CHAPITRE III.

L'ESPÉRANCE MATHÉMATIQUE.

22. A un certain moment d'un jeu, un joueur a la probabilité p pour qu'il gagne; l'enjeu à empocher est α.

Par définition, l'espérance mathématique est $p\alpha$. Bien entendu, si α est une perte, $p\alpha$ est négatif.

Si plusieurs hypothèses, de probabilités respectives $p_1, p_2, \ldots, p_n$, amènent des gains respectivement égaux à $\alpha_1, \alpha_2, \ldots, \alpha_n$, la définition de l'espérance mathématique sera

$$p_1\alpha_1 + p_2\alpha_2 + \ldots + p_n\alpha_n.$$

Un jeu est équitable lorsque l'espérance mathématique est la même pour tous les joueurs.

Pour faciliter certaines questions, on convient parfois d'introduire des joueurs fictifs dont on évalue l'espérance mathématique.

Soient deux événements, A et B.

La probabilité de l'arrivée de A est.............. p_1

  —   —   B est.............. p_2

  —   —   A ou de B est....... p_3

  —   —   A et de B est....... p_4

On a

$$p_1 + p_2 = p_3 + p_4.$$

Si les deux événements étaient incompatibles, on aurait

dans cette formule $p_4 \equiv 0$, c'est-à-dire le théorème de la probabilité totale; mais je suppose qu'il n'en soit pas ainsi.

Le gain à réaliser est de 1^{fr} si A se produit; de 1^{fr} également si B se produit.

L'espérance mathématique totale, en tenant compte des deux événements, sera $p_1 + p_2$.

Ainsi, que les événements soient compatibles ou non, l'espérance mathématique totale est la somme des espérances mathématiques partielles.

Si les deux événements se produisaient, le joueur toucherait 2^{fr}.

Cas plus compliqué : Un certain nombre d'événements A_1, A_2, ..., A_q sont possibles : la probabilité pour que A_i se produise est p_i, la probabilité pour que A_i et A_k se produisent à la fois est p_{ik}, la probabilité pour que A_i, A_j et A_k se produisent à la fois est p_{ijk}.

On promet à un joueur de lui payer 1^{fr} pour chaque événement qui se produit; s'il y en a n, il touchera n francs. Son espérance mathématique totale est la somme de celles que lui assure chacun des événements, c'est-à-dire Σp_i.

On lui promet autant de francs qu'il y aura de combinaisons de deux événements pris dans la série. Si deux événements se produisent, il touche 1^{fr}; si trois événements A, B, C se produisent, il touche 3^{fr}, car il y a trois combinaisons AB, BC, CA; si n événements se produisent, il touche $\dfrac{n(n-1)}{2}$ francs.

Quand deux événements A_i et A_k se produisent, cette combinaison lui assurant 1^{fr}, l'espérance mathématique est p_{ik}, et l'espérance mathématique totale est alors

$$\frac{n(n-1)}{2} \Sigma p_{ik}.$$

Si n événements se produisent, et qu'on donne au joueur 1^{fr} par groupe de 3, il touchera alors $\dfrac{n(n-1)(n-2)}{1.2.3}$ et son espérance mathématique sera

$$\frac{n(n-1)(n-2)}{1.2.3}\,\Sigma p_{ijk}.$$

Jouons maintenant avec les conventions suivantes : je paie 1^{fr} par événement qui se produit; le joueur me paie 1^{fr} par combinaison de deux événements; je lui paie 1^{fr} par combinaison de trois événements; il me paie 1^{fr} par combinaison de quatre événements, etc.

$$\text{Événements} \ldots \ldots \quad 1, \quad 2, \quad 3, \quad 4, \quad \ldots$$
$$\text{Gain du joueur} \ldots \quad 1, \quad -1, \quad 1, \quad -1, \quad \ldots$$

Son gain est

$$\sigma = n - \frac{n(n-1)}{1.2} + \frac{n(n-1)(n-2)}{1.2.3} - \ldots$$

quand il y a n événements réalisés.

Si $n = 0$, $\sigma = 0$.

On a, en général,

$$1 - \sigma = 1 - n + \frac{n(n-1)}{1.2} - \frac{n(n-1)(n-2)}{1.2.3} + \ldots = (1-1)^n.$$

Donc, pour $n > 0$, $\sigma = 1$.

Ainsi, quand aucun événement ne se produit, le joueur ne touche rien; quand il s'en produit n, il touche toujours 1^{fr}.

Son espérance mathématique est

$$P = \Sigma p_i - \Sigma p_{ik} + \Sigma p_{ijk} - \ldots$$

D'où, une généralisation du théorème des probabilités totales : la probabilité pour que l'un, au moins, des événements se produise est

$$\Sigma p_i - \Sigma p_{ik} + \Sigma p_{ijk} - \ldots$$

23. Problème de la rencontre. — Dans une urne, il y a μ boules numérotées de 1 à μ; je les tire les unes après les autres, jusqu'à ce que l'urne soit vide. Il y a rencontre si, au i^e tirage, je tire la boule numérotée i.

Cherchons la probabilité pour qu'il y ait au moins une rencontre.

D'abord la probabilité pour qu'il y ait rencontre au rang i est $\frac{1}{\mu}$. En effet, il y a en tout autant d'hypothèses possibles que de permutation de μ lettres, soit $\mu!$ Combien sont favorables? Celles où la i^e boule est au rang i; je puis y permuter les $\mu - 1$ autres, donc $(\mu - 1)!$ cas favorables. La probabilité est

$$p_i = \frac{(\mu - 1)!}{\mu!} = \frac{1}{\mu}.$$

Cherchons la probabilité pour qu'il y ait rencontre au i^e et au k^e tirage. Deux boules ont un rang déterminé : si nous permutons les $\mu - 2$ autres, nous verrons que le nombre des cas favorables est $(\mu - 2)!$; la probabilité est

$$p_{ik} = \frac{1}{\mu(\mu - 1)}.$$

De même

$$p_{ijk} = \frac{1}{\mu(\mu - 1)\ (\mu - 2)}.$$

Toutes les p_i sont égales; comme il peut y avoir μ rencontres

$$\Sigma p_i = 1.$$

Pour calculer Σp_{ik}, remarquons que le nombre possible des doubles rencontres est $\dfrac{\mu\,(\mu-1)}{1.2}$.

$$\frac{\mu\,(\mu-1)}{1.2}\, p_{ik} = \Sigma p_{ik} = \frac{1}{1.2}.$$

De même

$$\frac{\mu\,(\mu-1)(\mu-2)}{1.2.3}\, p_{ijk} = \Sigma p_{ijk} = \frac{1}{1.2.3}.$$

Si je promets à un joueur autant de francs que de rencontres simples, son espérance mathématique sera 1; elle sera $\frac{1}{2}$, s'il reçoit 1^{fr} par combinaison de 2 rencontres; $\frac{1}{6}$, s'il reçoit 1^{fr} par combinaison de 3 rencontres, etc.

Quelle est la probabilité pour qu'il y ait une rencontre au moins? C'est ce que nous avons appelé tout à l'heure P.

$$P = \frac{1}{1!} - \frac{1}{2!} + \frac{1}{3!} - \dots \pm \frac{1}{\mu!},$$

le dernier terme correspond au cas de μ rencontres simultanées. Les termes de P sont les μ premiers termes du développement de $1 - e^{-1}$, et cette série converge avec une rapidité extrême. L'erreur est d'autant plus petite que μ est plus grand, et, pour $\mu = 20$, elle est inférieure à $\dfrac{1}{20!}$, c'est-à-dire insignifiante.

La probabilité cherchée est $1 - e^{-1}$.

24. Valeurs probables. — Soit p_1 la probabilité pour qu'une certaine quantité a soit égale à a_1.

Soit p_2 la probabilité pour qu'une certaine quantité a soit égale à a_2.

. . . .

Soit p_n la probabilité pour qu'une certaine quantité a soit égale à a_n.

La valeur probable de a est, par définition,

$$a_1 p_1 + a_2 p_2 + \ldots + a_n p_n;$$

c'est l'espérance mathématique d'un joueur à qui l'on promettrait une somme égale à a.

La valeur probable de a^2 n'est nullement égale au carré de la valeur probable de a. Par définition, la valeur probable de a^2 est $\Sigma a_i^2 p_i$, tandis que le carré de la valeur probable de a est $(\Sigma a_i p_i)^2$.

Soient b la valeur probable de a^2, c celle de a.

On a

$$b - c^2 = \Sigma p_i \Sigma a_i^2 p_i - (\Sigma a_i p_i)^2,$$

car $\Sigma p_i = 1$.

Nous transformerons le second membre à l'aide de l'identité

$$\Sigma X^2 \Sigma X'^2 - (\Sigma XX')^2 = \Sigma (XY' - YX')^2,$$

où les Y sont des X changés d'indice.

Nous poserons

$$X = \sqrt{p_i},$$
$$X' = a_i \sqrt{p_i},$$

d'où

$$XX' = a_i p_i$$

et

$$\Sigma X^2 = \Sigma p_i,$$
$$\Sigma X'^2 = \Sigma a_i^2 p_i,$$
$$\Sigma XX' = \Sigma a_i p_i.$$

Par conséquent,

$$b - c^2 = \Sigma(\sqrt{p_i}\,a_k\sqrt{p_k} - \sqrt{p_k}\,a_i\sqrt{p_i})^2,$$
$$b - c^2 = \Sigma p_i p_k (a_k - a_i)^2.$$

p_i et p_k sont essentiellement positifs; donc $b - c^2$ est supérieur à zéro et la valeur probable du carré de a est toujours plus grande que le carré de la valeur probable de a, sauf quand $a_k = a_i$, c'est-à-dire quand a ne peut prendre qu'une seule valeur.

Il est clair que la valeur probable de la somme de deux fonctions est la somme des valeurs probables de ces deux fonctions. En revanche, la valeur probable du produit de deux fonctions n'est pas égale en général au produit de leurs valeurs probables. Ce que nous venons de dire au sujet de la valeur probable du carré le prouve suffisamment.

Soient cependant f et φ deux fonctions *indépendantes* l'une de l'autre.

Soient p_i la probabilité que $f = f_i$, et q_k celle que $\varphi = \varphi_k$.

Les deux fonctions étant indépendantes, la probabilité pour que $f = f_i$ en même temps que $\varphi = \varphi_k$ sera $p_i q_k$, en vertu du théorème des probabilités composées. La valeur probable du produit $f\varphi$ sera alors

$$\Sigma p_i q_k f_i \varphi_k = (\Sigma p_i f_i)(\Sigma q_k \varphi_k),$$

c'est-à-dire au produit de la valeur probable de f par celle de φ.

25. On promet à un joueur (toujours en tirant dans une urne contenant μ boules et sans remettre les boules dans l'urne) de lui donner 1^{fr} à chaque *maximum* de la liste

que l'on obtient, en écrivant les numéros sortis dans leur ordre de tirage. Quelle est l'espérance mathématique?

Supposons qu'il y ait maximum au i^e tirage; on a tiré trois boules a, b, c, la $(i-1)^e$, la i^e et la $(i+1)^e$ et, puisqu'il y a maximum, $a < b > c$.

Il y a $\mu!$ cas possibles. Sans toucher aux autres boules, je permute entre elles a, b, c; six combinaisons sont possibles, dont deux sont favorables, a, b, c et c, b, a.

Dans ce groupe, la probabilité pour un maximum est donc $\frac{1}{3}$. Or, il y a $\frac{\mu!}{6}$ de ces groupes, correspondant au i^e tirage, mais, *pour ce tirage*, l'espérance mathématique est $\frac{1}{3}$.

L'espérance mathématique totale sera la somme des espérances mathématiques partielles; d'autre part, sauf conventions spéciales que je ne suppose pas, ni le premier, ni le dernier tirage ne peuvent donner lieu à paiement.

L'espérance mathématique totale est donc $\frac{\mu-2}{3}$.

26. Soient n joueurs qui ont chacun un dé et mettent chacun 1^{fr} comme enjeu : celui qui amènera le point le plus fort ramassera les n francs; et si plusieurs joueurs obtiennent le même point, plus fort que celui de tous les autres, ils se partageront l'enjeu.

Le premier joueur, A, amène le point K : quelle est, à ce moment, son espérance mathématique?

La probabilité pour qu'un autre joueur déterminé amène le point K est $\frac{1}{6}$; pour qu'il amène un point plus petit que K,

$$\frac{K-1}{6}.$$

Quelle est la probabilité pour que A partage l'enjeu avec $i-1$ joueurs déterminés? Ces $i-1$ joueurs doivent amener le point K, les $n-i$ autres un point inférieur à K. La probabilité cherchée est donc une probabilité composée, le produit de $\left(\dfrac{1}{6}\right)^{i-1}$ par $\left(\dfrac{K-1}{6}\right)^{n-i}$.

Ainsi la probabilité pour que A partage avec $i-1$ joueurs déterminés est $\dfrac{(K-1)^{n-i}}{6^{n-1}}$. On peut former autant de groupes de $i-1$ joueurs qu'il y a de combinaisons de $n-1$ lettres $i-1$ a $i-1$, soit $\dfrac{(n-1)!}{(i-1)!\,(n-i)!}$.

Chacune de ces combinaisons donne à A la probabilité ci-dessus, et le gain correspondant est $\dfrac{n}{i}$; l'espérance mathématique de A est

$$\frac{(n-1)!}{(i-1)!\,(n-i)!}\ \frac{(K-1)^{n-i}}{6^{n-1}}\ \frac{n}{i} = \frac{n!}{i!\,(n-i)!}\ \frac{(K-1)^{n-i}}{6^{n-1}}.$$

Il faut faire la somme de ces espérances mathématiques depuis $i=1$ jusqu'à $i=n$, ce dernier cas étant celui où l'enjeu est partagé également par tous. Or

$$\sum \frac{n!}{i!\,(n-i)!}\ \frac{(K-1)^{n-i}}{6^{n-1}}$$

est le développement du binome

$$\frac{[1+(K-1)]^{n}}{6^{n-1}},$$

à part le terme qui correspond à $i=0$, soit $\dfrac{(K-1)^{n}}{6^{n-1}}$. L'espérance mathématique est donc

$$\frac{K^{n}-(K-1)^{n}}{6^{n-1}}.$$

P

27. Paradoxe de Saint-Pétersbourg. — La théorie de l'espérance mathématique a donné lieu à ce paradoxe célèbre. Paul lance une pièce de monnaie; si elle retombe pile, il paie 1^{fr} à Pierre et la partie est terminée; si elle retombe face, on recommence. Si au deuxième coup on amène pile, Pierre reçoit 2^{fr} et la partie est terminée; si l'on amène face, on recommence. Au troisième coup, Pierre recevra 4^{fr}, ou bien la partie continuera, et ainsi de suite. Si la pièce présente face n fois de suite et que le $(n+1)^e$ coup soit pile, Paul paie 2^n francs.

Quelle somme doit donner Pierre à Paul au commencement de la partie pour que le jeu soit équitable? En d'autres termes, quelle est l'espérance mathématique de Pierre?

La probabilité d'amener pile au premier coup est $\frac{1}{2}$; l'espérance correspondante est $\frac{1}{2}$.

La probabilité d'amener face au premier coup, puis pile au second, événements indépendants, est une probabilité composée, $\frac{1}{4}$. L'espérance mathématique est $\frac{1}{4} \times 2 = \frac{1}{2}$.

Au troisième coup, cette espérance est $\frac{1}{8} \times 4 = \frac{1}{2}$.

Au n^e coup, $\frac{1}{2^{n+1}} \times 2^n = \frac{1}{2}$.

Tous les termes de la série sont égaux à $\frac{1}{2}$; l'espérance mathématique de Pierre est infinie : il n'achèterait jamais trop cher le droit de jouer.

On a voulu expliquer ce paradoxe de plusieurs manières. Paul n'est pas infiniment riche, a-t-on dit : sa fortune est comprise, par exemple, entre 2^p et 2^{p+1}; si l'on amène pile au $(p+1)^e$ coup, il devra 2^p francs et pourra payer; mais, si l'on amène pile au coup suivant, il devra 2^{p+1} francs, et sera insolvable. Pierre ne peut donc toucher que 2^p francs ; son espérance mathématique devient

$$\frac{1}{2} + \frac{1}{4} \times 2 + \frac{1}{8} \times 4 + \dots + \frac{1}{2^{p+1}} 2^p + \frac{1}{2^{p+2}} 2^p + \frac{1}{2^{p+3}} 2^p + \dots.$$

La série devient

$$\frac{1}{2} + \frac{1}{2} + \dots + \frac{1}{2} + \frac{1}{4} + \frac{1}{8} + \dots ;$$

$p + 1$ termes sont égaux à $\frac{1}{2}$, le reste a pour somme $\frac{1}{2}$; l'espérance mathématique est

$$\frac{p+1}{2} + \frac{1}{2} = \frac{p+2}{2}.$$

Si la fortune de Paul est, par exemple, d'un milliard, on pourra faire $p = 30$, et l'espérance mathématique de Pierre sera $\frac{32}{2} = 16$. On voit qu'elle se réduit considérablement.

On a dit aussi que le plaisir de gagner 1000^{fr} est plus grand pour celui qui n'a rien que pour le millionnaire ; que le plaisir de doubler sa fortune est indépendant de cette fortune.

Le plaisir, quand on possède une fortune x, de gagner une somme h, sera mesuré par

$$\log \frac{x+h}{x}.$$

On a remplacé l'espérance mathématique par l'espérance morale.

p_h étant la probabilité de réaliser un gain h, l'espérance morale sera

$$\sum p_h \log \frac{x+h}{x}$$

ou

$$\frac{1}{2}\log\frac{x+1}{x} + \frac{1}{4}\log\frac{x+2}{x} + \ldots + \frac{1}{2^{n+1}}\log\frac{x+2^n}{x}$$

pour le paradoxe de Saint-Pétersbourg.

Cette série est manifestement convergente.

28. Ruine d'un joueur. — Deux joueurs, dont l'un, A, possède m francs, et l'autre, B, n francs, jouent à 1^{fr} la partie et poursuivent le jeu *jusqu'à ce que l'un des deux soit ruiné*. La probabilité pour que cet événement se produise sera une fonction de m et n, $\varphi(m, n)$, et comme la somme des fortunes, $m + n = s$, est une constante, φ sera fonction de s et n, c'est-à-dire de n. Appelons $\varphi(n)$ la probabilité pour que B finisse par être ruiné : nous supposerons ici que les conditions ne sont pas équitables.

Si A, à chaque partie, a la probabilité p de gagner, B a la probabilité $1 - p$.

On joue une partie nouvelle. Deux hypothèses se présentent : A va gagner et B aura $(n-1)^{fr}$; B gagnera et aura $(n + 1)^{fr}$.

$\varphi(n)$ comprendra donc la probabilité pour que B perde cette partie et finisse par être ruiné, soit $p\,\varphi(n-1)$, et aussi la probabilité pour que B, gagnant cette même partie, finisse également par être ruiné, soit $(1 - p)\,\varphi(n + 1)$.

$$(1) \qquad \varphi(n) = p\,\varphi(n-1) + (1-p)\,\varphi(n+1).$$

Cette relation de récurrence servira à déterminer $\varphi(n)$. Il faut, en outre, connaître les conditions limites.

Si $n = 0$, B serait déjà ruiné; si $n = s$, $m = 0$, A n'aurait rien. Donc $\varphi(0) = 1$, $\varphi(s) = 0$.

29. Résolvons l'équation de récurrence plus générale

$$A_K \varphi(n+K) + A_{K-1} \varphi(n+K-1) + \ldots + A_1 \varphi(n+1) + A_0 \varphi(n) = 0,$$

où les A sont des coefficients constants. C'est une équation aux différences finies, linéaire et à coefficients constants, dont l'intégration rappelle celle des équations différentielles linéaires à coefficients constants.

Supposons qu'on ait trouvé K solutions $\varphi_1(n)$, $\varphi_2(n)$, …, $\varphi_K(n)$, de telle sorte que

$$\sum_q A_q \varphi_i(n+q) = 0.$$

Nous aurons encore une solution en posant

$$\varphi(n) = \alpha_1 \varphi_1(n) + \alpha_2 \varphi_2(n) + \ldots + \alpha_K \varphi_K(n).$$

En effet, multiplions le Σ précédent par α_i, et faisons la somme des termes obtenus en faisant varier i.

$$\sum_i \alpha_i \sum_q A_q \varphi_i(n+q) = \sum_q A_q \sum_i \alpha_i \varphi_i(n+q) = 0.$$

Si φ_1, φ_2, …, φ_K sont linéairement indépendants, on aura ainsi la solution générale. Supposons, en effet, que ce ne soit pas la solution générale; alors

$$\varphi(n) = \alpha_1 \varphi_1 + \alpha_2 \varphi_2 + \ldots + \alpha_K \varphi_K + \psi.$$

Je vais choisir α_1, α_2, …, α_K de façon à satisfaire au système suivant

$$\varphi(0) = \alpha_1\varphi_1(0) + \alpha_2\varphi_2(0) + \ldots + \alpha_K\varphi_K(0),$$
$$\varphi(1) = \alpha_1\varphi_1(1) + \alpha_2\varphi_2(1) + \ldots + \alpha_K\varphi_K(1),$$
$$\ldots\ldots\ldots\ldots\ldots\ldots\ldots\ldots\ldots\ldots\ldots\ldots\ldots,$$
$$\varphi(K-1) = \alpha_1\varphi_1(K-1) + \alpha_2\varphi_2(K-1) + \ldots + \alpha_K\varphi_K(K-1).$$

Ces K équations linéaires déterminent α_1, α_2, ..., α_K, à condition que leur déterminant soit différent de zéro, ce qui aura lieu quand φ_1, φ_2, ..., φ_K seront linéairement indépendants. Dans ce cas, on aura

$$\psi(0) = \psi(1) = \psi(2) = \ldots = \psi(K-1) = 0,$$

et par suite la relation suivante

$$A_K\psi(n+K) + A_{K-1}\psi(n+K-1) + \ldots + A_1\psi(n+1) + A_0\psi(n) = 0.$$

Je fais $n = 0$, tous les termes s'annulent sauf $A_K\psi(K)$; donc $\psi(K)$ est nul.

Si je fais $n = 1$, $\psi(K+1)$ est nul, ...

Donc $\psi(n)$ est identiquement nul, et $\varphi(n)$ se réduit à $\alpha_1\varphi_1 + \alpha_2\varphi_2 + \ldots + \alpha_K\varphi_K$. Ainsi, il suffit de connaître K intégrales particulières linéairement indépendantes pour connaître l'intégrale générale.

Pour trouver K intégrales linéairement indépendantes, je pose $\varphi(n) = \beta^n$. Alors

$$A_K\beta^{n+K} + A_{K-1}\beta^{n+K-1} + \ldots + A_0\beta^n = 0$$

ou

$$A_K\beta^K + A_{K-1}\beta^{K-1} + \ldots + A_0 = 0,$$

d'où K valeurs particulières de β, et par suite K intégrales particulières.

Il se présente une exception, quand l'équation en β offre des racines multiples, par exemple, une racine double, $\beta_1 = \beta_2$; en faisant varier les coefficients d'une manière continue, il peut arriver, en effet, que deux racines deviennent égales. On n'a plus alors K solutions.

β_1^n et β_2^n sont des solutions; $\dfrac{\beta_1^n - \beta_2^n}{\beta_1 - \beta_2}$ est une combinaison linéaire, et, par conséquent, une solution. Quand β_1 tend vers β_2, par raison de continuité, on a encore à la limite une solution. Cette limite s'obtient en différentiant, par rapport à β_1, les deux termes du rapport, ce qui donne $\dfrac{n\,\beta_1^{n-1}}{1}$;

$n\,\beta_1^{n-1}$ ou, si l'on veut, $n\,\beta^n$ est donc une nouvelle solution.

Avec une racine triple, on aurait en outre $n^2\,\beta_1^n$, etc.

30. Appliquons cette règle au problème qui nous occupe, c'est-à-dire à l'équation (1) du paragraphe 28.

Faisons $\varphi(n) = \beta^n$; il viendra

$$\beta^n = p\,\beta^{n-1} + (1 - p)\,\beta^{n+1},$$

ou

$$\beta = p + (1 - p)\,\beta^2.$$

Cette équation du second degré a une racine évidente, $\beta = 1$; l'autre est $\dfrac{p}{1 - p}$: c'est cette valeur que nous appellerons désormais β. Les deux solutions β^n et 1 donnent pour la valeur générale de $\varphi(n)$

$$\varphi(n) = a\,\beta^n + b.$$

Les conditions limites donnent les deux constantes arbitraires

$$1 = a + b,$$
$$0 = a\,\beta^s + b;$$

d'où

$$a = \frac{1}{1 - \beta^s}, \qquad b = \frac{-\beta^s}{1 - \beta^s},$$

et

$$\varphi(n) = \frac{\beta^n - \beta^s}{1 - \beta^s}.$$

Cette expression devient illusoire, si l'on suppose $\beta = 1$.

Quand $\beta = 1, p = \frac{1}{2}$; le jeu serait équitable. On cherche la vraie valeur de $\varphi(n)$ par la règle de l'Hôpital

$$\varphi(n) = \frac{n\beta^{n-1} - s\beta^{s-1}}{-s\beta^{s-1}} = \frac{s - n}{s} = \frac{m}{s}.$$

Trois cas sont à considérer :

1° $\beta > 1$. Le jeu est avantageux à A, $p > 1 - p$,

$$\varphi(n) = \frac{\beta^s - \beta^n}{\beta^s - 1}.$$

2° $\beta = 1$. Le jeu est équitable, $p = 1 - p$,

$$\varphi(n) = \frac{s - n}{s}.$$

3° $\beta < 1$. Le jeu est avantageux à B, $p < 1 - p$,

$$\varphi(n) = \frac{\beta^n - \beta^s}{1 - \beta^s}.$$

La probabilité pour que B se ruine est $\dfrac{\beta^s - \beta^n}{\beta^s - 1}$. Pour avoir la probabilité pour que A se ruine, on permute p et $1 - p$; β se change en $\frac{1}{\beta}$ et n en m. On trouve donc

$$\frac{\beta^{-s} - \beta^{-m}}{\beta^{-s} - 1},$$

c'est-à-dire

$$\frac{1 - \beta^n}{1 - \beta^s}.$$

31. La somme des deux probabilités

$$\frac{\beta^s - \beta^n}{\beta^s - 1} + \frac{1 - \beta^n}{1 - \beta^s}$$

est égale à l'unité, ce qui n'était pas évident *a priori*. En effet, la probabilité pour que la partie se prolonge indéfiniment pouvait avoir une valeur finie.

Supposons s très grand. Quand $\beta > 1$, β^s est très grand et $\varphi(n)$ a le signe de β^s; sa limite est 1. Quand $\beta = 1$, sa limite est encore 1. Quand $\beta < 1$, β^s tend vers 0 à mesure que s augmente, et la limite de $\varphi(n)$ est β^n.

Conclusion. — Si donc s est très grand et n fini, on a la certitude d'être ruiné dans un jeu équitable ou avantageux à l'adversaire. Mais si le jeu est avantageux au joueur, la probabilité d'être ruiné devient d'autant plus petite que sa fortune est plus grande.

Un joueur de profession, un banquier, joue avec tout le monde, c'est-à-dire avec un adversaire infiniment riche, mais le jeu lui réserve des avantages. Au contraire, le ponte qui jouera indéfiniment est *sûr d'être ruiné*.

32. J. Bertrand a calculé le *moment probable de sa ruine*.

Pour le banquier, $\beta < 1$, la probabilité pour que la banque saute est β^n; β est le rapport des chances favorables au ponte, aux chances favorables au banquier; supposons $\beta = \frac{19}{20}$, c'est-à-dire $\beta = 1 - \frac{1}{20}$.

n est la fortune du banquier, en prenant pour unité l'enjeu de chaque partie; il y a un maximum pour cet enjeu, d'où pour n un certain maximum; soit $n = 1000$.

La probabilité pour que la banque saute est

$$\left(1 - \frac{1}{20}\right)^{1000} = \left[\left(1 - \frac{1}{20}\right)^{20}\right]^{50},$$

ou, à peu près, e^{-50}, quelque chose d'extrêmement faible.

Nous arrêterons ici l'étude des cas qui se ramènent à de simples problèmes d'analyse combinatoire.

CHAPITRE IV.

LE THÉORÈME DE BERNOULLI.

---

33. Nous abordons, maintenant, les théories qui se rapportent à la formule de Stirling, au théorème de Bernoulli et aux probabilités des causes déduites d'épreuves répétées.

Supposons que les deux événements A et B, de probabilités respectives p et q, soient contradictoires. A chaque épreuve, l'un d'eux se produit certainement, et ils ne peuvent se produire tous deux ; alors

$$p + q = 1,$$

la probabilité totale est égale à la certitude.

On répète m fois l'épreuve : à chaque épreuve l'un des deux événements se produit. Ainsi, avec un dé, l'événement A peut être l'arrivée du point 6 et l'événement B celle des autres points ; $p = \frac{1}{6}$, et $q = \frac{5}{6}$.

A se produira un certain nombre de fois et B aussi. On demande la probabilité pour que A se produise α fois, et B $m - \alpha$ fois.

On suppose que la probabilité reste la même à chaque épreuve. Avec le dé, la probabilité est toujours $\frac{1}{6}$ pour amener le point 6. Au contraire, avec un jeu de 32 cartes,

la probabilité de tirer un roi est $\frac{1}{8}$ à la première épreuve ;
elle est $\frac{4}{31}$ ou $\frac{3}{31}$ à la deuxième, suivant qu'on n'a pas amené ou qu'on a amené un roi à la première.

34. Cherchons d'abord la probabilité pour que les événements se succèdent dans un ordre déterminé

$$AABAABBAB;$$

les probabilités de chacun de ces événements seront

$$ppqppqqpq,$$

et la probabilité composée, la probabilité pour que tous ces événements se produisent à la fois, est

$$p^5 q^4.$$

En général, la probabilité pour qu'il se produise dans un ordre déterminé α événements A et $m - \alpha$ événements B est

$$p^\alpha p^{m-\alpha}.$$

Elle est indépendante de l'ordre considéré.

35. Si l'on veut que les m épreuves donnent, *dans un ordre quelconque*, α événements A et $m - \alpha$ événements B, en vertu du principe de la probabilité totale, la probabilité cherchée sera la somme d'autant de termes égaux à $p^\alpha q^{m-\alpha}$ qu'il y a d'unités dans le nombre des permutations avec répétition de α lettres A et de $m - \alpha$ lettres B ; ce nombre est

$$\frac{m!}{\alpha!\,(m-\alpha)!}.$$

La probabilité pour que les événements se succèdent dans un ordre quelconque est

$$u_\alpha = \frac{m!}{\alpha!\,(m-\alpha)!}\, p^\alpha q^{m-\alpha};$$

c'est l'un des termes du développement de $(p+q)^m$.

Si je fais la somme de tous les termes que je puis obtenir en faisant α égal à 0, à 1, ..., à m, j'obtiens

$$\Sigma u_\alpha = (p+q)^m = 1.$$

La somme des probabilités de tous les cas possibles doit être égale à l'unité, puisqu'il est certain que l'un de ces cas possibles se produira, et un seul.

36. Quelle est la plus grande de toutes ces probabilités ?

Je vais calculer le rapport d'un terme au précédent ;

$$u_{\alpha+1} = \frac{m!}{(\alpha+1)!\,(m-\alpha-1)!}\, p^{\alpha+1} q^{m-\alpha-1},$$

$$\frac{u_{\alpha+1}}{u_\alpha} = \frac{\alpha!}{(\alpha+1)!}\,\frac{(m-\alpha)!}{(m-\alpha-1)!}\, pq^{-1} = \frac{m-\alpha}{\alpha+1}\,\frac{p}{q}.$$

De même en changeant α en $\alpha-1$

$$\frac{u_\alpha}{u_{\alpha-1}} = \frac{m-\alpha+1}{\alpha}\,\frac{p}{q}.$$

Pour que u_α soit la plus grande de toutes les probabilités, il faut que

$$u_{\alpha+1} < u_\alpha > u_{\alpha-1}.$$

Donc

$$\frac{u_{\alpha+1}}{u_\alpha} < 1 \qquad \text{et} \qquad \frac{u_\alpha}{u_{\alpha-1}} > 1,$$

c'est-à-dire

$$\frac{m-\alpha}{\alpha+1}\,\frac{p}{q} < 1 \qquad \text{et} \qquad \frac{m-\alpha+1}{\alpha}\,\frac{p}{q} > 1.$$

Ceci peut s'écrire

$$(m - \alpha)p < (\alpha + 1)q \qquad \text{et} \qquad (m - \alpha + 1)p > \alpha q,$$
$$mp - \alpha p < \alpha q + q \qquad \text{et} \qquad mp - \alpha p + p > \alpha q.$$

Comme

$$\alpha p + \alpha q = \alpha(p + q) = \alpha,$$
$$mp < \alpha + q \qquad \text{et} \qquad mp > \alpha - p.$$

De telle façon que nous arrivons aux inégalités

$$mp + p > \alpha > mp - q.$$

D'où une limite supérieure et une limite inférieure pour α. La différence de ces deux limites est $p + q = 1$; ainsi α est compris entre deux nombres, généralement fractionnaires, qui diffèrent d'une unité, et, comme α est entier, ces deux limites déterminent α.

Il y a exception quand $mp + p$ est entier; alors $mp - q$ l'est aussi. On pourrait hésiter pour α; deux termes consécutifs dans le développement de $(p + q)^m$ sont égaux entre eux.

Si m est très grand, le rapport $\dfrac{\alpha}{m}$ est compris entre $p + \dfrac{1}{m}$ et $p - \dfrac{1}{m}$; donc $\dfrac{\alpha}{m}$ sera voisin de p.

C'est une forme d'établissement du *théorème de Bernoulli*.

Si je choisis α de façon que u_α soit le plus grand possible, le rapport du nombre des événements A au nombre des événements B sera à peu près celui des probabilités p et q.

37. Quelle est la probabilité pour que α s'éloigne d'une quantité donnée h de mp? Soit

$$\alpha - mp = h.$$

J'appelle h l'*écart* et je vais chercher la valeur probable de la valeur absolue de cet écart, ainsi que la valeur probable de son carré.

Occupons-nous de la valeur probable de h, de la valeur probable du module $|h|$ de h, de la valeur probable de h^2.

Je vais considérer la valeur probable d'une quantité quelconque M; c'est $\Sigma M u_\alpha$.

$$\Sigma M u_\alpha = \Sigma M \frac{m!}{\alpha!\,(m-\alpha)!} p^\alpha q^{m-\alpha};$$

le second membre est un polynome entier, homogène et de degré m par rapport à p et q, que je désigne par $F(p, q)$.

Cherchons à en déduire la valeur probable de $M\alpha$; c'est

$$\Sigma M\alpha \frac{m!}{\alpha!\,(m-\alpha)!} p^\alpha q^{m-\alpha}.$$

Nous avons passé d'une expression à l'autre en multipliant par α les termes successifs; en différentiant $p^\alpha q^{m-\alpha}$ par rapport à p, nous aurions eu $\alpha p^{\alpha-1} q^{m-\alpha}$; la valeur probable de $M\alpha$ est donc

$$\frac{p\,dF}{dp}.$$

Les nombres p et q ne sont pas indépendants, puisque leur somme est 1. On a fait la différentiation comme s'ils l'étaient, on a différentié par rapport à p comme si q était constant. De plus, M peut dépendre de p : h dépend de p.

J'éviterai cette confusion de la manière suivante :

A la place de p et q, j'introduis deux variables auxiliaires, x et y, et je considère la fonction

$$F(x, y) = M \frac{m!}{\alpha!\,(m-\alpha)!} x^\alpha y^{m-\alpha}.$$

Si M dépend de p, je n'y remplace pas p et q par x et y; la valeur probable de M est bien alors F (p, q), et

$$\sum M \alpha \frac{m!}{\alpha!(m-\alpha)!} x^{\alpha} y^{m-\alpha}$$

est bien $x \dfrac{d\mathrm{F}}{dx}$.

On y remplacera x et y par p et q après la différentiation.

38. Appliquons ce qui précède au problème qui nous occupe.

Soit d'abord $M = 1$;

$$\mathrm{F}(x, y) = \sum \frac{m!}{\alpha!(m-\alpha)!} x^{\alpha} y^{m-\alpha} = (x+y)^{m};$$

si je fais ensuite

$$x = p, \qquad y = q,$$

il vient

$$\mathrm{F}(p, q) = (p+q)^{m} = 1,$$

et, en effet, la valeur probable de 1 est 1.

Pour avoir la valeur probable de α, je différentie F (x, y) par rapport à x, et je multiplie par x, ce qui me donne $mx(x+y)^{m-1}$; puis, je fais $x = p$, $y = q$. La valeur probable de α est mp.

Pour avoir la valeur probable de α^2, je différentie le terme $mx(x+y)^{m-1}$ par rapport à x, puis je multiplie par x; ce qui me donne d'abord

$$m(x+y)^{m-1} + m(m-1)x(x+y)^{m-2},$$

puis

$$mx(x+y)^{m-1} + m(m-1)x^{2}(x+y)^{m-2}.$$

En faisant $x = p$ et $y = q$, j'obtiens, pour la valeur probable de α^2,

$$mp + m^2 p^2 - mp^2.$$

Cherchons, maintenant, les valeurs probables de h et h^2.

La valeur probable de h sera la valeur probable de α, moins la valeur probable de mp, c'est-à-dire

$$mp - mp = 0.$$

La valeur probable de l'écart est donc nulle.

La valeur de h^2 est

$$h^2 = \alpha^2 - 2\,mp\,\alpha + m^2 p^2\,;$$

sa valeur probable est donc

$$(mp + m^2 p^2 - mp^2) - 2\,mp\,.\,mp + m^2 p^2,$$

ou

$$mp(1 - p),$$

c'est-à-dire mpq.

La valeur probable du carré de h est mpq.

On vérifiera en passant qu'elle est effectivement plus grande que le carré de la valeur probable de h, qui est nulle.

39. Passons à la valeur probable du module de h; cherchons d'abord quelle serait l'espérance mathématique d'un joueur à qui on promettrait une somme 1 si l'écart était positif, et 0 s'il était négatif.

Σu_α doit se borner aux termes dont l'écart est positif. Soit u_β le dernier terme de Σu_α pour lequel l'écart est positif; on a

$$\beta > mp \qquad \text{et} \qquad \beta - 1 < mp,$$

et l'espérance mathématique de ce joueur serait

$$p^m + \frac{m}{1} p^{m-1} q + \cdots + \frac{m!}{\beta!\,(m-\beta)!} p^\beta q^{m-\beta},$$

c'est-à-dire $F(p, q)$ en posant

$$F(x, y) = x^m + \frac{m}{1} x^{m-1} y + \ldots + \frac{m!}{\beta!(m-\beta)!} x^\beta y^{m-\beta}.$$

Si l'on supposait, maintenant, qu'on ait promis à ce joueur une somme α, son espérance mathématique sera $x\,\dfrac{dF}{dx}$, en faisant $x = p$, $y = q$ après la différentiation. Enfin, la valeur probable d'une fonction qui est égale à h pour $h > 0$ et à 0 pour $h < 0$ sera donc l'espérance mathématique de ce joueur à qui l'on promet $\alpha - mp$ quand $\alpha > mp$; c'est donc

$$x\frac{dF}{dx} - mp\,F.$$

F est un polynome homogène et de degré m en x et y; donc

$$mF = x\frac{dF}{dx} + y\frac{dF}{dy}.$$

L'espérance mathématique ci-dessus devient

$$x\frac{dF}{dx} - px\frac{dF}{dx} - py\frac{dF}{dy},$$

ou

$$xq\frac{dF}{dx} - yp\frac{dF}{dy},$$

en faisant $x = p$, $y = q$, après différentiation. On a d'abord

$$pq\left(\frac{dF}{dx} - \frac{dF}{dy}\right);$$

d'autre part

$$\frac{dF}{dx} = mx^{m-1} + m(m-1)x^{m-2}y + \ldots + \frac{m!}{\beta!(m-\beta)!}\beta x^{\beta-1} y^{m-\beta},$$

$$\frac{dF}{dy} = mx^{m-1} + m(m-1)x^{m-2}y + \ldots.$$

Il entre un terme de plus dans la somme qui représente $\frac{d\mathrm{F}}{dx}$; ce dernier terme représente $\frac{d\mathrm{F}}{dx} - \frac{d\mathrm{F}}{dy}$, et il est égal à

$$\frac{m!}{\beta!\,(m-\beta)!}\,x^{\beta}y^{m-\beta}\frac{\beta}{x},$$

et, après qu'on y a fait $x=p$, $y=q$, il devient

$$\frac{m!}{\beta!\,(m-\beta)!}\,p^{\beta}q^{m-\beta}\frac{\beta}{p}.$$

Pour l'espérance mathématique de notre joueur, nous avons donc

$$pq\,\frac{m!}{\beta!\,(m-\beta)!}\,p^{\beta}q^{m-\beta}\frac{\beta}{p} = \frac{m!}{\beta!\,(m-\beta)!}\,p^{\beta}q^{m-\beta}\beta q.$$

On y reconnaît le produit par βq, du terme u_β, le dernier qui corresponde à un écart positif.

40. On promet à un joueur une somme égale à la valeur absolue de l'écart : soit E son espérance mathématique, en admettant qu'il ne doive être payé que si l'écart est positif, E′ en admettant qu'il ne doive être payé que s'il est négatif.

La valeur probable de h est $\mathrm{E} - \mathrm{E'}$.

Comme la valeur probable de h est nulle

$$\mathrm{E} - \mathrm{E'} = \mathrm{o},$$

et la valeur probable de $\mid h \mid$ est $2\mathrm{E}$.

41. Ainsi la valeur probable de l'écart h, considéré en valeur relative, est zéro; la valeur probable de h^2 est mpq; celle de $\mid h \mid$ est $2\mathrm{E}$ ou

$$2\beta q\,\frac{m!}{\beta!\,(m-\beta)!}\,p^{\beta}q^{m-\beta}.$$

β correspond au dernier terme pour lequel l'écart est positif, et il diffère peu de mp.

A cette expression on peut substituer la valeur approchée

$$2\,mpq\,\frac{m!}{\beta!\,(m-\beta)!}\,p^{\beta}q^{m-\beta}.$$

Ce terme est beaucoup plus grand que tous les autres, mais il est très petit d'une manière absolue.

La valeur probable de $|\,h\,|$ est beaucoup plus petite que mpq. Suivant une remarque déjà faite, le carré de la valeur probable de $|\,h\,|$ est plus petit que la valeur probable de h^{2} : donc la valeur probable de $|\,h\,|$ est certainement plus petite que $\sqrt{mpq}$.

CHAPITRE V.

APPLICATION DE LA FORMULE DE STIRLING.

42. Je vais montrer comment on peut connaître une valeur approchée de u_α, du terme maximum, de la valeur probable de $|h|$, etc.

Le calcul de ces valeurs approchées se rattache à la *formule de Stirling*.

On a

$$n! = \int_0^\infty x^n e^{-n}\, dx = \Gamma(n+1),$$

c'est-à-dire la fonction eulérienne; cette intégrale conserve un sens quand n est positif, mais non entier. Si l'on pose

$$\Gamma(n+1) = n^n e^{-n} \sqrt{2\pi n},$$

le rapport du premier membre au second tend vers l'unité quand n augmente indéfiniment.

Je ne donnerai pas la démonstration générale, mais seulement celle qui concerne n entier.

La formule de Stirling sert à calculer la factorielle d'un nombre entier

$$n! = n^n e^{-n} \sqrt{2\pi n};$$

c'est une formule *asymptotique*. L'erreur absolue que l'on commet en prenant le second membre comme valeur du premier augmente indéfiniment avec n, mais l'erreur relative tend vers zéro.

Il en résulte que l'erreur absolue sur le logarithme de $n!$ tend vers zéro.

Je puis d'abord écrire

$$n! = n^n e^{-n} \sqrt{n}\, F(n),$$

et je vais démontrer que $F(n)$ tend vers une limite finie et déterminée C quand n augmente indéfiniment; de telle sorte que l'on aura alors

$$n! = C n^n e^{-n} \sqrt{n}.$$

43. Considérons le produit

$$\frac{F(2)}{F(1)} \frac{F(3)}{F(2)} \cdots \frac{F(n+1)}{F(n)}.$$

Ce produit infini est convergent, ou, ce qui revient au même, la série, dont le terme général est

$$\log \frac{F(n+1)}{F(n)},$$

est convergente.

Nous avons

$$(n+1)! = (n+1)^{n+1} e^{-(n+1)} \sqrt{n+1}\, F(n+1),$$

$$\frac{F(n+1)}{F(n)} = \frac{(n+1)!}{n!} \frac{n^n e^{-n} \sqrt{n}}{(n+1)^{n+1} e^{-(n+1)} \sqrt{n+1}},$$

$$\frac{F(n+1)}{F(n)} = \frac{n+1}{(n+1)^{n+1}} n^n e \sqrt{\frac{n}{n+1}} = e \left(\frac{n}{n+1} \right)^{n+\frac{1}{2}},$$

$$\log \frac{F(n+1)}{F(n)} = 1 - \left(n + \frac{1}{2} \right) \log \left(1 + \frac{1}{n} \right).$$

Le second membre se transforme, à l'aide du développement de $\log(1 + x)$ en série, en

$$1 - \left(n + \frac{1}{2}\right)\left(\frac{1}{n} - \frac{1}{2\,n^2} + \frac{1}{3\,n^3} - \cdots\right)$$

ou en

$$1 - 1 + \frac{1}{2\,n} - \frac{1}{3\,n^2} + \cdots$$

$$- \frac{1}{2\,n} + \frac{1}{4\,n^2} - \cdots,$$

c'est-à-dire en

$$- \frac{1}{12\,n^2} + \cdots$$

Si j'appelle u_n le premier terme de cette dernière série,

$$u_n = - \frac{1}{12\,n^2}$$

et

$$\lim n^2 u_n = - \frac{1}{12}.$$

En vertu d'une règle de Gauss, cette série est convergente.

44. Reste à calculer la valeur de C.

Rappelons la formule de Wallis

$$\frac{\pi}{2} = \frac{2}{1} \frac{2}{3} \frac{4}{3} \frac{4}{5} \cdots \frac{2n}{2n-1} \frac{2n}{2n+1} \cdots;$$

on en déduit, pour n plus grand que toute quantité donnée,

$$\sqrt{\frac{\pi}{2}} = \frac{2.4\ldots 2n}{1.3\ldots(2n-1)\sqrt{2n+1}}.$$

Au numérateur figurent les n premiers nombres pairs, au dénominateur les n premiers nombres impairs; je multiplie haut et bas par $2.4\ldots 2n$; il vient

$$\frac{(2.4\ldots 2n)^2}{(2n)!\sqrt{2n+1}} = \frac{2^{2n}(n!)^2}{(2n)!\sqrt{2n+1}}.$$

Cette fraction a pour limite $\sqrt{\dfrac{\pi}{2}}$, quand n augmente indéfiniment. Si nous y remplaçons les factorielles par leur valeur approchée pour x très grand, elle devient

$$\frac{2^{2n}\,n^{2n}\,e^{-2n}\,C^2\,n}{(2n)^{2n}\,e^{-2n}\,C\sqrt{2n}\sqrt{2n+1}}$$

ou

$$C\sqrt{\frac{n^2}{2n(2n+1)}};$$

et, quand n grandit indéfiniment, elle se réduit à $\dfrac{C}{2}$.

Cette limite étant la même que la précédente, $\sqrt{\dfrac{\pi}{2}}$, on a

$$C = \sqrt{2\pi}.$$

45. Valeur asymptotique de u_α. — Quand deux événements contraires, A et B, ont pour probabilité respective p et q, de telle sorte que $p+q=1$, nous avons vu que, sur m événements, la probabilité pour qu'il s'en produise α égaux à A et $m-\alpha$ égaux à B est

$$u_\alpha = \frac{m!}{\alpha!(m-\alpha)!}p^\alpha q^{m-\alpha}.$$

Calculons une valeur approchée de u_α, en supposant m très grand, et de plus

$$\alpha = mp + \lambda\sqrt{m},$$

ou

$$\frac{\lambda \sqrt{m}}{mp} < 1.$$

$\lambda \sqrt{m}$ est très grand quand m est très grand, mais nous supposerons λ fini et, par conséquent, l'erreur relative très petite, quand on prend mp pour valeur de α, c'est-à-dire $\frac{\alpha}{mp}$ voisin de 1,

$$\frac{\alpha}{mp} = 1 + \frac{\lambda}{p \sqrt{m}}.$$

On a comme conséquence

$$m - \alpha = mq - \lambda \sqrt{m},$$

puisque

$$p + q = 1.$$

Je remplace dans u_α chaque factorielle par sa valeur calculée à l'aide de la formule de Stirling,

$$u_\alpha = \frac{m^m e^{-m} \sqrt{2\pi m} \, p^\alpha q^{m-\alpha}}{\alpha^\alpha e^{-\alpha} \sqrt{2\pi\alpha} \, (m-\alpha)^{m-\alpha} e^{-(m-\alpha)} \sqrt{2\pi(m-\alpha)}},$$

$$u_\alpha = \frac{m^m p^\alpha q^{m-\alpha}}{\alpha^\alpha (m-\alpha)^{m-\alpha}} \cdot \sqrt{\frac{m}{2\pi\alpha(m-\alpha)}}.$$

En réunissant les termes qui ont pour exposant α et ceux qui ont pour exposant $m - \alpha$,

$$u_\alpha = \left(\frac{mp}{\alpha}\right)^\alpha \left(\frac{mq}{m-\alpha}\right)^{m-\alpha} \sqrt{\frac{m}{2\pi\alpha(m-\alpha)}}.$$

Or

$$\frac{m}{\alpha(m-\alpha)} = \frac{m}{(mp + \lambda\sqrt{m})(mq - \lambda\sqrt{m})},$$

$\frac{\alpha}{mp}$ tend vers l'unité ainsi que $\frac{m-\alpha}{mq}$; le radical qui entre dans u_α a pour limite

$$\sqrt{\frac{m}{2\pi\, mp\, mq}} \qquad \text{ou} \qquad \frac{1}{\sqrt{2\pi\, mpq}};$$

Nous pouvons écrire

$$\log u_\alpha = \log \frac{1}{\sqrt{2\pi\, mpq}} - \alpha \log \frac{\alpha}{mp} - (m-\alpha)\log\frac{m-\alpha}{mq}$$

ou

$$\log u_\alpha = \log \frac{1}{\sqrt{2\pi\, mpq}} - \left(mp + \lambda\sqrt{m}\right)\log\left(1 + \frac{\lambda}{p\sqrt{m}}\right)$$
$$- \left(mq - \lambda\sqrt{m}\right)\log\left(1 - \frac{\lambda}{q\sqrt{m}}\right).$$

Pour m très grand, nous pouvons développer les logarithmes de $1 + \dfrac{\lambda}{p\sqrt{m}}$ et de $1 - \dfrac{\lambda}{q\sqrt{m}}$ par la formule qui donne le développement de $\log(1 + x)$. Ainsi,

$$\left(mp + \lambda\sqrt{m}\right)\log\left(1 + \frac{\lambda}{p\sqrt{m}}\right)$$

devient

$$\left(mp + \lambda\sqrt{m}\right)\left(\frac{\lambda}{p\sqrt{m}} - \frac{\lambda^2}{2p^2 m} + \frac{\lambda^3}{3p^3 m\sqrt{m}} - \dots\right).$$

Je cherche, en ce moment, une valeur asymptotique de u_α, c'est-à-dire une valeur telle que le rapport de u_α à cette valeur tende vers 1 quand m augmente indéfiniment; je pourrai donc, dans le produit précédent, négliger tous les termes qui tendent vers 0, ceux qui contiennent m ou $\sqrt{m}$ au dénominateur.

Il restera

$$\lambda\sqrt{m} - \frac{\lambda^2}{2p} + \frac{\lambda^2}{p}, \qquad \text{ou} \qquad \lambda\sqrt{m} + \frac{\lambda^2}{2p}.$$

J'en déduirai la valeur du produit

$$(mq - \lambda \sqrt{m}) \log\left(1 - \frac{\lambda}{q\sqrt{m}}\right),$$

en changeant dans le résultat précédent λ en $-\lambda$ et p en q; et la somme de ces produits sera, en définitive,

$$\left(\lambda\sqrt{m} + \frac{\lambda^2}{2p}\right) + \left(-\lambda\sqrt{m} + \frac{\lambda^2}{2q}\right),$$

ou

$$\frac{\lambda^2}{2}\left(\frac{1}{p} + \frac{1}{q}\right), \qquad \text{c'est-à-dire} \qquad \frac{\lambda^2}{2pq}.$$

Ainsi

$$\log u_\alpha = \log \frac{1}{\sqrt{2\pi mpq}} - \frac{\lambda^2}{2pq}.$$

En repassant des logarithmes aux nombres, on aura comme valeur approchée de u_α

$$u_\alpha = \frac{e^{-\frac{\lambda^2}{2pq}}}{\sqrt{2\pi mpq}}.$$

Lorsque m croît indéfiniment, le rapport de u_α à l'expression précédente tend vers l'unité.

46. J'observe d'abord ce qui se passe pour le terme maximum.

Le maximum de u_α s'obtient en donnant à α une valeur qui diffère très peu de mp; alors λ est nul, et la valeur du terme maximum est $\dfrac{1}{\sqrt{2\pi mpq}}$.

Cette expression diminue avec m. Il ne faut pas croire que, si m augmente indéfiniment, la probabilité attendue s'approche de la certitude; au contraire, elle tend vers zéro.

C'est là le théorème de Bernoulli, que nous préciserons tout à l'heure.

47. Quelle est la probabilité pour que λ soit compris entre λ et $\lambda + d\lambda$?

Je considère $d\lambda$ comme très petit; $d\lambda \sqrt{m}$ est cependant un nombre entier, ce qui veut dire que $d\lambda$ est de l'ordre de $\dfrac{1}{\sqrt{m}}$.

Si je donne à λ un accroissement très petit, l'exponentielle ne changera pas, u_α sera sensiblement constant.

La probabilité cherchée est une somme de termes tels que α varie de α à $\alpha + k$, α et $\alpha + k$ étant définis par

$$\alpha = mp + \lambda\sqrt{m},$$
$$\alpha + k = mp + (\lambda + d\lambda)\sqrt{m},$$

c'est-à-dire que

$$k = d\lambda\sqrt{m}.$$

α doit être compris entre les limites

$$\lambda + d\lambda \geqq \frac{\alpha - mp}{\sqrt{m}} > \lambda,$$

c'est-à-dire qu'il doit être égal à l'un des nombres

$$\alpha + 1, \qquad \alpha + 2, \qquad \ldots, \qquad \alpha + k.$$

La probabilité totale est

$$u_{\alpha+1} + u_{\alpha+2} + \ldots + u_{\alpha+k}.$$

Il y a là k termes sensiblement égaux à u_α; la probabilité cherchée est

$$\frac{ke^{-\frac{\lambda^2}{2pq}}}{\sqrt{2\pi mpq}}$$

ou, en remplaçant k par $d\lambda\sqrt{m}$,

$$\frac{d\lambda\, e^{-\frac{\lambda^2}{2pq}}}{\sqrt{2\pi pq}}.$$

48. Nous sommes donc ramenés à considérer, en posant

$$h^2 = \frac{1}{2pq},$$

l'expression suivante

$$\frac{h\, dx\, e^{-h^2 x^2}}{\sqrt{\pi}}.$$

Elle représente la probabilité pour qu'une quantité x soit comprise entre x et $x + dx$; pour qu'elle soit comprise entre x_0 et x_1, la probabilité deviendra

$$\int_{x_0}^{x_1} \frac{h\, dx\, e^{-h^2 x^2}}{\sqrt{\pi}};$$

pour qu'elle varie de $-\infty$ à $+\infty$,

$$\int_{-\infty}^{+\infty} \frac{h\, dx\, e^{-h^2 x^2}}{\sqrt{\pi}}.$$

En posant $hx = y$, cette dernière intégrale se transforme en

$$\int_{-\infty}^{+\infty} \frac{dy\, e^{-y^2}}{\sqrt{\pi}}.$$

C'est une intégrale connue, dont la valeur est 1.

49. Arrêtons-nous sur quelques conséquences de ce calcul. La probabilité pour que λ soit comprise entre $-\infty$ et $+\infty$ est 1, ce qui paraît une tautologie. Cette conclusion n'était pas si sûre : la formule dont nous nous sommes servis était approchée, et vraie seulement si λ est petit par rapport à $\sqrt{m}$.

Soit d'abord

$$\alpha = mp + \lambda \sqrt{m} ;$$

la probabilité pour que λ soit compris entre λ_0 et λ_1 tendra, d'après ce qui précède, vers

$$\int_{\lambda_0}^{\lambda_1} \frac{d\lambda\, e^{-\frac{\lambda^2}{2pq}}}{\sqrt{2\pi pq}},$$

quand m croîtra indéfiniment. D'autre part, quand λ_0 et λ_1 s'éloignent indéfiniment, l'intégrale tend vers l'unité.

Posons maintenant

$$\alpha > mp(1 - \varepsilon),$$

et

$$\alpha < mp(1 + \varepsilon).$$

Soit $F(\varepsilon, m)$ la probabilité pour qu'il en soit ainsi. Je dis que je puis prendre m assez grand, ε étant donné, pour que la différence

$$1 - F(\varepsilon, m)$$

soit plus petite qu'une quantité donnée η. Choisissons d'abord un nombre λ assez grand pour que la différence

$$1 - \int_{-\lambda}^{+\lambda} \frac{d\lambda}{\sqrt{2\pi pq}}\, e^{-\frac{\lambda^2}{2pq}}$$

soit plus petite que $\dfrac{\eta}{2}$. Cela est possible puisque l'intégrale tend vers 1, quand λ augmente indéfiniment. Une fois λ choisi, je prendrai m assez grand,

1° Pour que

$$\lambda < \varepsilon p \sqrt{m},$$

d'où

$$F(\varepsilon, m) > F\left(\frac{\lambda}{p \sqrt{m}}, m\right);$$

2° Pour que la différence

$$\left| F\left(\frac{\lambda}{p \sqrt{m}}, m\right) - \int_{-\lambda}^{+\lambda} \frac{d\lambda}{\sqrt{2 \pi pq}} e^{-\frac{\lambda^2}{2 qp}} \right| < \frac{\eta}{2};$$

cela est possible, car, pour λ donné, la limite de la probabilité

$$F\left(\frac{\lambda}{p \sqrt{m}}, m\right) \qquad \text{pour} \qquad m = \infty$$

est représentée par l'intégrale $\int_{-\lambda}^{+\lambda}$.

On aura alors

$$1 - F(\varepsilon, m) < \eta.$$

En résumé, *la probabilité pour que α soit compris entre $mp(1-\varepsilon)$ et $mp(1+\varepsilon)$, quelque petit que soit ε, tend vers l'unité quand m augmente indéfiniment.*

50. On peut se demander quelle est la valeur probable de x^n; ce sera par définition

$$\int_{-\infty}^{+\infty} \frac{hx^n \, dx}{\sqrt{\pi}} e^{-h^2 x^2}.$$

Si n est impair, cette intégrale est nulle.

Si n est pair, elle vaut

$$2 \int_{0}^{\infty} \frac{hx^n \, dx}{\sqrt{\pi}} e^{-h^2 x^2}.$$

Nous avons cherché la valeur probable de l'écart en valeur absolue; cherchons la valeur probable de la valeur absolue de x^n, $|x^n|$. C'est

$$\int_{-\infty}^{+\infty} \frac{h\,|\,x^n\,|\,dx}{\sqrt{\pi}}\, e^{-h^2 x^2}.$$

La fonction sous le signe $\int$ est paire; cette intégrale vaut donc

$$2\int_0^\infty \frac{h x^n\,dx}{\sqrt{\pi}}\, e^{-h^2 x^2}.$$

51. Ainsi, dans tous les cas, nous sommes ramenés à cette intégrale, qui se ramène elle-même aux intégrales eulériennes.

Posons
$$h^2 x^2 = y,$$
d'où
$$h\,dx = \frac{1}{2}\, y^{-\frac{1}{2}}\,dy.$$

L'intégrale ci-dessus devient

$$2\int_0^\infty \cdot \frac{1}{2}\, \frac{dy\, y^{-\frac{1}{2}}\, y^{\frac{n}{2}}}{h^n \sqrt{\pi}}\, e^{-y},$$

ou

$$\frac{1}{h^n \sqrt{\pi}} \int_0^\infty dy\, y^{\frac{n-1}{2}}\, e^{-y}.$$

C'est l'intégrale eulérienne

$$\frac{\Gamma\dfrac{n+1}{2}}{h^n \sqrt{\pi}}.$$

Si n est pair et égal à 2μ,

$$\Gamma\frac{n+1}{2} = \Gamma\left(\frac{1}{2}+\mu\right) = \Gamma\left(\frac{1}{2}\right)\frac{1}{2}\frac{3}{2}\cdots\left(\mu-\frac{1}{2}\right),$$

et, comme

$$\Gamma\left(\frac{1}{2}\right) = \sqrt{\pi},$$

la valeur probable de $|x^n|$ est

$$\frac{1}{h^n}\frac{1.3\ldots(2\mu-1)}{2^\mu}.$$

Si n est impair et égal à $2\mu+1$, la valeur probable de $|x^n|$ est

$$\frac{\Gamma(\mu+1)}{h^n\sqrt{\pi}}$$

ou

$$\frac{\mu!}{h^n\sqrt{\pi}}.$$

Faisons $n=0$; la valeur probable de $|1|$ est égale à 1.

Faisons $n=2$; la valeur probable de $|x^2|$ est

$$\frac{1}{2\,h^2}.$$

Nous avons cherché la valeur probable de $(\alpha-mp)^2$ et nous avons trouvé mpq. Ici, nous cherchons la valeur probable de λ^2, c'est-à-dire du carré de

$$\frac{\alpha-mp}{\sqrt{m}};$$

ce doit être pq.

Cela se vérifie sans peine, puisque

$$h^2 = \frac{1}{2pq}.$$

P.

La valeur probable de $|x|$ est

$$\frac{1}{h\sqrt{\pi}}.$$

Nous avons cherché la valeur probable de $|\alpha - mp|$; c'est le produit par $2mpq$ du terme maximum de Σu_α, $2mpqu_\alpha$, où α diffère très peu de mp.

Pour calculer ce terme maximum, il suffit de faire $\lambda = 0$; on trouve

$$\frac{1}{\sqrt{2\pi mpq}}.$$

Donc, la valeur probable de $|\alpha - mp|$ est

$$\frac{2mpq}{\sqrt{2\pi mpq}},$$

c'est-à-dire

$$\frac{\sqrt{2mpq}}{\sqrt{\pi}}.$$

On en déduira la valeur probable de $|\lambda|$ en divisant par $\sqrt{m}$; on trouve

$$\sqrt{\frac{2pq}{\pi}} = \frac{1}{h\sqrt{\pi}}.$$

52. Nous avons cherché la valeur asymptotique, pour m très grand, du terme

$$u_\alpha = \frac{m!}{\alpha!\,(m-\alpha)!}\, p^\alpha q^{m-\alpha},$$

en supposant $\alpha = mp + \lambda\sqrt{m}$.

Cette valeur asymptotique de u_α est

$$\frac{e^{-\frac{\lambda^2}{2pq}}}{\sqrt{2\pi mpq}}.$$

Cherchons, maintenant, la valeur asymptotique de u_α pour $\alpha = m\varepsilon$.

On trouve, en comparant les deux expressions de α,

$$\lambda = (\varepsilon - p)\sqrt{m}.$$

On pourrait donc être tenté de croire que la valeur asymptotique est

$$\frac{e^{-\frac{m(\varepsilon-p)^2}{2pq}}}{\sqrt{2\pi mpq}};$$

mais cette expression est inexacte.

La valeur exacte de u_α est

$$u_\alpha = \frac{m!}{\alpha!(m-\alpha)!} p^\alpha q^{m-\alpha}.$$

Si m et α sont très grands, l'expression asymptotique de u_α est

$$\frac{m^m e^{-m}\sqrt{2\pi m}}{\alpha^\alpha e^{-\alpha}\sqrt{2\pi\alpha}\,(m-\alpha)^{m-\alpha}\,e^{-(m-\alpha)}\sqrt{2\pi(m-\alpha)}}\, p^\alpha q^{m-\alpha}.$$

Le rapport de ces deux expressions de u_α tend vers l'unité, toutes les fois que m et $m-\alpha$ augmentent indéfiniment, et qu'on a

$$\alpha = \varepsilon m,$$

ε tendant vers une valeur finie.

Je vais simplifier l'expression asymptotique de u_α

$$\frac{m^m}{\alpha^\alpha(m-\alpha)^{m-\alpha}}\sqrt{\frac{m}{2\pi\alpha(m-\alpha)}}\, p^\alpha q^{m-\alpha}.$$

Soit $\alpha = \varepsilon m$; je pose

$$m - \alpha = \varepsilon' m,$$

d'où

$$\varepsilon' = 1 - \varepsilon.$$

L'expression asymptotique devient

$$\frac{m^m}{(m\varepsilon)^{m\varepsilon}(m\varepsilon')^{m\varepsilon'}}\sqrt{\frac{1}{2\pi m\varepsilon\varepsilon'}}\, p^{m\varepsilon}q^{m\varepsilon'},$$

et, comme $m^m = m^{m\varepsilon} \times m^{m\varepsilon'}$,

$$\left(\frac{mp}{m\varepsilon}\right)^{m\varepsilon}\left(\frac{mq}{m\varepsilon'}\right)^{m\varepsilon'}\sqrt{\frac{1}{2\pi m\varepsilon\varepsilon'}}.$$

Soit

$$A = \left(\frac{p}{\varepsilon}\right)^{\varepsilon}\left(\frac{q}{\varepsilon'}\right)^{\varepsilon'};$$

alors

$$u_\alpha = \frac{A^m}{\sqrt{2\pi m\varepsilon\varepsilon'}}.$$

53. Je dis que A est toujours plus petit que 1.

$\varepsilon,\ \varepsilon'$ restant constants, je fais varier p et q, en les laissant liés par la relation

$$p + q = 1.$$

Quel est le maximum de A?

Ce maximum a lieu quand $p^\varepsilon q^{\varepsilon'}$ est maximum, c'est-à-dire quand p et q sont proportionnels à leurs exposants :

$$\frac{p}{\varepsilon} = \frac{q}{\varepsilon'} = \frac{p+q}{\varepsilon+\varepsilon'} = 1.$$

Ainsi le maximum sera atteint quand

$$p = \varepsilon, \qquad p = \varepsilon',$$

et alors

$$A = 1.$$

Le raisonnement suivant nous fera d'ailleurs mieux connaître les variations de A.

54. Je vais supposer p et q constants et faire varier ε et ε'.

Pour cela, je considère

$$\log \frac{1}{A} = \varepsilon \log \frac{\varepsilon}{p} + \varepsilon' \log \frac{\varepsilon'}{q}.$$

Comment varie ce nombre? Je prends sa différentielle totale

$$d\varepsilon \log \frac{\varepsilon}{p} + d\varepsilon' \log \frac{\varepsilon'}{q} + d\varepsilon + d\varepsilon';$$

elle doit s'annuler pour qu'il y ait maximum. Mais ε, ε' ne sont pas indépendants. On a

$$d\varepsilon + d\varepsilon' = 0.$$

Donc

$$\log \frac{\varepsilon}{p} = \log \frac{\varepsilon'}{q},$$

$$\frac{\varepsilon}{p} = \frac{\varepsilon'}{q} = \frac{\varepsilon + \varepsilon'}{p + q} = 1.$$

Le maximum sera atteint pour

$$\varepsilon = p, \qquad \varepsilon' = q,$$

et ce maximum sera égal à l'unité.

Comment variera A? Je fais $\varepsilon = 0$, A est égal à q; je fais $\varepsilon = 1$, A est égal à p.

A part de q, croît jusqu'à 1 pour $\varepsilon = p$, puis décroît jusqu'à p.

55. La formule qui donne une valeur approchée de $n!$ est

$$n! = n^n e^{-n} \sqrt{n}\, F(n).$$

$F(n)$ tend vers une limite, $\sqrt{2\pi}$, quand n augmente indéfiniment,

$$(n+1)! = (n+1)^{n+1} e^{-(n+1)} \sqrt{n+1}\, F(n+1).$$

On en tire

$$\frac{F(n+1)}{F(n)} = \left(\frac{n}{n+1}\right)^n e \sqrt{\frac{n}{n+1}},$$

$$\log \frac{F(n+1)}{F(n)} = 1 - \left(n + \frac{1}{2}\right) \log\left(1 + \frac{1}{n}\right).$$

Il s'agit de savoir si $F(n)$ va en croissant ou en décroissant avec n, c'est-à-dire si le logarithme du premier membre est positif ou négatif.

Je divise le second membre par $n + \frac{1}{2}$; il reste

$$\frac{1}{n + \frac{1}{2}} - \log\left(1 + \frac{1}{n}\right).$$

Je pose $n = \frac{1}{x}$ et je considère la fonction

$$\varphi(x) = \frac{1}{\frac{1}{x} + \frac{1}{2}} - \log(1 + x),$$

c'est-à-dire

$$\varphi(x) = \frac{2x}{x + 2} - \log(1 + x).$$

$\varphi(n)$ est-il positif ou négatif? x varie de 0 à 1.
Pour $x = 0$,

$$\varphi(0) = 0;$$

pour $x = 1$,

$$\varphi(1) = \frac{2}{3} - \log 2.$$

Comme $\log 2 = 0,69\ldots$, $\varphi(1)$ est négatif.

Il faut voir si la dérivée s'annule;

$$\varphi'(x) = \frac{2(x+2) - 2x}{(x+2)^2} - \frac{1}{x+1},$$

$$\varphi'(x) = \frac{4}{(x+2)^2} - \frac{1}{x+1} = \frac{4(x+1) - (x+2)^2}{(x+1)(x+2)^2}.$$

Le dénominateur est toujours positif; le numérateur est égal à $-x^2$. Donc $\varphi'(x)$ est toujours négatif, par conséquent $\varphi(x)$ décroît; donc elle reste négative et

$$F(n+1) < F(n).$$

Si

$$n = 1, \qquad n! = 1,$$

et l'on a

$$1 = e^{-1} F(1),$$

c'est-à-dire

$$F(1) = e.$$

On a aussi

$$F(\infty) = \sqrt{2\pi}.$$

$F(n)$ va toujours en décroissant, mais la décroissance n'est pas très grande, car

$$e = 2,8\ldots \qquad \text{et} \qquad \sqrt{2\pi} = 2,5\ldots$$

56. Écrivons la valeur de u_α,

$$u_\alpha = \frac{m^m}{\alpha^\alpha (m-\alpha)^{m-\alpha}} p^\alpha q^{m-\alpha} \sqrt{\frac{m}{\alpha(m-\alpha)}} \, \frac{F(m)}{F(\alpha) F(m-\alpha)}.$$

Il s'agit de trouver une limite supérieure de cette expression. D'abord

$$F(m) < F(m-\alpha),$$

donc

$$\frac{F(m)}{F(\alpha) F(m-\alpha)} < \frac{1}{F(\alpha)}.$$

Or $\dfrac{1}{F(\alpha)}$ est lui-même plus petit que $\dfrac{1}{\sqrt{2\pi}}$; la valeur asymptotique de u_α est en même temps une limite supérieure.

57. Quelle est la probabilité pour que α soit plus petit que εm ?

Cette probabilité, Π, est

$$\Pi = u_0 + u_1 + \ldots + u_\beta,$$

avec

$$\beta < \varepsilon m, \qquad \beta + 1 \geqq \varepsilon m.$$

Je suppose

$$\varepsilon < p.$$

Je vais d'abord écrire

$$\beta + 1 = \varepsilon m ;$$

$u_0, u_1, \ldots, u_\beta$ vont en croissant.

$$\Pi < u_{\beta+1}(\beta + 1).$$

Nous avons une limite supérieure de $u_{\beta+1}$; si donc $\beta + 1 = \varepsilon m$,

$$\Pi < \frac{A^m \varepsilon m}{\sqrt{2\pi m \varepsilon \varepsilon'}},$$

ou

$$\Pi < \frac{A^m \sqrt{\varepsilon m}}{\sqrt{2\pi \varepsilon'}}.$$

Soit maintenant

$$\beta + 1 > \varepsilon m.$$

Alors

$$\Pi < u_\beta(\beta + 1).$$

Il s'agit de trouver une limite supérieure de u_β ; je pose

$$A = \varphi(\varepsilon).$$

Si $\dfrac{\beta}{m}$ était égal à ε, on aurait

$$u_\alpha < \left[\varphi\left(\frac{\beta}{m}\right) \right]^m \sqrt{\frac{m}{2\pi\beta(m-\beta)}}.$$

Or, A est une fonction de ε qui va en croissant avec ε, jusqu'à $\varepsilon = p$, et $\varphi(\varepsilon) > \varphi\left(\dfrac{\beta}{m}\right)$.

Comme il s'agit d'avoir une limite supérieure,

$$u_\beta < A^m \sqrt{\frac{m}{2\pi\beta(m-\beta)}}.$$

D'ailleurs β est supérieur à $\varepsilon m - 1$,

$$\beta > \varepsilon m - 1, \qquad m - \beta > \varepsilon' m - 1.$$

Donc

$$u_\beta < A^m \sqrt{\frac{m}{2\pi(\varepsilon m - 1)(\varepsilon' m - 1)}}.$$

Pour en revenir à II, inférieur à $u_\beta(\beta+1)$, nous remarquerons que $\beta + 1$ est lui-même inférieur à $\varepsilon m + 1$; et nous arriverons finalement à une formule un peu plus compliquée que pour εm entier :

$$\varepsilon m \text{ entier,} \qquad II < A^m \sqrt{\frac{\varepsilon m}{2\pi\varepsilon'}},$$

$$\varepsilon m \text{ non entier,} \qquad II < A^m \sqrt{\frac{(\varepsilon m + 1)^2 m}{2\pi(\varepsilon m - 1)(\varepsilon' m - 1)}}.$$

Ainsi :

La probabilité pour que α soit plus petit que εm, si ε est plus petit que p, est toujours inférieure à l'une ou l'autre quantité que nous venons de calculer ci-dessus.

Cette probabilité tend vers zéro quand m croît indéfiniment, pourvu que $\varepsilon < p$. C'est le théorème de Bernoulli, qui peut s'énoncer encore ainsi :

La probabilité pour que α soit compris entre $mp(1-\theta)$ et $mp(1+\theta)$ tend vers l'unité quand, θ restant constant, m croît indéfiniment.

CHAPITRE VI.

LA LOI DE GAUSS ET LES ÉPREUVES RÉPÉTÉES.

58. Nous avons posé

$$\alpha = mp + \lambda \sqrt{m},$$

et nous avons cherché la probabilité pour que λ soit compris entre deux limites λ_0 et λ_1; cette probabilité est représentée pour m très grand par l'intégrale suivante :

$$\int_{\lambda_0}^{\lambda_1} \sqrt{\frac{1}{2\pi pq}}\, e^{-\frac{\lambda^2}{2pq}}\, d\lambda.$$

Nous avons été conduits ainsi à rechercher ce qui se passe lorsque la probabilité, pour que x soit compris entre x_0 et x_1, est représentée par l'intégrale

$$\int_{x_0}^{x_1} \frac{h}{\sqrt{\pi}}\, e^{-h^2 x^2}\, dx.$$

Je dirai, pour abréger, que la loi de probabilité est _normale_, lorsque la valeur de la probabilité est représentée par cette intégrale.

Je suppose que x soit positif; la probabilité devient

$$\int_0^{\infty} \frac{h}{\sqrt{\pi}}\, e^{-h^2 x^2}\, dx,$$

c'est-à-dire $\dfrac{1}{2}$.

Si je considère

$$\int_0^{x_0} \frac{h}{\sqrt{\pi}} e^{-h^2 x^2}\, dx.$$

cette intégrale ira constamment en croissant quand x_0 augmente de o à $+\infty$, puisque tous ses éléments sont positifs. Elle atteint en particulier la valeur $\frac{1}{4}$.

La quantité x_0 pour laquelle elle est égale à $\frac{1}{4}$ est ce qu'on appelle l'*écart probable*. La probabilité est la même pour que $|x|$ atteigne ou n'atteigne pas cette valeur.

x_0 est proportionnel à $\frac{1}{h}$, et les Tables calculées pour cette intégrale permettent d'en trouver la valeur.

Soit x une quantité dont la loi de probabilité est normale. La valeur probable de x est

$$\frac{1}{h\sqrt{\pi}}.$$

La valeur probable de x^2 est

$$\frac{1}{2 h^2}.$$

La loi de probabilité de αx est encore normale.

Posons $\alpha x = x'$; la loi de probabilité de x' est

$$\int_{x_1'}^{x_1'} \frac{h}{\alpha\sqrt{\pi}} e^{-h^2 \frac{x'^2}{\alpha^2}}\, dx',$$

et il suffit de poser

$$h' = \frac{h}{\alpha}.$$

La valeur probable du carré de αx est

$$\frac{\alpha^2}{2\,h^2}.$$

59. Supposons que la probabilité pour que x soit compris entre x_0 et x_1 soit exprimée par l'intégrale

$$\int_{x_0}^{x_1} \frac{h}{\sqrt{\pi}}\, e^{-h^2 x^2}\, dx,$$

et que la probabilité pour que y soit comprise entre y_0 et y_1 soit exprimée par l'intégrale

$$\int_{y_0}^{y_1} \frac{h'}{\sqrt{\pi}}\, e^{-h'^2 y^2}\, dy.$$

Supposons en outre que ces deux quantités soient indépendantes, ce qui peut se traduire par les termes suivants : la probabilité pour que la première soit comprise entre x_0 et x_1 est indépendante de la probabilité pour que la seconde soit comprise entre y_0 et y_1.

La valeur probable de x^2 est $\frac{1}{2\,h^2}$, celle de y^2 est $\frac{1}{2\,h'^2}$.

Quelle est la probabilité pour que le point, dont les coordonnées seraient x et y, soit compris à l'intérieur d'une aire donnée ?

Occupons-nous d'abord d'une aire rectangulaire.

La probabilité pour que le point x, y tombe à l'intérieur du rectangle, c'est-à-dire pour que les deux systèmes d'inégalités

$$x_0 < x < x_1,$$
$$y_0 < y < y_1$$

soient satisfaits à la fois, est représentée par la double

intégrale suivante, étendue à tout le rectangle

$$\int\int \frac{hh'}{\pi}\, e^{-h^2 x^2 - h'^2 y^2}\, dx\, dy.$$

Si l'aire est quelconque, je la découpe en rectangles infiniment petits. La probabilité totale sera la somme des intégrales doubles relatives à ces rectangles élémentaires; ce sera, en définitive, l'intégrale double étendue à tous les éléments de l'aire.

60. Supposons maintenant que l'on ait

$$x + y = z.$$

La probabilité pour que z soit compris entre z et $z + dz$ est celle pour que le point (x, y) soit compris entre deux droites parallèles infiniment voisines; la probabilité cherchée sera celle qui est relative à cette aire infiniment petite.

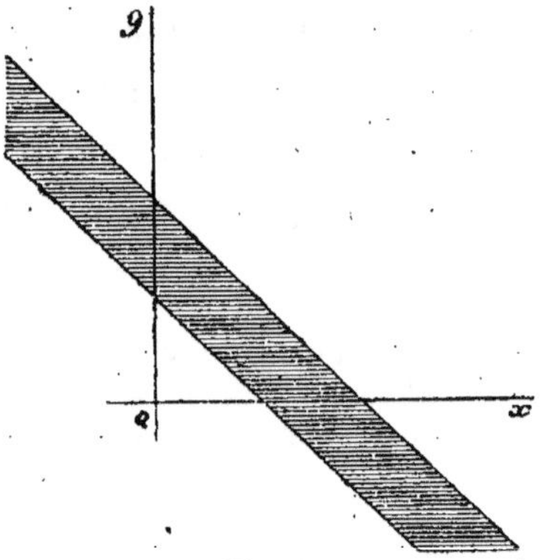

Je vais décomposer cette aire infiniment petite en éléments.

Pour cela je partage l'axe des x en une infinité d'éléments, et par les points de division je mène des parallèles à l'axe des y; j'obtiens ainsi une infinité de petits parallélogrammes : quelle est l'aire de l'un d'eux, ABCD?

Les points A et B sont sur la droite

$$x + y = z;$$

Fig. 1.

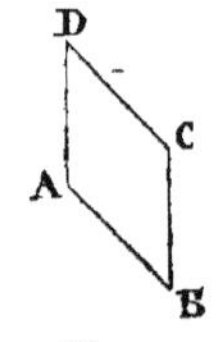

Fig. 2.

les coordonnées de A sont x et $z - x$, celles de B, $x + dx$ et $z - x - dx$.

Les points C et D sont sur la droite

$$x + y = z + dz;$$

les coordonnées de D sont

$$x \quad \text{et} \quad z + dz - x;$$

celles de C

$$x + dx \quad \text{et} \quad z + dz - x - dx.$$

L'aire du parallélogramme est $dx\,dz$.

L'intégrale double sera la somme des éléments relatifs à chaque parallélogramme

$$dx\,dz\,\frac{hh'}{\pi}\,e^{-h^2 x^2 - h'^2 (z-x)^2}.$$

Dans une première intégration, y et z doivent être regardées comme constantes et x varie de $-\infty$ à $+\infty$.

L'intégrale est donc

$$dz\,\frac{hh'}{\pi}\int_{-\infty}^{+\infty} e^{-h^2 x^2 - h'^2 (z-x)^2}\,dx.$$

Posons

$$P = h^2 x^2 + h'^2 (x - z)^2,$$

c'est-à-dire

$$P = (h^2 + h'^2)\,x^2 - 2 h'^2 xz + h'^2 z^2,$$

ou

$$P = (ax - b)^2 + c$$

en posant

$$a = \sqrt{h^2 + h'^2},$$

$$b = \frac{h'^2 z}{a},$$

$$c = h'^2 z^2 - b^2;$$

Nous avons à évaluer

$$\int e^{-P}\, dx$$

ou

$$\int e^{-(a x - b)^2 - c}\, dx.$$

Posons

$$ax - b = \xi;$$

cette intégrale est

$$e^{-c} \int e^{-\xi^2} \frac{d\xi}{a},$$

et finalement, comme x ou ξ varie de $-\infty$ à $+\infty$,

$$e^{-c} \frac{\sqrt{\pi}}{a}.$$

La probabilité cherchée, pour que z soit compris entre z et $z + dz$, est donc

$$dz\, \frac{hh'}{\sqrt{\pi}}\, \frac{e^{-c}}{a}.$$

On a, d'autre part,

$$c = h'^2 z^2 - \frac{h'^4 z^2}{h^2 + h'^2} = \frac{h^2 h'^2 z^2}{h^2 + h'^2}.$$

La probabilité en question est donc

$$dz\, \frac{hh'}{\sqrt{\pi}}\, \frac{e^{-z^2 \frac{h^2 h'^2}{h^2 + h'^2}}}{\sqrt{h^2 + h'^2}}.$$

La loi de probabilité est normale.

La valeur probable de z^2 ou de $(x + y)^2$ sera

$$\frac{1}{2\left(\dfrac{h^2 h'^2}{h^2 + h'^2} \right)} \quad \text{ou} \quad \frac{1}{2 h^2} + \frac{1}{2 h'^2},$$

c'est-à-dire que la valeur probable de $(x+y)^2$ est la somme de la valeur probable de x^2 et de la valeur probable de y^2.

La valeur probable de $2xy$ est, en effet, nulle ici, et nous ne l'aurions pas su *a priori*, si la loi de probabilité n'avait pas été normale.

Cette élégante démonstration est due à M. d'Ocagne.

61. Problème des épreuves répétées. — Deux événements contraires, A et B, ont pour probabilités respectives p et q. Ainsi une urne contient μ boules blanches et ν boules noires,

$$p = \frac{\mu}{\mu + \nu}; \qquad q = \frac{\nu}{\mu + \nu};$$

on en tire un très grand nombre de boules m, en remettant chaque fois la boule sortie dans l'urne. Si l'on a tiré α boules blanches, il y a beaucoup de chances, d'après le théorème de Bernoulli, que $\dfrac{\alpha}{mp}$ diffère peu de l'unité.

La valeur probable de λ^2 sera égale à pq.

Changeons un peu les conditions, de manière que le hasard ne préside plus seul à la distribution des coups. Considérons deux urnes, la première renfermant μ boules blanches et ν noires, la seconde μ' blanches et ν' noires, et convenons de tirer alternativement dans l'une et dans l'autre.

Après un très grand nombre, m, de tirages, α blanches sont sorties et $m - \alpha$ noires. Alors $\dfrac{\alpha}{m}$ sera très voisin de p qui est ici égal à

$$\frac{1}{2} \frac{\mu}{\mu + \nu} + \frac{1}{2} \frac{\mu'}{\mu' + \nu'}.$$

Mais la loi des écarts sera-t-elle la même? Il ne peut en être ainsi.

P.

Supposons que la première urne ne renferme que des blanches, la seconde que des noires : nous aurons tiré $\frac{m}{2}$ blanches et $\frac{m}{2}$ noires. Alors $\frac{\alpha}{m}$ sera égal à $\frac{1}{2}$, et l'écart sera nul, p étant aussi $\frac{1}{2}$. La valeur probable de λ^2 sera zéro ; elle devrait être égale à $\frac{1}{4}$, car

$$pq = \frac{1}{2} \times \frac{1}{2} = \frac{1}{4}.$$

La loi des écarts n'est donc pas la même.

62. Je veux montrer que, si une autre cause que le hasard intervient, l'écart probable (ou la valeur probable de λ^2) sera plus petit que si le hasard seul avait agi.

Les m épreuves forment deux catégories, l'une de βm, l'autre de $\beta' m$ épreuves, et l'on a

$$\beta + \beta' = 1.$$

Supposons que les événements A et B aient respectivement, pour probabilités, p et q dans la première catégorie, p' et q' dans la seconde.

L'événement A se présente α fois dans la première, α' fois dans la seconde ; B se présente $\beta m - \alpha$ et $\beta' m - \alpha'$ fois.

Le nombre total des épreuves favorables à A sera $\alpha + \alpha'$; α sera très voisin de $\beta m p$, et α' de $\beta' m p'$; $\frac{\alpha}{\beta m p}$ et $\frac{\alpha'}{\beta' m p'}$ s'écarteront très peu de l'unité ; $\alpha + \alpha'$ sera très voisin de $\beta m p + \beta' m p'$, c'est-à-dire que l'écart sera de l'ordre de grandeur de $\sqrt{m}$, de sorte que la répétition des événements sera à peu près la même que dans une seule série d'épreuves, où les probabilités de A et de B seraient respectivement

$$\beta p + \beta' p' \quad \text{et} \quad \beta q + \beta' q'.$$

Cherchons la loi des écarts. Je vais poser

$$\alpha = \beta\, mp + \lambda\, \sqrt{\beta\, m},$$
$$\alpha' = \beta'\, mp' + \lambda'\, \sqrt{\beta'\, m}.$$

Pour l'épreuve totale, ce serait

$$\alpha + \alpha' = m\,(\beta p + \beta' p') + \lambda''\, \sqrt{m},$$

$\beta p + \beta' p'$ étant la probabilité de A dans l'ensemble des épreuves.

Composons les valeurs probables de λ^2, λ'^2, λ''^2, que nous écrirons (λ^2), (λ'^2), (λ''^2).

Nous aurons

$$(\lambda^2) = pq, \qquad (\lambda'^2) = p'q',$$

et de même, *si le hasard agissait seul*, on aurait

$$(\lambda''^2) = (\beta p + \beta' p')\,(\beta q + \beta' q').$$

Cherchons sa véritable valeur.

Nous avons

$$\lambda'' \sqrt{m} = \lambda \sqrt{\beta\, m} + \lambda' \sqrt{\beta'\, m}$$

ou

$$\lambda'' = \lambda \sqrt{\beta} + \lambda' \sqrt{\beta'}.$$

Les deux événements sont indépendants : la probabilité pour que λ soit compris entre deux limites données est indépendante de la probabilité pour que λ' soit compris entre deux limites données. Les lois de probabilités de $\lambda \sqrt{\beta}$ et $\lambda' \sqrt{\beta'}$ seront normales, et la loi de probabilité de leur somme $\lambda \sqrt{\beta} + \lambda' \sqrt{\beta'}$ sera aussi normale.

La valeur probable de λ''^2 sera

$$(\lambda''^2) = \beta(\lambda^2) + \beta'(\lambda'^2) = \beta pq + \beta' p' q'.$$

Telle sera la véritable expression de la valeur probable du carré de l'écart.

Comparons les deux valeurs; la différence est

$$(\beta p + \beta' p')(\beta q + \beta' q') - (\beta pq + \beta' p' q')$$

ou, en rappelant que $\beta + \beta' = 1$,

$$(\beta p + \beta' p')(\beta q + \beta' q') - (\beta pq + \beta' p' q')(\beta + \beta'),$$

c'est-à-dire

$$\beta\beta'(pq' + p'q - pq - p'q')$$

ou

$$\beta\beta'(p - p')(q' - q).$$

Or

$$p - p' = q' - q.$$

La différence envisagée est donc positive, et l'on a

$$(\lambda''^2) < (\beta p + \beta' p')(\beta q + \beta' q').$$

63. On utilise cette propriété dans la statistique. On a relevé des observations dans un Tableau, et l'on veut voir si les différences observées sont dues au hasard, ou si le hasard n'intervient pas seul.

On compare, pour un certain nombre de cas, le rapport du nombre des arrivées de A à celles de B.

Soient N et N' le nombre total des arrivées de A et de B; on aura

$$p = \frac{N}{N + N'}, \qquad q = \frac{N'}{N + N'}.$$

Divisons, maintenant, le Tableau en plusieurs séries; soit

dans chacune de ces séries m le nombre total des épreuves
et

$$\alpha = pm + \lambda \sqrt{m}$$

le nombre des épreuves favorables à A. On calculera λ pour
chaque série ; on cherchera la moyenne arithmétique de λ^2 ;
si cette moyenne est égale à pq, le hasard intervient seul; si
elle est plus petite que pq, il intervient une cause indépendante du hasard.

CHAPITRE VII.

PROBABILITÉ DU CONTINU.

63. Paradoxe de J. Bertrand. — Nous avons été amenés à considérer un nombre très grand de cas possibles, mais ce nombre restait fini. A certains moments, nous avons envisagé des questions de limites et remplacé les $\sum$ par des $\int$.

Nous allons arriver aux problèmes où le nombre des cas possibles devient infini.

Il faut bien définir ces cas, et le paradoxe de J. Bertrand mettra bien en évidence le genre spécial d'erreurs que ces problèmes peuvent entraîner ; il s'agit de la question suivante :

Quelle est la probabilité pour qu'une corde d'une circonférence donnée soit plus grande que le côté du triangle équilatéral inscrit ?

J. Bertrand traite le problème de deux manières, et les résultats sont absolument opposés.

Soit AB la corde ; nous prenons le rayon OA comme unité ; les coordonnées polaires de A

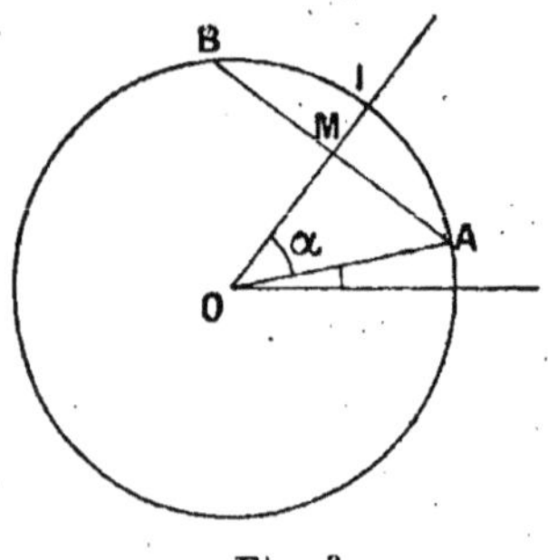

Fig. 3.

seront 1 et ω.

Soient α l'angle AOM, OM étant la perpendiculaire abaissée du centre sur la corde, P le point où cette perpendiculaire rencontre la courbe et M le milieu de la corde.

L'angle POx, ou θ, est égal à $\alpha + \omega$.

64. Premier raisonnement. — Le point A peut se trouver en n'importe quel point de la circonférence. La probabilité pour que ω soit compris entre ω_0 et ω_1 est proportionnelle à la différence $\dfrac{\omega_1 - \omega_0}{2\pi}$. Le point A déterminé, la corde peut prendre toutes les directions possibles, c'est-à-dire que, A étant choisi, je puis faire prendre à α toutes les valeurs possibles entre 0 et $\dfrac{\pi}{2}$.

La probabilité pour que α soit compris entre α_0 et α_1 est proportionnelle à $\alpha_1 - \alpha_0$. Si AB était le côté du triangle équilatéral inscrit, α serait égal à $60°$.

Comme α peut prendre toutes les valeurs de $0°$ à $90°$, la probabilité pour que la corde soit plus grande que le côté du triangle est

$$\frac{90° - 60°}{90° - 0°} = \frac{1}{3}.$$

65. Deuxième raisonnement. — La corde peut avoir une direction quelconque. La probabilité pour que θ soit compris entre θ_0 et θ_1 est proportionnelle à $\theta_1 - \theta_0$.

Cette direction une fois choisie, je trace OP : la droite AB sera définie quand je connaîtrai le point M, c'est-à-dire la distance $OM = \rho = \cos \alpha$.

ρ peut prendre toutes les valeurs de 0 à 1 ; on doit admettre que la probabilité pour qu'il soit compris entre ρ_0 et ρ_1 est proportionnelle à $\rho_1 - \rho_0$.

Si OM est compris entre 0 et $\dfrac{1}{2}$, la corde est plus grande que le côté du triangle.

La probabilité sera donc $\dfrac{1}{2}$.

Pourquoi cette contradiction? Nous avons fait des hypothèses différentes dans les deux cas; nous avons défini la probabilité de deux manières différentes.

66. D'une manière générale, on demande de définir la probabilité pour qu'un nombre x soit compris entre x_0 et x_1: en général, nous pouvons dire que nous n'en savons rien du tout.

Cette probabilité doit dépendre de x_0 et de x_1: ce sera donc une fonction telle que $P(x_0, x_1)$.

Si nous cherchons la probabilité pour que x soit comprise entre x_0 et x_2,

$$x_0 < x_1 < x_2;$$

en vertu du principe de la probabilité totale, cette probabilité sera

$$P(x_0, x_2) = P(x_0, x_1) + P(x_1, x_2).$$

Si

$$x_2 = x_1 + dx_1,$$

on a

$$P(x_0, x_2) - P(x_0, x_1) = P(x_0, x_1 + dx_1).$$

Cette probabilité sera infiniment petite, et, en divisant par dx_1, elle ne dépendra que de x_1.

On aura donc dans tous les cas

$$P(x_0, x_1) = \int_{x_0}^{x_1} \varphi(x)\, dx.$$

Mais *nous ignorons la nature de* $\varphi(x)$ qui reste arbitraire: il faut nous la *donner* au début du problème par une convention spéciale pour qu'il ait un sens.

De même, la probabilité pour que le point (x, y) soit à

l'intérieur d'une aire donnée est

$$\int\int \varphi(x,\,y)\,dx\,dy,$$

l'intégrale double étant étendue à tous les éléments de l'aire ; mais nous ne connaissons pas $\varphi(x,\,y)$.

Le mathématicien n'a plus aucune prise sur le choix de cette hypothèse ; mais il doit, une fois qu'elle est choisie, porter son attention à ne pas en faire une autre qui la contredise.

67. On peut avoir plusieurs paramètres $x_1,\,x_2,\,\ldots,\,x_p$. L'intégrale d'ordre p,

$$\int \varphi(x_1,\,x_2,\,\ldots,\,x_p)\,dx_1\,dx_2\ldots dx_p,$$

définira alors la probabilité pour que les paramètres x satisfassent à certaines conditions, *quand la fonction φ définie* ; il n'y aura qu'à étendre l'intégration à toutes les valeurs de x qui satisfont aux conditions données. Mais cette définition n'aura de sens que quand on se sera donné la fonction φ par une *convention* préalable.

Je suppose qu'on change de variables et qu'on prenne $y_1,\,y_2,\,\ldots,\,y_p$; l'intégrale va se transformer en

$$\int \varphi\, \frac{\partial(x_1,\,x_2,\,\ldots,\,x_p)}{\partial(y_1,\,y_2,\,\ldots,\,y_p)}\,dy_1\,dy_2\ldots dy_p,$$

à l'aide du jacobien ou déterminant fonctionnel des x par rapport aux y.

Cette nouvelle intégrale multiple est entièrement déterminée ; on étendra l'intégration aux limites des y qui correspondent à celles des x, et qui sont connues, puisqu'on connaît les relations qui lient les x et les y.

68. Appliquons ceci au paradoxe de J. Bertrand.

Dans la première manière de raisonner, les variables étaient ω et α, dans la seconde θ et ρ.

Dans la première manière, la probabilité pour que ω fût compris entre ω_0 et ω_1 était proportionnelle à $\omega_1 - \omega_0$; pour que α fût compris entre α_0 et α_1, elle était proportionnelle à $\alpha_1 - \alpha_0$.

Cette probabilité se représentait par

$$\int\int d\omega\, d\alpha,$$

étendue à tous les systèmes de valeurs de ω et α qui satisfaisaient à ces conditions.

Dans la seconde manière, nous avons supposé que θ et ρ pouvaient prendre toutes les valeurs possibles avec une égale probabilité, et nous avons représenté la probabilité cherchée par

$$\int\int d\theta\, d\rho.$$

Ces deux hypothèses ne sont pas les mêmes, comme nous l'avons déjà constaté directement. Cherchons le déterminant fonctionnel ; on a

$$d\rho = -\sin\alpha\, d\alpha, \qquad d\theta = d\omega + d\alpha.$$

Ce déterminant

$$\begin{vmatrix} 0 & -\sin\alpha \\ 1 & 1 \end{vmatrix}$$

est égal à $\sin\alpha$. Donc la deuxième intégrale est

$$\int\int \sin\alpha\, d\omega\, d\alpha,$$

ce qui n'est pas la même chose que la première

69. Autre exemple. — Soit une droite AB, dans un plan; ses coordonnées tangentielles sont $\frac{1}{a}$ et $\frac{1}{b}$. Étudions la probabilité pour que cette droite ait une certaine position.

La probabilité pour que a et b prennent toutes les valeurs comprises entre certaines limites peut être, par une première convention, représentée par

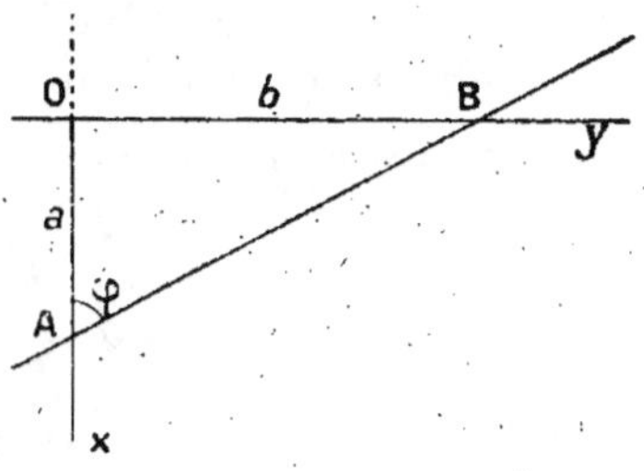

Fig. 4.

$$\int\!\!\int da\,db,$$

où $b = a\tang\omega$, si ω est l'angle de AB avec Ox.

On peut aussi dire: ω peut prendre toutes les valeurs possibles; d'où pour la probabilité

$$\int\!\!\int da\,d\omega.$$

Ce n'est pas la même chose, et cette seconde convention, qui, après un examen superficiel, pourrait sembler aussi légitime que la première, est en contradiction avec elle; en effet, le déterminant fonctionnel est

$$\frac{a}{\cos^2\omega},$$

et

$$\int\!\!\int da\,db = \int\!\!\int \frac{a}{\cos^2\omega}\,da\,d\omega.$$

70. Problème du bâton brisé. — On partage un bâton, de longueur 1, en trois parties x, y, z.

$$x + y + z = 1.$$

Nous admettrons que la probabilité pour que x soit compris entre x et $x + dx$ est, par définition, proportionnelle à dx; entre x_0 et x_1, elle sera proportionnelle à $x_1 - x_0$.

De même la probabilité pour que y soit compris entre y_0 et y_1 sera, par définition, proportionnelle à $y_1 - y_0$.

La probabilité pour que x et y satisfassent à certaines conditions est alors l'intégrale

$$\int\int dx\, dy$$

étendue à toutes les valeurs de x et de y qui satisfont à ces conditions.

On pourrait supposer également que cette probabilité est

$$\int\int dy\, dz,$$

ou bien

$$\int\int dz\, dx,$$

puisqu'on peut prendre x et z, ou bien y et z, comme variables.

Ces trois définitions sont ici équivalentes; on a

$$\int\int dz\, dx = \int\int dx\, dy\, \frac{\partial(z,\,x)}{\partial(x,\,y)},$$

et le déterminant fonctionnel est bien égal à 1, puisque

$$x = x,$$
$$z = 1 - x - y.$$

71. Quelle est la probabilité pour que x, y et z forment un triangle ?

Traçons un triangle équilatéral dont la hauteur soit 1 :

d'un point M, intérieur à ce triangle, abaissons des perpendiculaires sur les trois côtés. La somme des trois longueurs ainsi obtenues sera égale à la hauteur du triangle, c'est-à-dire à 1 ; elles représenteront les trois morceaux, x, y, z, du bâton.

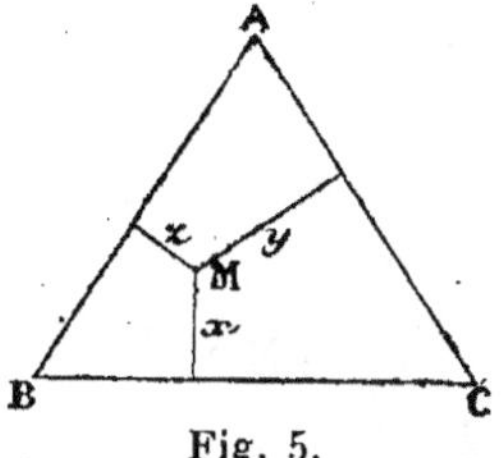

Fig. 5.

Le point M peut être considéré comme représentant le mode de division du bâton : quelle est la probabilité pour que ce point soit à l'intérieur d'une certaine aire ?

La probabilité pour que x soit comprise entre x et $x + dx$, et pour que y soit comprise entre y et $y + dy$, est proportionnelle à $dx\,dy$. Le point M sera alors dans une aire comprise entre deux parallèles à BC menées à des distances x et $x + dx$ de BC, et deux parallèles à AC menées à des distances y et $y + dy$ de AC. Le parallélogramme ainsi formé a pour angles 120° et 60°, et son aire est

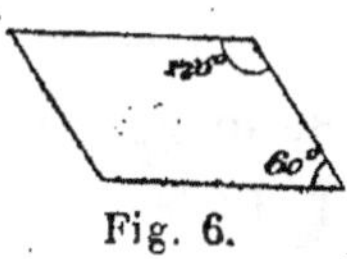

Fig. 6.

$$\frac{dx\,dy}{\sin 60°}.$$

La probabilité sera, dans ce cas, proportionnelle à l'aire du parallélogramme ; et, en général, elle sera proportionnelle à l'aire envisagée.

Le point M devant être à l'intérieur du triangle ABC, la probabilité pour qu'il soit à l'intérieur d'une certaine aire est le rapport de cette aire à la surface du triangle.

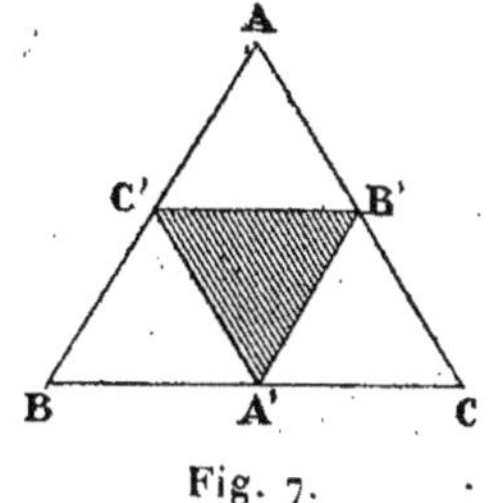

Fig. 7.

Joignons par des droites les milieux A′ B′ C′ des côtés du triangle. M doit être à l'intérieur de A′ B′ C′ pour qu'on.

puisse former un triangle avec x, y, z ; si le point M est sur l'un des côtés de A′B′C′, l'une des équations suivantes est satisfaite,

$$z = x + y, \qquad x = y + z, \qquad y = z + x;$$

si le point M est en dehors de A′B′C′, l'une des trois grandeurs x, y, z est plus grande que la somme des deux autres.

La probabilité pour que l'on puisse former un triangle avec x, y, z est donc $\dfrac{1}{4}$.

72. Problème de l'aiguille.

— Sur une feuille de papier, sont tracées un certain nombre de droites parallèles et équidistantes ; leur distance commune est d, et l'on jette au hasard sur la feuille une aiguille également de longueur d.

Quelle est la probabilité pour que cette aiguille rencontre l'une des droites ?

La question peut se poser d'une manière plus générale.

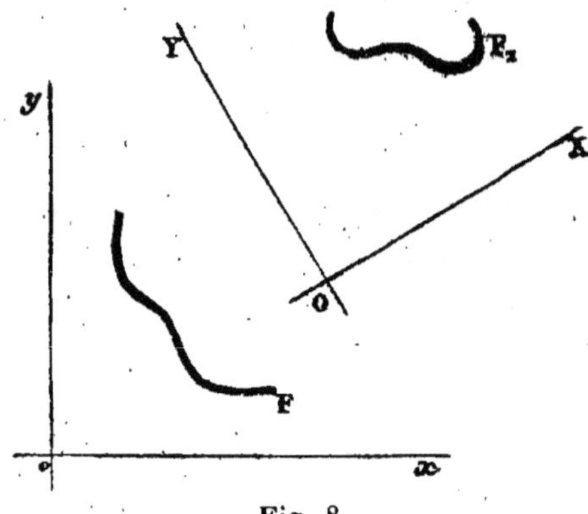

Fig. 8.

Soient deux axes fixes ox, oy, et une figure fixe F invariablement liée à ces axes.

Soient d'autre part deux axes mobiles OX, OY, et une

figure F_1 invariable de forme, mais invariablement liée à ces axes, et par conséquent mobile avec eux.

Définissons la position de la figure mobile par rapport aux axes fixes.

Soient M un de ses points, MP une droite passant par M et invariablement liée à la figure F_1 : il suffit de définir la position de MP par rapport à xoy. Cette position est définie par

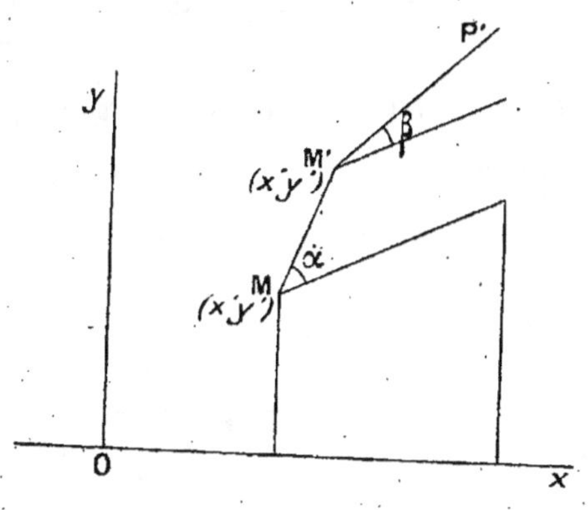

Fig. 9.

les coordonnées x, y du point M et l'angle ω de MP avec ox.

La probabilité pour que M satisfasse à certaines conditions est proportionnelle à

$$\int \int \int dx\, dy\, d\omega.$$

Pour justifier cette définition, je vais montrer qu'elle est la même quand je prends un autre point M' de la figure mobile, ainsi qu'une autre droite M'P'.

La droite M'P' sera invariablement liée à MP.

Soient l la longueur MM', α l'angle de MM' avec MP et β l'angle de M'P' avec MP : l, α, β sont des constantes.

La droite M'P' est définie relativement aux axes xoy par

les coordonnées x', y' du point M' et l'angle ω' de $M'P'$ avec ox.

Si la probabilité pour que la figure mobile satisfasse à certaines conditions est, d'après la première évaluation,

$$\int\int\int dx\, dy\, d\omega,$$

elle sera aussi

$$\int\int\int dx'\, dy'\, d\omega'.$$

Le déterminant fonctionnel est en effet égal à l'unité ; on a, par projections,

$$x' = x + l\cos(\omega + \alpha),$$
$$y' = y + l\sin(\omega + \alpha),$$
$$\omega' = \omega + \beta,$$

et le déterminant fonctionnel $\dfrac{\partial(x',y',\omega')}{\partial(x,y,\omega)}$ est

$$\begin{vmatrix} 1 & 0 & -l\sin(\omega+\alpha) \\ 0 & 1 & l\cos(\omega+\alpha) \\ 0 & 0 & 1 \end{vmatrix}$$

c'est-à-dire 1.

La loi de probabilité est donc la même, quelle que soit la droite MP choisie.

73. Si je considère deux figures φ, φ', égales entre elles et invariablement liées aux axes mobiles, la probabilité pour que φ' satisfasse à certaines conditions est égale à la probabilité pour que φ satisfasse aux mêmes conditions. Considérons une droite MP invariablement liée à φ et une autre droite $M'P'$ dont la position par rapport à φ' est la même que celle de MP par rapport à φ ; soient x, y, ω, d'une part,

x', y', ω', d'autre part, les quantités qui définissent la position de ces deux droites.

La position de φ est définie par x, y et ω ; celle de φ', par x', y', ω'. Pour que φ satisfasse à certaines conditions, x, y, ω devront satisfaire à certaines inégalités. Pour que φ' satisfasse aux mêmes conditions, x', y', ω' devront satisfaire aux mêmes inégalités. A la différence près des notations, on retombe donc sur la même intégrale.

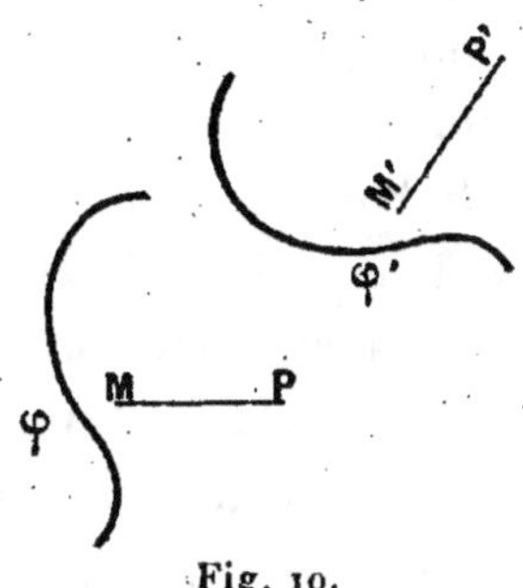

Fig. 10.

La valeur de la probabilité est donc la même dans les deux cas.

74. On demande la probabilité pour qu'un segment de droite limitée, MP, rencontre les parallèles du problème de l'aiguille. Si une seconde droite, M'P', de même longueur, est invariablement liée à MP, la probabilité pour qu'elle rencontre les parallèles sera la même.

Si, au lieu de MP, on considère une droite deux fois plus longue, MQ, la probabilité sera doublée, puisqu'elle se compose de deux droites égales à MP, à savoir MN et NQ, N étant le milieu de MQ.

Je suppose qu'on promette à un joueur autant de francs qu'il y aura de points d'intersection de la droite avec les parallèles (¹). L'espérance mathématique du joueur avec MQ sera double de son espérance avec MN, puisqu'elle sera celle qu'il tire de MN augmentée de celle qu'il tire de NQ. En général, elle sera proportionnelle à la longueur de la droite.

(¹) Bien entendu, si l'une des extrémités de MN tombe sur une des parallèles, cela comptera pour une demi-intersection.

P.

9

Si NQ n'est pas dans le prolongement de MN, l'espérance mathématique est encore doublée. L'espérance mathématique est donc proportionnelle à la longueur totale de la ligne, qu'elle soit droite ou brisée, ou même, en allant plus loin, *quelle que soit sa forme*.

Si l'on promet autant de francs que de points d'intersection de la courbe avec les parallèles, l'espérance mathématique sera ainsi proportionnelle à la longueur de la courbe.

Si la courbe est une circonférence de diamètre d, sa longueur sera πd; dans ce cas, il y aura toujours deux points d'intersection, l'espérance mathématique sera donc 2. Pour une courbe de longueur s, cette espérance sera $\dfrac{2s}{\pi d}$; pour une droite de longueur d, ce sera $\dfrac{2}{\pi}$.

75. Revenons sur le paradoxe de J. Bertrand relatif à la probabilité pour qu'une corde d'une circonférence soit plus petite que le côté du triangle équilatéral inscrit.

Traçons une circonférence C′, concentrique à la première C et dont le rayon soit la moitié du sien. Plaçons au hasard une droite dans le plan. Si nous adoptons la convention faite tout à l'heure au sujet de l'aiguille, la probabilité dépendra-t-elle d'une nouvelle et troisième hypothèse, ou bien de l'une des deux précédemment examinées?

Je puis supposer la droite fixe et les circonférences mobiles. La probabilité pour que l'une des circonférences coupe la droite est proportionnelle à sa longueur; la probabilité pour que C′ rencontre la droite est donc le rapport des longueurs des deux circonférences, c'est-à-dire $\dfrac{1}{2}$. On retombe ainsi sur l'une des hypothèses de J. Bertrand.

CHAPITRE VIII.

APPLICATIONS DIVERSES.

---

76. Prenons encore un problème analogue au problème de l'aiguille :

Sur une sphère S on trace une figure mobile ; quelle est la probabilité pour que cette figure satisfasse à certaines conditions ?

Comment définir d'abord la position de cette figure ?

Soit P_0 la position initiale, P_1 la position finale de la figure mobile : on passe de l'une à l'autre par une rotation convenable, définie par l'axe de rotation et l'angle de rotation.

Soient α, β, γ les cosinus directeurs de l'axe, et 2θ l'angle de rotation ; posons

$$\lambda = \cos\theta, \qquad \mu = \alpha \sin\theta, \qquad \nu = \beta \sin\theta, \qquad \rho = \gamma \sin\theta,$$

et prenons λ, μ, ν, ρ comme variables.

Elles sont liées par une relation

$$\lambda^2 + \mu^2 + \nu^2 + \rho^2 = 1.$$

Je retrouve la même relation, si je change les signes de λ, μ, ν, ρ, et il suffit de connaître trois de ces quantités.

Je suppose la probabilité représentée par une intégrale triple

$$\int \frac{d\mu\, d\nu\, d\rho}{\lambda};$$

elle sera représentée aussi par

$$\int \frac{d\lambda\, d\nu\, d\rho}{\mu}.$$

Cherchons en effet le déterminant fonctionnel des nouvelles variables λ, ν, ρ par rapport aux anciennes μ, ν, ρ, et supposons λ défini en fonctions de μ, ν, ρ.

$$\lambda\, d\lambda = -\mu\, d\mu - \nu\, d\nu - \rho\, d\rho.$$

Le déterminant fonctionnel est

$$\begin{vmatrix} -\dfrac{\mu}{\lambda} & -\dfrac{\nu}{\lambda} & -\dfrac{\rho}{\lambda} \\ 0 & 1 & 0 \\ 0 & 0 & 1 \end{vmatrix} = -\frac{\mu}{\lambda}.$$

Ainsi, au signe près, par le changement de variables, l'élément de l'une des intégrales triples devient l'élément de l'autre intégrale, après multiplication par $\dfrac{\lambda}{\mu}$. Donc

$$\int \frac{d\mu\, d\nu\, d\rho}{\lambda} \quad \text{et} \quad \int \frac{d\lambda\, d\nu\, d\rho}{\mu}$$

donnent donc bien la même définition pour la probabilité.

Voici comment se justifie cette convention : considérons la sphère

$$x^2 + y^2 + z^2 = 1.$$

Supposons que la probabilité pour qu'un point quelconque de la sphère se trouve à l'intérieur d'une certaine aire sphérique soit proportionnelle à cette aire. Cette aire s'exprimera par l'intégrale

$$\int \frac{dx\,dy}{\cos \widehat{n\Sigma}} = \int \frac{dx\,dy}{z},$$

$\cos \widehat{n\Sigma}$ étant le troisième cosinus directeur de la normale à la sphère au point considéré.

Nous avons fait ici une hypothèse tout à fait analogue, car

$$\lambda^2 + \mu^2 + \nu^2 + \rho^2 = 1$$

serait l'équation d'une sphère dans l'espace à quatre dimensions.

77. Je suis parti précédemment de la position initiale P_0. La rotation λ, μ, ν, ρ ne dépend pas seulement de P_1, elle dépend aussi du choix de la position initiale P_0.

Je vais démontrer que la probabilité reste la même, si, au lieu de la position initiale P_0, on en considère une autre P_0'.

La rotation de P_0' à P_1 sera définie par λ', μ', ν', ρ', et la probabilité sera définie par

$$\int \frac{d\mu'\,d\nu'\,d\rho'}{\lambda'}.$$

Je dis qu'elle sera proportionnelle à la précédente.

l, m, n, r définissant la rotation de P_0' à P_0, la rotation λ', μ', ν', ρ' sera la résultante de deux autres. Les formules connues de la composition des rotations sont

$$\begin{aligned}
\lambda' &= \lambda l - \mu m - \nu n - \rho r, \\
\mu' &= \lambda m + \mu l - \nu r + \rho n, \\
\nu' &= \lambda n + \mu r + \nu l - \rho m, \\
\rho' &= \lambda r - \mu n + \nu m + \rho l.
\end{aligned}$$

Il s'agit maintenant de calculer le déterminant fonctionnel de λ', μ', ν', ρ' par rapport à λ, μ, ν, ρ. Je pose

$$\sigma = \sqrt{\lambda^2 + \mu^2 + \nu^2 + \rho^2}.$$

Ici $\sigma = 1$, mais je puis supposer à λ, μ, ν, ρ des valeurs quelconques au lieu des valeurs véritables.

De même

$$\sigma' = \sqrt{\lambda'^2 + \mu'^2 + \nu'^2 + \rho'^2}.$$

Quelles que soient ces valeurs, on a

$$\sigma' = \sigma \sqrt{l^2 + m^2 + n^2 + r^2},$$

et si l, m, n, r ont les valeurs constantes données,

$$\sigma' = \sigma.$$

Il s'agit de calculer

$$\frac{\partial(\mu', \nu', \rho')}{\partial(\mu, \nu, \rho)},$$

en supposant $\sigma = 1$, c'est-à-dire

$$\begin{vmatrix} \dfrac{\partial\mu'}{\partial\mu} & \dfrac{\partial\mu'}{\partial\nu} & \dfrac{\partial\mu'}{\partial\rho} \\[2ex] \dfrac{\partial\nu'}{\partial\mu} & \dfrac{\partial\nu'}{\partial\nu} & \dfrac{\partial\nu'}{\partial\rho} \\[2ex] \dfrac{\partial\rho'}{\partial\mu} & \dfrac{\partial\rho'}{\partial\nu} & \dfrac{\partial\rho'}{\partial\rho} \end{vmatrix}$$

Mais je vais porter le nombre des variables à 4, et considérer, d'une part σ, μ, ν, ρ, d'autre part σ', μ', ν', ρ'. Comme

$\sigma' = \sigma$, les dérivées partielles de σ seront $1, 0, 0, 0$

$$\begin{vmatrix} 1 & 0 & 0 & 0 \\ \dfrac{\partial \mu'}{\partial \sigma} & \dfrac{\partial \mu'}{\partial \mu} & \dfrac{\partial \mu'}{\partial \nu} & \dfrac{\partial \mu'}{\partial \rho} \\ \dfrac{\partial \nu'}{\partial \sigma} & \dfrac{\partial \nu'}{\partial \mu} & \dfrac{\partial \nu'}{\partial \nu} & \dfrac{\partial \nu'}{\partial \rho} \\ \dfrac{\partial \rho'}{\partial \sigma} & \dfrac{\partial \rho'}{\partial \mu} & \dfrac{\partial \rho'}{\partial \nu} & \dfrac{\partial \rho'}{\partial \rho} \end{vmatrix}$$

C'est bien le même déterminant fonctionnel ; on peut donc déjà écrire

$$\frac{\partial(\mu', \nu', \rho')}{\partial(\mu, \nu, \rho)} = \frac{\partial(\sigma', \mu', \nu', \rho')}{\partial(\sigma, \mu, \nu, \rho)}$$

$$= \frac{\partial(\sigma', \mu', \nu', \rho')}{\partial(\lambda', \mu', \nu', \rho')} \frac{\partial(\lambda', \mu', \nu', \rho')}{\partial(\lambda, \mu, \nu, \rho)} \frac{\partial(\lambda, \mu, \nu, \rho)}{\partial(\sigma, \mu, \nu, \rho)}.$$

Évaluons successivement les trois derniers déterminants fonctionnels. Le premier est

$$\begin{vmatrix} \dfrac{\partial \sigma'}{\partial \lambda'} & \dfrac{\partial \sigma'}{\partial \mu'} & \dfrac{\partial \sigma'}{\partial \nu'} & \dfrac{\partial \sigma'}{\partial \rho'} \\ 0 & 1 & 0 & 0 \\ 0 & 0 & 1 & 0 \\ 0 & 0 & 0 & 1 \end{vmatrix} = \frac{\partial \sigma'}{\partial \lambda'} = \frac{\lambda'}{\sigma'}.$$

Le second est

$$\begin{vmatrix} l & -m & -n & -r \\ m & l & -r & n \\ n & r & l & -m \\ r & -n & m & l \end{vmatrix} = (l^2 + m^2 + n^2 + r^2)^2 = 1.$$

Le troisième est

$$\frac{\partial(\lambda, \mu, \nu, \rho)}{\partial(\sigma, \mu, \nu, \rho)} = \frac{1}{\dfrac{\partial(\sigma, \mu, \nu, \rho)}{\partial(\lambda, \mu, \nu, \rho)}} = \frac{1}{\dfrac{\lambda}{\sigma}} = \frac{\sigma}{\lambda}.$$

Le produit des trois est donc $\dfrac{\lambda'}{\lambda}$, et l'intégrale

$$\int \frac{d\mu' \, d\nu' \, d\rho'}{\lambda'}$$

se transforme en

$$\int \frac{d\mu \, d\nu \, d\rho}{\lambda'} \frac{\lambda'}{\lambda}$$

ou

$$\int \frac{d\mu \, d\nu \, d\rho}{\lambda}.$$

La définition de la probabilité reste donc la même, quelle que soit la position initiale.

78. On demande la probabilité pour que cette figure P_0 satisfasse à certaines conditions.

Si on considère une autre figure P'_0 égale à la première et invariablement liée à celle-ci, on peut demander aussi la probabilité pour que cette seconde figure satisfasse à certaines conditions. Soient alors λ, μ, ν, ρ les paramètres de la rotation qui amène P_0 en P_1, et λ', μ', ν', ρ' ceux de la rotation qui amène P'_0 en P_1.

La probabilité pour que P_0, venu en P_1, satisfasse à certaines conditions, est représentée par

$$\int \frac{d\mu \, d\nu \, d\rho}{\lambda},$$

les paramètres λ, μ, ν, ρ devant satisfaire à certaines inégalités.

La probabilité pour que P_0 venu en P_1 satisfasse aux *mêmes* conditions est représentée par

$$\int \frac{d\mu' \, d\nu' \, d\rho'}{\lambda'}$$

les paramètres λ', μ', ν', ρ' devant satisfaire aux *mêmes* inégalités. Les intégrales, ne différant que par les notations, sont identiques, et la probabilité reste la même.

Les probabilités pour que deux figures mobiles, égales, et invariablement liées l'une à l'autre, satisfassent à une même condition, sont donc égales entre elles.

79. Choisissons une autre forme où n'apparaîtront pas λ, μ, ν, ρ.

Je définis la position d'un point M de la figure mobile par ses coordonnées x, y, z et celle d'un arc de grand cercle MP par l'angle ω que fait MP avec MA, MA étant un arc de grand cercle qui passe par un point fixe A.

La probabilité s'écrira

$$\int \Psi \, dx \, dy \, d\omega,$$

où Ψ est une fonction de x, y, z et ω.

En prenant

$$dx \, dy = z \, d\sigma$$

$d\sigma$ est l'élément de surface de la sphère et l'intégrale devient

$$\int \Phi \, d\sigma \, d\omega.$$

Cette intégrale doit être étendue à tous ceux des éléments σ de la surface de la sphère et à toutes les valeurs de l'angle ω qui satisfont aux conditions. En revenant à x et y comme variables, elle s'écrit

$$\int \Phi \, \frac{dx \, dy}{z} \, d\omega.$$

80. Je dis que la forme de Φ reste la même quelle que soit la position de A.

Considérons un autre point fixe B, et soit ω' l'angle de MP avec MB, β celui de MB avec MA.

$$\omega' = \omega + \beta.$$

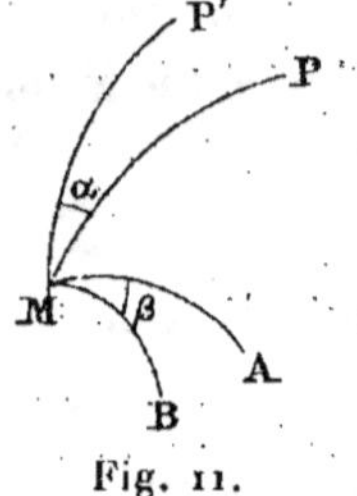

Au lieu de x, y, ω, les variables seront x, y, ω'.

Le déterminant fonctionnel $\dfrac{\partial(x, y, \omega')}{\partial(x, y, \omega)}$ est égal à

$$\begin{vmatrix} 1 & 0 & 0 \\ 0 & 1 & 0 \\ \dfrac{\partial\beta}{\partial x} & \dfrac{\partial\beta}{\partial y} & 1 \end{vmatrix} = 1.$$

81. La fonction Φ est indépendante de ω.

En effet, considérons un autre arc de grand cercle MP', et soit ω'' l'angle de MP' avec MA, α l'angle de MP' avec MP

$$\omega'' = \omega + \alpha,$$

La loi de probabilité ne sera pas changée.

$$\int \Phi \, d\sigma \, d\omega$$

exprime la probabilité pour que MP satisfasse à certaines conditions.

$$\int \Phi \, d\sigma \, d\omega''$$

exprimera la probabilité pour que MP' satisfasse à ces mêmes conditions. Ces deux probabilités doivent être égales, Φ ne dépendra donc pas de ω.

82. La fonction Φ ne dépend pas non plus de x et y.

Soient en effet $d\sigma$ et $d\sigma'$ deux éléments de surface de la sphère égaux entre eux. Soient l, m, n, r les paramètres d'une des rotations qui change $d\sigma$ en $d\sigma'$. Soient λ, μ, ν, ρ ceux d'une rotation qui amène la figure mobile dans une position telle que M soit intérieur à $d\sigma$. Soient $\lambda', \mu', \nu', \rho'$ ceux d'une rotation qui amène M à l'intérieur de $d\sigma'$.

Soient x, y les coordonnées du centre de gravité de $d\sigma$; x', y' celles du centre de gravité de $d\sigma'$.

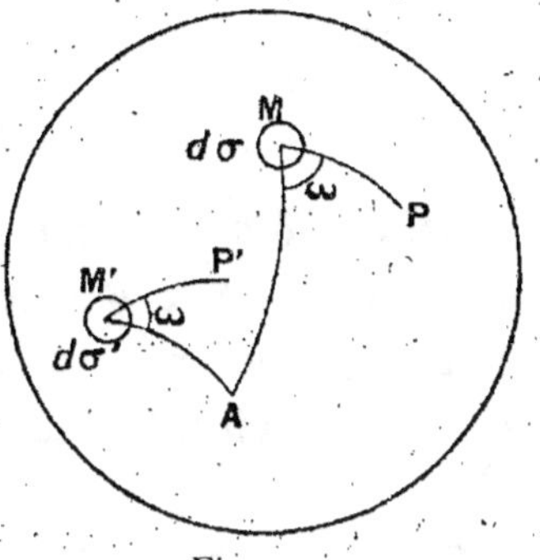

Fig. 12.

Les paramètres $\lambda', \mu', \nu', \rho'$ seront des fonctions linéaires de λ, μ, ν, ρ d'une part, de l, m, n, r d'autre part; on n'a, en effet, qu'à se reporter à la formule de composition des rotations citée plus haut. On aura d'ailleurs, comme nous l'avons vu plus haut,

$$\int \frac{d\mu \, d\nu \, d\rho}{\lambda} = \int \frac{d\mu' \, d\nu' \, d\rho'}{\lambda'}.$$

La probabilité pour que M soit intérieur à $d\sigma$ est

$$\int_0^{2\pi} d\omega \int \Phi \, d\sigma = 2\pi \, \Phi(x, y) \, d\sigma = \int \frac{d\mu \, d\nu \, d\rho}{\lambda},$$

les paramètres λ, μ, ν, ρ devant satisfaire à des inégalités qui expriment que la rotation correspondante amène M à l'intérieur de $d\sigma$, et l'intégrale étant étendue à toutes les valeurs de ces paramètres qui satisfont à ces conditions.

La probabilité pour que M soit intérieur à $d\sigma'$ est

$$2\pi \, \Phi(x', y') \, d\sigma' = \int \frac{d\mu' \, d\nu' \, d\rho'}{\lambda'}.$$

On a donc

$$\Phi(x, y)\, d\sigma = \Phi(x', y')\, d\sigma'$$

où, puisque $d\sigma = d\sigma'$,

$$\Phi(x, y) = \Phi(x', y'),$$

l'intégrale étant étendue à toutes les valeurs de μ', ν', ρ' qui sont telles que la rotation λ', μ', ν', ρ' amène M à l'intérieur de $d\sigma'$; ou, ce qui revient au même, telles que la rotation λ, μ, ν, ρ amène M à l'intérieur de $d\sigma$.

83. Nous avons ainsi écrit la loi des probabilités sous une autre forme, mais c'est la même hypothèse que celle que nous avons faite, quand nous prenions pour variables λ, μ, ν, ρ. En résumé, la probabilité pour que M soit à l'intérieur d'une certaine aire $d\sigma$, et, en même temps, pour que MP fasse un angle ω avec MA, est

$$\int \Phi\, d\sigma\, d\omega,$$

et Φ est une constante à déterminer.

Étendons l'intégrale à tous les éléments de la sphère; l'angle ω variera de 0 à 2π, et σ de 0 à 4π. L'intégrale aura pour valeur

$$4\pi\Phi \times 2\pi = 8\pi^2\Phi;$$

mais alors la probabilité sera égale à 1. Donc

$$\Phi = \frac{1}{8\pi^2}$$

et

$$\int \frac{d\sigma\, d\omega}{8\pi^2} \qquad \text{ou} \qquad \int \frac{dx\, dy\, d\omega}{8\pi^2 z}$$

est la loi des probabilités.

84. Soient, sur la sphère, une courbe fixe et une courbe mobile; on promet à un joueur autant de francs qu'il y aura de points d'intersection : quel est son espérance mathématique?

Elle est proportionnelle au produit des longueurs des deux courbes.

85. Si l'on considère une figure mobile φ et deux figures fixes φ_1, φ_2, la probabilité pour que φ ait une position relative donnée par rapport à φ_1 est la même que la probabilité pour que φ ait la même position relative par rapport à φ_2.

Autrement dit, supposons que λ, μ, ν, ρ définissent la rotation qui amène φ_1 dans une position φ'; prenons comme variables nouvelles λ', μ', ν', ρ' qui définissent la rotation qui amène φ_2 dans cette même position φ' : nous retrouverons la même loi de probabilité et nous aurons comme plus haut

$$\int \frac{d\mu \cdot d\nu \, d\rho}{\lambda} = \int \frac{d\mu' \, d\nu' \, d\rho'}{\lambda'}.$$

La rotation λ', μ', ν', ρ' est la résultante de deux autres, λ, μ, ν, ρ et l, m, n, r; cette dernière, celle qui amène φ_2 dans la position φ_1, peut être considérée comme donnée, et le calcul du déterminant fonctionnel de μ, ν, ρ par rapport à μ', ν', ρ' est le même que dans la leçon précédente.

Cela posé, je ne conserverai pas les paramètres λ, μ, ν, ρ, dont la signification géométrique n'est pas simple, et nous reviendrons aux variables x, y et ω du paragraphe 79.

86. Soient, sur la surface sphérique, M un point de la figure mobile ayant pour coordonnées x, y, z; et MP un arc de grand cercle appartenant à la figure mobile et faisant un angle ω avec l'arc de grand cercle MA qui passe par un point fixe A.

1° Quelle est la probabilité pour que M soit dans une aire $d\sigma$, lorsque ω varie de 0 à 2π?

C'est

$$\int \frac{d\sigma\, d\omega}{8\pi^2} = \frac{d\sigma}{4\pi}.$$

2° Quelle est la probabilité pour qu'un cercle mobile de la sphère coupe un cercle fixe?

Soient P le pôle du cercle fixe, A le point où il coupe le tableau, et θ l'angle POA.

Soient P′, A′, θ' les données analogues pour le cercle mobile.

Soit φ l'angle POP′.

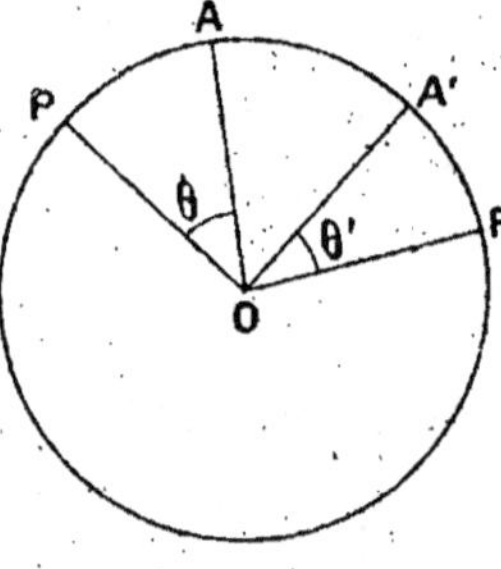

Fig. 13.

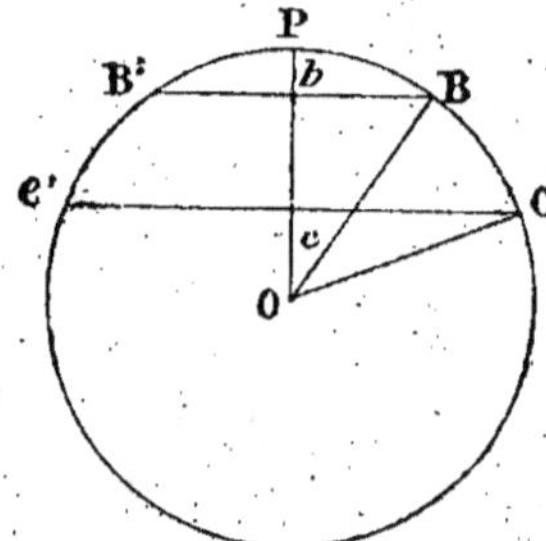

Fig. 14.

La condition nécessaire et suffisante pour l'intersection est qu'on ait à la fois

$$\varphi < \theta + \theta',$$
$$\varphi > \theta - \theta',$$

en supposant $\theta > \theta'$.

Représentons la zone BCB′C′ dans laquelle le pôle P′ du cercle mobile doit se trouver; par projection sur le plan du tableau, les deux petits cercles qui la limitent seront figurés par des droites BB', CC'; l'angle POB sera égal à $\theta - \theta'$, et l'angle POC à $\theta + \theta'$.

La probabilité cherchée sera proportionnelle à la hauteur bc de cette zone. Or,

$$bc = Ob - Oc = \cos(\theta - \theta') - \cos(\theta + \theta'),$$
$$bc = 2\sin\theta\sin\theta'.$$

87. Le problème peut être plus général. Soient : 1° n arcs de grands cercles fixes $C_1, C_2, \ldots, C_n$, égaux entre eux et de longueur l; 2° n' arcs de grands cercles mobiles, invariablement liés les uns aux autres et de même longueur l, $C'_1, C'_2, \ldots, C'_{n'}$.

Je cherche les points d'intersection des arcs mobiles avec les arcs fixes et je promets autant de francs que de points d'intersection.

L'espérance mathématique du joueur sera proportionnelle à nn'.

La probabilité pour que C'_1 rencontre C_1 est la même que pour que C'_2 rencontre C_1, etc., d'après la démonstration de tout à l'heure.

Elle reste encore la même pour que C'_1 rencontre C_2, etc.

L'espérance mathématique sera d'autant de francs que l'on peut faire de combinaisons de l'un des n premiers arcs avec l'un des n' seconds. Supposons même que ces derniers aient une longueur l' différente de l : l'espérance mathématique sera $nn'll'$.

Si l'on considère deux lignes brisées formées d'arcs de grands cercles, l'espérance mathématique sera encore proportionnelle à leurs longueurs, car, si l'un des éléments était double, l'espérance mathématique correspondante doublerait.

A la limite, cette conclusion sera encore vraie et, en général, l'espérance mathématique sera proportionnelle aux longueurs s et s' des courbes. Elle sera Kss'.

Cherchons K.

Supposons deux grands cercles : leur longueur commune sera 2π, et ils se coupent en deux points ; l'espérance mathématique sera $K \times 4\pi^2$ et, comme elle sera égale à 2,

$$K = \frac{1}{2\pi^2}.$$

Pour deux petits cercles, l'espérance mathématique sera $\frac{ss'}{2\pi^2}$. S'il y a intersection, il y aura deux points d'intersection. Or

$$s = 2\pi \sin\theta,$$
$$s' = 2\pi \sin\theta'.$$

L'espérance sera

$$\frac{2\pi \sin\theta \times 2\pi \sin\theta'}{2\pi^2} = 2 \sin\theta \sin\theta'.$$

C'est ce que nous avons trouvé plus haut, d'une autre manière.

88. Supposons sur la sphère céleste un nombre N d'étoiles placées au hasard.

Promettons à un joueur un franc pour chaque couple d'étoiles tel que la distance angulaire des deux étoiles, P et P', soit plus petite que γ. Quelle est son espérance mathématique ?

P' devra être à l'intérieur d'une certaine zone. La surface de cette zone est proportionnelle à $\sin^2\frac{\gamma}{2}$. Pour $\gamma = \pi$, la surface est celle de la sphère entière; la probabilité est donc

$$\frac{\sin^2 \dfrac{\gamma}{2}}{\sin^2 \dfrac{\pi}{2}} = \sin^2 \frac{\gamma}{2}.$$

Comme les étoiles sont au nombre de N, elles peuvent former $\dfrac{N(N-1)}{2}$ groupes de 2. L'espérance mathématique est

$$\frac{N(N-1)}{2} \sin^2 \frac{\gamma}{2}.$$

89. Considérons un *système mécanique*, dont les équations sont mises sous la forme de Hamilton; n variables, $x_1, x_2, \ldots, x_n$, définissent la position du système; n variables, $y_1, y_2, \ldots, y_n$, définissent les vitesses.

F étant une fonction donnée qui dépend des x et des y, les équations auront la forme

$$\frac{dx_i}{dt} = \frac{dF}{dy_i}, \qquad \frac{dy_i}{dt} = -\frac{dF}{dx_i}.$$

On connaît F, c'est-à-dire la loi du mouvement, mais on ne connaît pas les positions initiales.

Représentons les valeurs des variables, au temps $t = 0$, par $x_1^0, x_2^0, \ldots, x_n^0$ et $y_1^0, y_2^0, \ldots, y_n^0$.

Quelle est la probabilité pour que ces variables aient certaines valeurs à un temps t donné ?

Si je me donne la loi de probabilité pour que les variables aient les valeurs initiales ci-dessus, le problème devient déterminé. Je suppose que l'on se donne cette loi de probabilité pour les valeurs initiales.

P.

90. Je suppose cette probabilité proportionnelle à

$$\int k\, dx_1^0\, dx_2^0 \ldots dx_n^0\, dy_1^0\, dy_2^0 \ldots dy_n^0,$$

k étant une constante.

On peut supposer qu'on ne sait rien sur les valeurs initiales, et qu'on sait seulement que F est compris entre F_1 et F_2; comme F $=$ const. est une intégrale des équations du mouvement (c'est l'intégrale des forces vives), si la valeur initiale de F est comprise entre F_1 et F_2, F restera comprise entre F_1 et F_2.

L'intégrale précédente, étendue à toutes les valeurs qui satisfont à

$$F_1 < F < F_2,$$

sera égale à 1.

Si cette loi de probabilité est vraie pour les valeurs initiales des variables, elle le sera encore pour les valeurs finales.

Il suffit de démontrer que le déterminant fonctionnel des valeurs finales par rapport aux valeurs initiales est égal à l'unité.

Soient $x', \ldots, y', \ldots$ les valeurs des $x, \ldots, y, \ldots$ au temps t'; $x, \ldots, y, \ldots$ leurs valeurs au temps t. Il n'y a qu'à établir cette proposition pour t et t' très voisins.

Soit

$$t' = t + \varepsilon.$$

Je vais, pour simplifier, examiner le cas de deux variables x et de deux variables y.

$$x_1' = x_1 + \varepsilon \frac{dx_1}{dt} = x_1 + \varepsilon \frac{dF}{dy_1},$$

$$x_2' = x_2 + \varepsilon \frac{dF}{dy_2};$$

et

$$y'_1 = y_1 + \varepsilon \frac{dy_1}{dt} = y_1 - \varepsilon \frac{dF}{dx_1},$$

$$y'_2 = y_2 - \varepsilon \frac{dF}{dx_2}.$$

Le déterminant fonctionnel est

$$\begin{vmatrix} 1 + \varepsilon \dfrac{d^2F}{dx_1\,dy_1} & \varepsilon \dfrac{d^2F}{dx_2\,dy_1} & \varepsilon \dfrac{d^2F}{dy_1^2} & \varepsilon \dfrac{d^2F}{dx_1\,dy_2} \\[2ex] \varepsilon \dfrac{d^2F}{dx_1\,dy_2} & 1 + \varepsilon \dfrac{d^2F}{dx_2\,dy_2} & \varepsilon \dfrac{d^2F}{dy_2\,dy_1} & \varepsilon \dfrac{d^2F}{dy_2^2} \\[2ex] - \varepsilon \dfrac{d^2F}{dx_1^2} & - \varepsilon \dfrac{d^2F}{dx_1\,dx_2} & 1 - \varepsilon \dfrac{d^2F}{dx_1\,dy_1} & - \varepsilon \dfrac{d^2F}{dx_1\,dy_2} \\[2ex] - \varepsilon \dfrac{d^2F}{dx_2\,dx_1} & - \varepsilon \dfrac{d^2F}{dx_2^2} & - \varepsilon \dfrac{d^2F}{dx_2\,dy_1} & 1 - \varepsilon \dfrac{d^2F}{dx_2\,dy_2} \end{vmatrix}$$

Je développe en négligeant le carré de ε. Tous les éléments du déterminant sont infiniment petits du premier ordre, sauf les éléments de la diagonale.

Tous les termes seront du second ordre au moins, sauf dans

$$\left(1 + \varepsilon \frac{d^2F}{dx_1\,dy_1}\right)\left(1 + \varepsilon \frac{d^2F}{dx_2\,dy_2}\right)\left(1 - \varepsilon \frac{d^2F}{dx_1\,dy_1}\right)\left(1 - \varepsilon \frac{d^2F}{dx_2\,dy_2}\right)$$

ou

$$\left[1 - \varepsilon^2 \left(\frac{d^2F}{dx_1\,dy_1}\right)^2\right]\left[1 - \varepsilon^2 \left(\frac{d^2F}{dx_2\,dy_2}\right)^2\right],$$

c'est-à-dire 1, aux termes près en ε^2.

91. Adoptions de lois probables. — De tout ce qui précède, il résulte *qu'il faut apporter un très grand soin à définir le choix de la loi de probabilité qu'on adopte.*

La probabilité pour que x soit compris entre x_0 et x_1

s'exprime par une intégrale

$$\int_{x_0}^{x_1} \varphi(x)\, dx;$$

$\varphi(x)$ sera une fonction sur laquelle nous devrons faire des hypothèses pour connaître la loi de probabilité, mais, en général, on sera conduit à regarder $\varphi(x)$ comme continue.

En général, la probabilité que x satisfasse à une condition donnée dépendra du choix de φ; cependant, il n'en est pas toujours ainsi, et *certains problèmes sont indépendants de la loi de probabilité.*

Exemple. — La probabilité pour que x soit incommensurable sera toujours égale à 1, quelle que soit la fonction continue φ que l'on choisisse, et celle pour que x soit commensurable, toujours infiniment petite.

92. *Second exemple.* — Soit une *roue* divisée en un très grand nombre de parties égales, alternativement rouges et noires; imprimons-lui une rotation rapide. Lorsqu'elle s'arrêtera, une de ses divisions se trouvera en regard d'un point de repère fixe : quelle est la probabilité pour que cette division soit rouge ou noire?

Pour être complètement résolu, le problème exigerait la connaissance d'une fonction arbitraire; il dépendra de l'impulsion, de la vitesse angulaire initiale. La probabilité pour que cette vitesse soit comprise entre ω_0 et ω_1 est

$$\int_{\omega_0}^{\omega_1} \varphi(\omega)\, d\omega,$$

la fonction φ étant entièrement inconnue.

D'un autre côté, la roue aura tourné d'un angle total θ. La probabilité pour que θ soit compris entre θ_0 et θ_1 est

$$\int_{\theta_0}^{\theta_1} f(\theta)\,d\theta.$$

Nous ne savons rien non plus sur $f(\theta)$. Néanmoins, la probabilité, pour que la division obtenue soit rouge, sera toujours très voisine de $\frac{1}{2}$; elle est donc indépendante de f.

Je suppose que chaque division corresponde à un angle ε; je divise l'axe des abscisses en parties égales à ε, et, par les points de division, je mène des ordonnées jusqu'à la rencontre de la courbe

$$y = f(\theta).$$

Comme les divisions changent de couleur, je couvre de hachures les aires qui correspondent aux divisions rouges, par exemple.

La probabilité cherchée sera le rapport de l'aire couverte de hachures à l'aire totale.

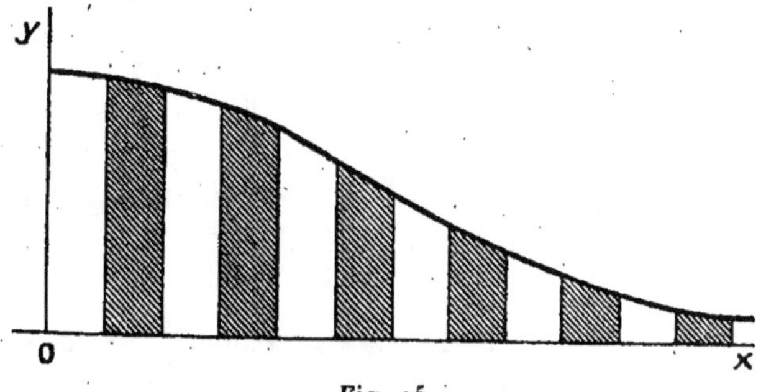

Fig. 15.

Quelle que soit la forme de la courbe, quand le nombre des divisions augmente indéfiniment, ce rapport tendra vers $\frac{1}{2}$

Soit, en effet, A l'angle maximum dont la roue peut tourner de telle sorte que $\theta < A$. Supposons la fonction $f(\theta)$ continue et admettant une dérivée. Admettons de plus que cette dérivée ne dépasse pas un certain maximum, M. Donc

$$|f'(\theta)| < M.$$

Je divise A en n parties égales; soit ε l'une d'elles. On a

$$\varepsilon = \frac{A}{n}.$$

Considérons deux divisions consécutives : la différence des deux aires est plus petite que $\varepsilon(\mu - \mu')$ où μ et μ' désignent respectivement le maximum et le minimum de $f(\theta)$ dans cet intervalle. Or $(\mu - \mu')$ est plus petit que $2M\varepsilon$: la différence des deux aires est plus petite que $2M\varepsilon^2$.

Comme il y a $\dfrac{n}{2}$ aires couvertes de hachures, il faut multiplier par $\dfrac{n}{2}$ pour avoir la différence des deux aires totales, ce qui donne $M\varepsilon^2 n$ ou $MA\varepsilon$.

La différence des deux aires tendra donc vers zéro avec ε et la probabilité sera bien $\dfrac{1}{2}$.

Si on ne savait rien du tout sur φ ou sur f, on ne pourrait rien calculer : c'est parce qu'on sait quelque chose que l'on peut entreprendre le calcul. Mais ici il nous suffit de savoir que f a une dérivée limitée.

93. *Troisième exemple.* — Considérons un grand nombre de *planètes*, dont les orbites soient sensiblement circulaires. Soient a le moyen mouvement de l'une de ces planètes, b sa longitude à un instant donné pris comme origine. Sa longitude l au temps t sera :

$$l = at + b.$$

La probabilité pour que a et b satisfassent à certaines conditions est

$$\int \varphi(a, b)\, da\, db.$$

Je dis qu'au bout d'un temps très long les planètes seront également distribuées dans tous les signes du zodiaque.

La probabilité pour que l soit comprise entre des limites données sera donc indépendante de φ.

Cherchons la valeur probable d'une fonction e^{iml} : si m est différent de zéro, la valeur probable tendra vers zéro quand l augmentera indéfiniment. Cette valeur probable est représentée par

$$\int\int e^{im(al+b)}\, \varphi(a, b)\, da\, db.$$

Intégrons par parties ; il vient

$$\int \frac{e^{im(al+b)}}{imt}\, \varphi\, db - \int\int \frac{e^{im(al+b)}}{imt}\, \frac{d\varphi}{da}\, da\, db.$$

Si nous supposons seulement φ continue, les deux termes ci-dessus tendront vers zéro.

Je demande la valeur probable d'une fonction périodique quelconque, $f(l)$. La formule de Fourier nous donne

$$f(l) = \Sigma A_{m}\, e^{iml}.$$

Chacun des termes de cette série aura pour valeur probable zéro, sauf le terme constant A_0. La valeur probable de $f(l)$ sera donc

$$A_0 = \frac{1}{2\pi} \int_0^{2\pi} f(l)\, dl.$$

Supposons qu'on ait

$$0 < l_0 < l_1 < 2\pi\,;$$

la probabilité pour que l soit compris entre l_0 et l_1 est

$$\frac{1}{2\pi}\int_{l_0}^{l_1} dl = \frac{l_1 - l_0}{2\pi}.$$

C'est la valeur probable d'une fonction $f(l)$ égale à 1 si l est compris entre l_0 et l_1, et à zéro dans le cas contraire.

Si t est quelconque, quel que soit φ, la probabilité sera sensiblement proportionnelle à $l_1 - l_0$; la distribution des planètes sera uniforme

CHAPITRE IX.

PROBABILITÉS DES CAUSES.

94. Nous allons aborder les problèmes connus sous le nom de *probabilités des causes*.

Les problèmes que nous avons traités rentraient dans l'énoncé suivant : étant donné que telle cause est mise en jeu, quelle est la probabilité que tel effet en résultera ?

Les problèmes inverses sont : étant donné que tel effet s'est produit, quelle est la probabilité que telle cause a été mise en jeu ?

Le type de ces problèmes est celui de deux urnes dont la première contient beaucoup plus de boules blanches que l'autre : on a tiré une boule blanche, mais on ne sait pas de quelle urne ; il y a plus de raisons de croire la boule sortie de la première urne que de la seconde.

Pour donner une définition, il faut faire une espèce de convention, comme au début de toute question de probabilité.

Quand on compare le nombre des cas possibles au nombre des cas favorables, on doit avoir soin que tous les cas soient également probables. La convention qui repose sur des cas regardés comme également probables contiendra toujours un très large degré d'arbitraire.

D'un jeu de 32 cartes, on tire une carte : on sait que c'est une figure ; quelle est la probabilité qu'on a tiré un roi ?

Avant l'événement, la probabilité était le rapport du nombre des rois au nombre total des cas possibles, soit $\frac{4}{32}$ ou $\frac{1}{8}$.

Après l'événement, le nombre des cas favorables est toujours 4 ; le nombre des cas possibles est diminué, c'est celui des figures, soit 12. La probabilité est devenue $\frac{4}{12}$ ou $\frac{1}{3}$; elle a augmenté.

95. *Formule de Bayes.* — Soient n causes différentes qui peuvent être mises en jeu, $C_1, C_2, \ldots, C_n$; la probabilité pour que la cause C_i, si elle est mise en jeu, produise l'événement A est p_i.

Si nous savions que C_1 est en jeu, nous pourrions affirmer que la probabilité de A est p_1.

Il faut supposer que deux causes ne peuvent être mises en jeu simultanément.

Avant l'événement, chacune de ces causes avait une probabilité *a priori* que je suppose donnée : la probabilité que la cause C_i soit mise en jeu était ϖ_i.

L'événement A a eu lieu : quelle est la probabilité que ce soit la cause C_1 qui l'ait produit?

Énumérons les cas possibles et les cas favorables, et, pour fixer les idées, considérons un exemple particulier.

M urnes contiennent chacune Q boules; il y a MQ boules, soit MQ cas possibles, que je suppose également probables.

Les urnes sont réparties en catégories $C_1, C_2, \ldots, C_n$.

Les urnes de la catégorie C_1 seront au nombre de $\varpi_1 M$; de la catégorie C_2, au nombre de $\varpi_2 M$; …; de la catégorie C_n, au nombre de $\varpi_n M$.

La probabilité *a priori* pour que la cause C_n soit en jeu sera

$$\frac{\varpi_n \mathrm{M}}{\mathrm{M}} = \varpi_n.$$

Dans les urnes, les boules sont noires ou blanches. L'événement A est, par exemple, la sortie d'une boule blanche. La probabilité pour tirer une boule blanche de la première catégorie sera p_1.

Dans la catégorie C_1, il y aura $p_1 Q$ boules blanches; dans la catégorie C_2, il y en aura $p_2 Q$, ..., dans la catégorie C_n, il y en aura $p_n Q$.

On a tiré une boule blanche : on demande la probabilité pour que l'urne qu'on a choisie appartienne à la catégorie C_i.

Le nombre des cas favorables est le nombre des boules blanches de la catégorie C_i, soit $\varpi_i p_i \mathrm{MQ}$.

Le nombre total des cas possibles est celui des boules blanches

$$\varpi_1 p_1 \mathrm{MQ} + \varpi_2 p_2 \mathrm{MQ} + \ldots + \varpi_n p_n \mathrm{MQ}.$$

Le rapport de ces deux nombres est, par définition, la probabilité cherchée

$$\frac{\varpi_i p_i}{\varpi_1 p_1 + \varpi_2 p_2 + \ldots + \varpi_n p_n}.$$

96. On peut dire encore :

La probabilité que la cause C_i ait été mise en jeu, puis que, mise en jeu, elle ait produit l'événement A, est une probabilité composée.

D'abord la cause C_i doit être en jeu, et sa probabilité *a priori* est ϖ_i; ensuite, mise en jeu, elle donne à A la probabilité p_i. La probabilité composée est $\varpi_i p_i$.

Mais la question se pose autrement.

Il faut que l'événement se soit produit, et ensuite qu'il

doive être attribué à la cause C_i. C'est encore une probabilité composée.

La probabilité pour qu'il se produise est

$$\varpi_1 p_1 + \varpi_2 p_2 + \ldots + \varpi_n p_n;$$

la probabilité (*si l'on sait qu'il s'est produit*) pour qu'il soit dû à la cause C_i étant x, la probabilité composée pour que l'événement se soit produit et soit dû à la cause C_i sera donc

$$x(\varpi_1 p_1 + \varpi_2 p_2 + \ldots + \varpi_n p_n),$$

d'où

$$x = \frac{\varpi_i p_i}{\varpi_1 p_1 + \varpi_2 p_2 + \ldots + \varpi_n p_n}.$$

Ou bien encore, partons de la formule

$$(B)(A \text{ si } B) = (A)(B \text{ si } A),$$

démontrée au paragraphe 12. Écrivons

$$(C_i)(A \text{ si } C_i) = (A)(C_i \text{ si } A).$$

(C_i) c'est la probabilité *a priori* de la cause, sans savoir si l'effet A s'est produit : c'est ϖ_i.

(A si C_i) c'est la probabilité de l'effet, sachant que la cause C_i a agi : c'est p_i.

(C_i si A) c'est la probabilité *a posteriori* de la cause, sachant que l'effet A s'est produit : c'est x.

La probabilité (A) est une constante, indépendante de C_i.

L'égalité précédente exprime donc que (C_i si A) est proportionnel au produit (C_i) (A si C_i); c'est-à-dire que x est proportionnel à $p_i \varpi_i$.

97. A l'écarté, un adversaire donne et tourne le roi; quelle est la probabilité que ce soit un grec?

Soient ϖ_1 la probabilité *a priori* pour qu'il ne soit pas grec; ϖ_2, pour qu'il le soit. Dans le premier cas, la probabilité pour qu'il tourne le roi est $\frac{1}{8}$; dans le second, elle est 1. La probabilité *a posteriori* qu'on a affaire à un grec est

$$\frac{\varpi_2}{\dfrac{\varpi_1}{8} + \varpi_2}.$$

Si l'on suppose $\varpi_2 = \varpi_1$, dans l'ignorance où l'on est de l'honnêteté de son adversaire, cette probabilité est de $\frac{8}{9}$. Elle serait donc énorme.

Fort heureusement, il est permis en général de supposer *a priori*,

$$\varpi_2 < \varpi_1.$$

98. Dans une urne, dont la composition est inconnue, il y a N boules; nous effectuons μ tirages, en remettant chaque fois la boule tirée, et nous ne tirons que des boules blanches. Quelle est la probabilité pour que l'urne contienne n boules blanches?

Soit ϖ_n la probabilité *a priori* pour qu'il y ait n blanches et soit p_n la probabilité pour qu'on amène μ blanches.

$$p_n = \left(\frac{n}{N}\right)^\mu.$$

Après les tirages, la probabilité pour que l'urne renferme n blanches est donnée par la formule, et, après la suppression du facteur $\left(\frac{1}{N}\right)^\mu$, commun aux deux termes de la fraction, elle est égale à

$$\frac{\varpi_n\, n^\mu}{\varpi_1\, 1^\mu + \varpi_2\, 2^\mu + \ldots + \varpi_N\, N^\mu}.$$

99. Il faut connaître *a priori* ϖ_1, ϖ_2, ..., ϖ_N, sur lesquelles on peut faire plusieurs hypothèses.

Supposons, par exemple, que toutes les compositions de l'urne sont également probables, c'est-à-dire tous les ϖ égaux. Chacun d'eux vaudra $\dfrac{1}{N+1}$, car il y a $N+1$ compositions possibles de l'urne, en comprenant celle où il n'y a aucune boule blanche. La fraction précédente se réduit à

$$\frac{n^\mu}{1^\mu + 2^\mu + \ldots + N^\mu}.$$

Supposons, en second lieu, que l'on ait placé successivement les N boules dans l'urne, les unes blanches et les autres noires, en laissant au sort chaque fois le soin de décider la couleur.

La probabilité qu'on mettra une blanche sera chaque fois $\dfrac{1}{2}$, et la probabilité que, finalement, sur N boules, l'urne en contiendra n blanches sera évaluée par la formule

$$\frac{m!}{\alpha!\,(m-\alpha)!}\, p^\alpha q^{m-\alpha},$$

où l'on fera

$$m = N, \qquad \alpha = n, \qquad p = q = \frac{1}{2};$$

ce qui donne

$$\frac{N!}{n!\,(N-n)!} \left(\frac{1}{2}\right)^N.$$

Ainsi la probabilité *a priori* ϖ_n, pour qu'il y ait n blanches, sera proportionnelle à un coefficient du binôme, et, dans l'expression de la probabilité *a posteriori* pour qu'il y ait n blanches, nous n'aurons qu'à faire les ϖ égaux à ces divers coefficients,

$$\varpi_n = \frac{N!}{n!\,(N-n)!}.$$

100. Le résultat sera très différent du précédent.

Soit N très grand ;

$$1^\mu + 2^\mu + \ldots + N^\mu$$

sera un polynome de degré $\mu + 1$ en N, que je puis réduire à son terme de degré le plus élevé, $\dfrac{N^{\mu+1}}{\mu + 1}$.

La probabilité dans la première hypothèse deviendra ainsi

$$\frac{n^\mu(\mu + 1)}{N^{\mu+1}},$$

et, pour $\mu = 2$, par exemple, elle vaudra $\dfrac{3\,n^2}{N^3}$.

Dans la seconde hypothèse, évaluons d'abord $\varpi_n\, n^\mu$, pour la même valeur 2 de μ.

$$\varpi_n\, n^2 = n^2 \frac{N!}{n!\,(N - n)!}.$$

Évaluons ensuite le dénominateur

$$\varpi_1\, 1^\mu + \varpi_2\, 2^\mu + \ldots + \varpi_N\, N^\mu.$$

Pour cela considérons l'expression

$$1 + e^x \varpi_1 + e^{2x} \varpi_2 + \ldots + e^{Nx} \varpi_N,$$

qui n'est autre que le développement de

$$(1 + e^x)^N.$$

Je différentie deux fois par rapport à x

$$1^2 e^x \varpi_1 + 2^2 e^{2x} \varpi_2 + \ldots + N^2 e^{Nx} \varpi_N.$$

Il suffit de faire $x = 0$ pour retrouver le dénominateur que nous voulons connaître quand $\mu = 2$.

Ce dénominateur est donc le double du coefficient de x^2

dans le développement de $(1 + e^x)^N$ suivant les puissances de x; or, en nous arrêtant aux termes en x^2,

$$(1 + e^x)^N = \left(2 + x + \frac{x^2}{2}\right)^N = 2^N \left(1 + \frac{x}{2} + \frac{x^2}{4}\right)^N,$$

c'est-à-dire

$$2^N \left[1 + \frac{N x}{2} + \frac{N(N-1)}{8} x^2 + \frac{N x^2}{4}\right].$$

Le terme du degré le plus élevé en N à l'intérieur de la parenthèse est $\frac{N^2}{8} x^2$. Le dénominateur dont nous cherchons la valeur est donc approximativement le double de $2^N \frac{N^2}{8}$, c'est-à-dire vaut $2^{N-2} N^2$.

Ainsi, dans la seconde hypothèse, la probabilité pour que l'urne contienne n boules blanches est

$$\frac{N!}{n!(N-n)!} \frac{n^2}{N^2} \frac{1}{2^{N-2}};$$

elle est beaucoup plus petite que dans la première hypothèse.

En effet, comme on l'a vu à propos du théorème de Bernoulli,

$$\frac{N!}{n!(N-n)!} \frac{1}{2^N}$$

est très petit, sauf quand n et $N - n$ sont sensiblement égaux à p et q, c'est-à-dire ici à $\frac{1}{2}$.

101. Deux joueurs d'échecs ont joué $n + m$ parties : le premier en a gagné n, le second m. Si $n > m$, on doit supposer le premier plus fort.

Si une nouvelle partie s'engage, le premier aura plus de chances de la gagner.

Quelqu'un de bien informé pourra se représenter par p la probabilité pour que ce joueur gagne. Mais, pour moi qui n'ai jamais vu jouer cet individu, je ne connais pas p; je vais chercher à m'en faire une idée.

La probabilité pour que p soit compris entre p_0 et p_1 se représente par

$$\int_{p_0}^{p_1} f(p)\,dp,$$

où la fonction $f(p)$ est inconnue.

La probabilité pour que p soit compris entre p et $p + dp$ sera *a priori* $f(p)\,dp$; c'est elle qui correspond à ϖ_i.

A la probabilité p_i correspond

$$\frac{(n+m)!}{n!\,m!}\, p^n q^m.$$

La cause considérée est en effet que la probabilité de gagner soit p pour le premier joueur.

La probabilité que ce premier joueur gagne n parties, p étant sa probabilité de gagner à chacune des $n + m$ parties, sera

$$\frac{(n+m)!}{n!\,m!}\, p^n q^m.$$

Quelle est la probabilité *a posteriori* que p est compris entre p et $p + dp$?

Ici $\varpi_i p_i$, en remplaçant q par $1 - p$, est égal à

$$p^n (1-p)^m \frac{(n+m)!}{n!\,m!}\, f(p)\,dp.$$

La somme des $\varpi_i p_i$ sera

$$\int_0^1 p^n (1-p)^m \frac{(n+m)!}{n!\,m!}\, f(p)\,dp;$$

P.

cette intégrale doit être prise de o à 1, car la probabilité p est comprise certainement entre ces limites.

On fait généralement l'hypothèse

$$f(p) = 1,$$

faute d'autres renseignements.

L'intégrale s'évalue alors simplement; elle devient

$$\frac{(n+m)!}{n!\,m!} \int_0^1 p^n (1-p)^m \, dp.$$

L'on est ramené à l'intégrale eulérienne de première espèce

$$B(n+1, m+1) = \frac{\Gamma(n+1)\,\Gamma(m+1)}{\Gamma(n+m+2)};$$

les Γ sont ici des factorielles, et cette expression n'est autre que

$$\frac{n!\,m!}{(n+m+1)!}.$$

Ainsi l'intégrale qui représentait la somme des $\varpi_i\,p_i$ est simplement égale à $\dfrac{1}{n+m+1}$, et la probabilité *a posteriori* pour que p soit compris entre p et $p+dp$ est

$$\varphi(p)\,dp = \frac{(n+m+1)!}{n!\,m!} p^n (1-p)^m \, dp.$$

102. Quelle va être la probabilité pour que ce joueur gagne la partie suivante?

Cette probabilité s'obtient facilement. La probabilité pour que p soit compris entre p et $p+dp$ est $\varphi(p)\,dp$; la probabilité, lorsqu'il en est ainsi, de gagner la partie suivante pour le joueur est p; en vertu de la probabilité composée, la réunion de ces deux conditions a pour probabilité $p\varphi(p)\,dp$.

On intégrera cet élément de o à 1, d'où

$$\int_0^1 p\,\varphi(p)\,dp.$$

Si l'on remplace $\varphi(p)$ par sa valeur, il vient

$$\frac{(n+m+1)!}{n!\,m!}\int_0^1 p^{n+1}(1-p)^m\,dp.$$

C'est encore une intégrale eulérienne, et l'on arrive à

$$\frac{(n+m+1)!}{n!\,m!}\,\frac{(n+1)!\,m!}{(n+m+2)!}$$

ou

$$\frac{n+1}{n+m+2}.$$

Si j'avais appliqué le même raisonnement à un jeu de hasard, je n'aurais pas eu le droit de supposer $f(p)=1$. A *priori*, en effet, p devait égaler $\frac{1}{2}$. Donc $f(p)$ devait être infini pour $p=\frac{1}{2}$.

103. Représentons par N le *nombre total des petites planètes*; parmi elles, un certain nombre M sont connues. Dans une année, on en observe n parmi lesquelles m planètes connues.

On demande la valeur probable de N.

La valeur de N ne peut différer beaucoup de $\frac{Mn}{m}$, mais cette évaluation au jugé ne suffit pas : il faut s'occuper de l'écart probable entre le nombre véritable et le nombre probable.

Voici comment nous procéderons :

En premier lieu, nous supposerons connue la probabilité pour que, pendant l'année d'observation, une planète existante ait été observée; soit p cette probabilité : nous admettrons qu'elle est la même pour les planètes connues et inconnues.

Comme nous avons observé n planètes, la valeur probable de N semble, au premier abord, devoir être égale à $\dfrac{n}{p}$; mais il n'est pas possible que cette valeur soit tout à fait exacte : les nombres 1, 2, ..., N ont des probabilités propres que j'appelle ϖ_1, ϖ_2, ..., ϖ_N, et la valeur probable de N sera :

$$\varpi_1 + 2\varpi_2 + \ldots + N\varpi_N.$$

Si l'on suppose p donné, et tous les nombres 1, 2, ..., N également probables, on arrivera, comme nous le montrerons, à $\dfrac{n+q}{p}$ pour la valeur probable de N.

Ce premier point résolu, nous nous poserons un autre problème; nous avons supposé p connu, nous ne le supposerons plus, et nous déterminerons ensuite la valeur probable de N en fonction de m et M, ce qui nous donnera un résultat très voisin de $\dfrac{Mn}{m}$, comme nous l'avons prévu plus haut.

104. J'appelle donc ϖ_N la probabilité *a priori* pour qu'il y ait N planètes; p_N la probabilité pour que, s'il y a ainsi N planètes, on en observe n dans l'année.

La probabilité *a posteriori* pour qu'il y ait en tout N planètes est une probabilité de cause; elle s'exprime par

$$\frac{\varpi_N \, p_N}{\Sigma \varpi_N \, p_N}.$$

Comme première hypothèse sur les ϖ, supposons-les tous égaux ; la formule précédente se réduit à

$$\frac{p_N}{\Sigma p_N}.$$

Pour calculer p_N, appliquons le théorème des épreuves répétées. La probabilité que, sur N planètes, on en observera n dans l'année est

$$p_N = \frac{N!}{n!\,(N-n)!}\, p^n q^{N-n},$$

p étant la probabilité pour qu'une planète, si elle existe, soit observée ; q la probabilité pour qu'elle ne le soit pas.

n est une valeur constante : c'est la plus petite que puisse prendre N. Faisons croître N indéfiniment,

$$\Sigma p_N = p^n + \frac{n+1}{1}\, p^n q + \frac{(n+1)(n+2)}{1.2}\, p^n q^2 + \ldots$$
$$= p^n(1-q)^{-(n+1)} = F(p,q).$$

Si j'introduis maintenant la relation $p = 1 - q$

$$\Sigma p_N = p^n p^{-(n+1)} = \frac{1}{p}.$$

Avec l'hypothèse faite sur les ϖ, la probabilité pour qu'il y ait N planètes est donc pp_N.

105. La valeur probable de N est

$$\frac{\Sigma N p_N}{\Sigma p_N}.$$

Il est un peu plus simple de calculer la valeur probable de $N - n$, soit

$$\frac{\Sigma(N-n)p_N}{\Sigma p_N}.$$

Posons

$$A = \frac{N!}{n!\,(N-n)!};$$

alors

$$\Sigma p_N = \Sigma A\, p^n q^{N-n},$$
$$\Sigma(N-n) p_N = \Sigma A\, p^n (N-n) q^{N-n}.$$

Pour évaluer le second membre il suffit de différentier $F(p, q)$ par rapport à q, et de multiplier le résultat par q,

$$q\frac{dF}{dq} = p^n q\,(n+1)(1-q)^{-(n+2)};$$

faisons après cette différentiation $1 - q = p$. Il reste

$$\frac{(n+1)q}{p^2}.$$

En vertu d'une précédente démonstration, cette expression est égale à $\Sigma A p^n (N-n) q^{N-n}$. Comme d'autre part

$$\Sigma p_N = \frac{1}{p},$$

la valeur probable de $N - n$ est

$$\frac{\dfrac{(n+1)q}{p^2}}{\dfrac{1}{p}} = \frac{(n+1)q}{p}.$$

Par suite, la valeur probable de N est

$$\frac{(n+1)q}{p} + n = \frac{n+q}{p}.$$

Cette quantité diffère très peu de $\dfrac{n}{p}$, comme il était prévu. En effet

$$\frac{n+q}{p} = \frac{n+1}{p} - 1.$$

106. Considérons maintenant la valeur de p comme inconnue; je supposerai qu'on veuille connaître quelle est la probabilité pour que p soit compris entre p et $p + dp$.

Ici, la probabilité *a priori*, ϖ_i, pour qu'il en soit ainsi, sera

$$\varpi_i = f(p)\, dp,$$

où $f(p)$ est une fonction inconnue de p.

p_i sera la probabilité pour que, si p a une valeur déterminée, l'événement observé se produise, c'est-à-dire pour que, sur M planètes, on en observe m.

$$p_i = \frac{M!}{m!\,(M - m)!}\, p^m q^{M-m}.$$

Toutes les valeurs possibles de p sont comprises entre o et 1. On a donc

$$\frac{\varpi_i p_i}{\Sigma \varpi_i p_i} = \frac{\dfrac{M!}{m!\,(M - m)!}\, p^m q^{M-m} f(p)\, dp}{\dfrac{M!}{m!\,(M - m)!} \displaystyle\int_0^1 p^m q^{M-m} f(p)\, dp}.$$

Quel est le nombre probable pour N? Nous multiplierons le numérateur par $\dfrac{n + q}{p}$, et nous intégrerons de o à 1. Cette valeur probable $\overline{N}$ est égale à

$$\overline{N} = \frac{\displaystyle\int_0^1 p^m q^{M-m} \frac{n + q}{p} f(p)\, dp}{\displaystyle\int_0^1 p^m q^{M-m} f(p)\, dp}.$$

Ce résultat dépend de $f(p)$; supposons cette fonction égale à 1, et remplaçons aussi $\dfrac{n+q}{p}$ par $\dfrac{n+1}{p} - 1$.

$$\overline{N} = \frac{\displaystyle\int_0^1 p^m q^{M-m}\,\frac{n+1}{p}\,dp - \int_0^1 p^m q^{M-m}\,dp}{\displaystyle\int_0^1 p^m q^{M-m}\,dp}.$$

$$\overline{N} = \frac{(n+1)\displaystyle\int_0^1 p^{m-1} q^{M-m}\,dp}{\displaystyle\int_0^1 p^m q^{M-m}\,dp} - 1.$$

Posons

$$\overline{N} = (n+1)J - 1.$$

J est le rapport de deux intégrales qui sont encore des intégrales eulériennes.

$$J = \frac{\dfrac{\Gamma(m)\,\Gamma(M-m+1)}{\Gamma(M+1)}}{\dfrac{\Gamma(m+1)\,\Gamma(M-m+1)}{\Gamma(M+2)}} = \frac{\Gamma(M+2)\,\Gamma(m)}{\Gamma(M+1)\,\Gamma(m+1)},$$

$$J = \frac{M+1}{m},$$

et par conséquent

$$\overline{N} = \frac{(n+1)(M+1)}{m} - 1.$$

Cette valeur est très voisine de $\dfrac{Mn}{m}$, ainsi que nous l'avons annoncé.

CHAPITRE X.

LA THÉORIE DES ERREURS ET LA MOYENNE ARITHMÉTIQUE.

107. Je suppose qu'on ait effectué différentes mesures

$$x_1, \quad x_2, \quad \ldots, \quad x_n$$

d'une même grandeur : quelle est la probabilité pour que la véritable valeur soit comprise entre z et $z + dz$?

Il faut introduire une *loi des erreurs*. Je suppose que la véritable valeur de la grandeur à mesurer soit z ; quelle est la probabilité pour que le résultat de l'observation soit compris entre x_1 et $x_1 + dx_1$? Je pourrai dans tous les cas représenter cette probabilité par

$$dx_1 \, \varphi(x_1, z).$$

Cette loi des erreurs étant admise par convention, quelle est la probabilité pour que z soit compris entre z et $z + dz$?

C'est un problème de probabilité des causes, et nous allons calculer

$$\frac{\varpi_i p_i}{\Sigma \varpi_i p_i}.$$

ϖ_i est la probabilité *a priori* pour que z soit compris entre z et $z + dz$; cette probabilité sera représentée par

$$\varpi_i = \psi(z) \, dz,$$

ψ étant une fonction qui dépendra de ce que nous savons sur z.

p_i est la probabilité pour que, à supposer que la quantité observée soit z, les observations aient donné des résultats compris entre

$$x_1 \text{ et } x_1 + dx_1, \quad x_2 \text{ et } x_2 + dx_2, \quad \ldots, \quad x_n \text{ et } x_n + dx_n.$$

La probabilité respective de ces événements est

$$dx_1\, \varphi(x_1, z), \quad dx_2\, \varphi(x_2, z), \quad \ldots, \quad dx_n\, \varphi(x_n, z).$$

p_i est la probabilité pour que tous ces événements se soient produits à la fois ; comme ces événements sont indépendants, c'est une probabilité composée

$$p_i = dx_1\, dx_2 \ldots dn_n\, \varphi(x_1, z)\, \varphi(x_2, z) \ldots \varphi(x_n, z).$$

La probabilité *a posteriori* cherchée a pour numérateur

$$dz\, dx_1\, dx_2 \ldots dx_n\, \psi(z)\, \varphi(x_1, z)\, \varphi(x_2, z) \ldots \varphi(x_n, z).$$

Pour obtenir le dénominateur $\Sigma \varpi_i p_i$, il faut intégrer cette expression par rapport à z seulement. Dans le quotient, $dx_1, dx_2, \ldots, dx_n$ sont des constantes qui disparaîtront, et il restera pour la probabilité

$$\frac{dz\, \psi(z)\, \varphi(x_1, z)\, \varphi(x_2, z) \ldots \varphi(x_n, z)}{\displaystyle\int_{-\infty}^{+\infty} dz\, \psi(z)\, \varphi(x_1, z)\, \varphi(x_2, z) \ldots \varphi(x_n, z)}.$$

108. Cela ne nous apprendrait pas grand'chose si nous n'avions aucune donnée sur φ et ψ. On a donc fait une hypothèse sur φ, et cette hypothèse a été appelée *loi des erreurs*.

Elle ne s'obtient pas par des déductions rigoureuses ; plus d'une démonstration qu'on a voulu en donner est grossière, entre autres celle qui s'appuie sur l'affirmation que la probabilité des écarts est proportionnelle aux écarts. Tout le monde y croit cependant, me disait un jour M. Lippmann, car les expérimentateurs s'imaginent que c'est un théorème de mathématiques, et les mathématiciens que c'est un fait expérimental.

Voici comment Gauss y est arrivé.

Lorsque nous cherchons la meilleure valeur à donner à z, nous n'avons pas d'autre ressource que de prendre la moyenne entre x_1, x_2, ..., x_n, en l'absence de toute considération qui justifierait un autre choix. Il faut donc que la loi des erreurs s'adapte à cette façon d'opérer. Gauss cherche quelle doit être φ *pour que la valeur la plus probable soit la valeur moyenne.*

109. Si dz est constant, la probabilité pour que z soit compris dans l'intervalle dz est

$$\psi(z)\,\varphi(x_1, z)\,\varphi(x_2, z)\ldots\varphi(x_n, z)\,dz.$$

La valeur la plus probable sera celle pour laquelle cette fonction sera maximum. Supposons ce maximum atteint quand z est la moyenne.

Gauss a d'abord égalé la fonction ψ à 1, puis il a admis que $\varphi(x_1, z)$ était de la forme $\varphi(z - x_1)$.

Quelle doit être alors la fonction φ pour que

$$\varphi(z - x_1)\,\varphi(z - x_2)\ldots\varphi(z - x_n)$$

soit maximum avec cette valeur de z?

Égalons à zéro la dérivée logarithmique de l'expression précédente par rapport à z,

$$\frac{\varphi'(z - x_1)}{\varphi(z - x_1)} + \frac{\varphi'(z - x_2)}{\varphi(z - x_2)} + \ldots + \frac{\varphi'(z - x_n)}{\varphi(z - x_n)} = 0.$$

Je pose

$$\frac{\varphi'(z-x_1)}{\varphi(z-x_1)} = F(x_1).$$

L'équation à vérifier devient

$$F(x_1) + F(x_2) + \ldots + F(x_n) = 0.$$

Cette condition devra être réalisée toutes les fois que

$$x_1 + x_2 + \ldots + x_n = nz.$$

Je vais donner à x_1, x_2, ..., x_n des accroissements dx_1, dx_2, ..., dx_n; z restant constant, la somme des x doit rester constante et l'on doit avoir

$$F'(x_1)\,dx_1 + F'(x_2)\,dx_2 + \ldots + F'(x_n)\,dx_n = 0,$$
$$dx_1 + dx_2 + \ldots + dx_n = 0.$$

Ces deux équations doivent être identiques, d'où

$$F'(x_1) = F'(x_2) = \ldots = F'(x_n),$$

c'est-à-dire que $F'(x_1)$ est une constante que je représente par $-a$.

$$F(x_1) = a(z-x_1) + b,$$

et

$$\log \varphi(z-x_1) = \frac{a(z-x_1)^2}{2} + b(z-x_1) + c.$$

Déterminons les constantes a, b, c.

$$F(x_1) + F(x_2) + \ldots + F(x_n) = \Sigma a(z-x_1) + nb = 0,$$
$$x_1 + x_2 + \ldots + x_n - nz = -\Sigma(z-x_1) = 0.$$

Comme ces deux équations doivent être identiques, on a

$$b = 0,$$

et l'on peut écrire

$$\varphi(z - x_1) = e^c e^{\frac{a(z - x_1)^2}{2}};$$

c se détermine par la condition

$$\int_{-\infty}^{+\infty} \varphi(z - x_1)\, dx_1 = 1.$$

En posant

$$- a = 2h,$$
$$z - x_1 = y,$$

on trouve

$$\varphi(y) = \sqrt{\frac{h}{\pi}}\, e^{-hy^2}.$$

110. J. Bertrand présente les objections suivantes :

La fonction φ a été prise sous la forme $\varphi(z - x_1)$, tandis qu'en réalité elle devrait être $\varphi(z, x_1)$. De plus, on a fait $\psi(z) = 1$, et l'on ne peut l'affirmer *a priori*.

Autre objection : La moyenne est-elle la valeur *la plus probable* ou la valeur *probable?* Ce n'est pas la même chose.

Supposons qu'une certaine grandeur x puisse prendre pour valeur

$$1, \quad 2, \quad \ldots, \quad n-1 \quad \text{ou} \quad n,$$

et que chacune de ces valeurs ait pour probabilité

$$p_1, \quad p_2, \quad \ldots, \quad p_n,$$

de telle sorte que

$$p_1 + p_2 + \ldots + p_n = 1.$$

La valeur *probable* de x sera *par définition*

$$\overline{x} = p_1 + 2p_2 + \ldots + np_n.$$

La valeur *la plus probable* de x sera celle qui correspond au plus grand des nombres p.

Dans le cas du problème des erreurs, la valeur probable de z est donc représentée par le rapport

$$\frac{\int_{-\infty}^{+\infty} dz\, z\, \psi(z)\, \varphi(x_1, z)\, \varphi(x_2, z) \ldots \varphi(x_n, z)}{\int_{-\infty}^{+\infty} dz\, \psi(z)\, \varphi(x_1, z)\, \varphi(x_2, z) \ldots \varphi(x_n, z)}$$

J. Bertrand dit que Gauss aurait dû chercher, non pas la condition pour que la moyenne soit la valeur la plus probable de z, mais la condition pour que la moyenne soit la valeur probable de z.

111. On peut chercher à s'affranchir des hypothèses que nous avons faites, à savoir que $\varphi(x_1, z)$ était de la forme $\varphi(z - x_1)$ et que $\psi(z)$ était égale à 1; on peut se demander quelle forme on pouvait donner à ces deux fonctions pour que la moyenne arithmétique de $x_1, x_2, \ldots, x_n$ fût bien la valeur la plus probable de z.

En d'autres termes, cette moyenne arithmétique, comme nous l'avons déjà dit, doit rendre maximum

$$\psi(z)\, \varphi(x_1, z)\, \varphi(x_2, z) \ldots \varphi(x_n, z).$$

Quand il y a maximum, la dérivée logarithmique est nulle; c'est-à-dire que si l'on pose

$$\frac{\varphi'_z(x_1, z)}{\varphi(x_1, z)} = F(x_1, z),$$

$$\frac{\psi'(z)}{\psi(z)} = \chi,$$

on doit avoir

$$F(x_1, z) + F(x_2, z) + \ldots + F(x_n, z) + \chi = 0.$$

Cette égalité doit être satisfaite par la valeur de z que définit l'équation

$$x_1 + x_2 + \ldots + x_n = nz.$$

Je vais donner à x_1, x_2, ..., x_n des accroissements dx_1, dx_2, ..., dx_n. Je suppose que z ne change pas et que la dernière égalité continue à être satisfaite; χ est alors une constante, et

$$\frac{d\mathrm{F}(x_1)}{dx_1} dx_1 + \frac{d\mathrm{F}(x_2)}{dx_2} dx_2 + \ldots + \frac{d\mathrm{F}(x_n)}{dx_n} dx_n = 0,$$

$$dx_1 + dx_2 + \ldots + dx_n = 0.$$

Ceci ne peut avoir lieu que si

$$\frac{d\mathrm{F}(x_1)}{dx_1} = \frac{d\mathrm{F}(x_2)}{dx_2} = \ldots = \frac{d\mathrm{F}(x_n)}{dx_n}.$$

Donc

$$\frac{d\mathrm{F}}{dx_1} = \mathrm{A}',$$

où A' est fonction de z seulement; et

$$\mathrm{F} = \mathrm{A}' x_1 + \mathrm{B}',$$

B' étant aussi fonction de z seulement.

La condition à remplir devient

$$\mathrm{A}'(x_1 + x_2 + \ldots + x_n) + n\mathrm{B}' + \chi = 0,$$

c'est-à-dire

$$n(\mathrm{A}'z + \mathrm{B}') + \chi = 0.$$

Cette relation doit être satisfaite quels que soient z et n; donc

$$\chi = 0,$$

c'est-à-dire que $\psi(z)$ est constant et que

$$\mathrm{A}'z + \mathrm{B}' = 0.$$

Voilà ce que deviendrait l'analyse de Gauss si l'on voulait la reprendre en tenant compte de la première observation de J. Bertrand.

112. De
$$F(x_1, z) = A' x_1 + B',$$

on déduit aisément

$$\log \varphi(x_1, z) = A x_1 + B + \log \theta(x_1).$$

$\log \theta(x_1)$ représente une fonction de x_1 seulement; A et B sont des fonctions de z, admettant des dérivées A' et B', telles que
$$A' z + B' = 0.$$
Ainsi
$$\varphi(x_1, z) = \theta(x_1) e^{A x_1 + B}$$

Tel serait le résultat sans autre condition que le postulat de Gauss sur la valeur moyenne.

Il entre encore deux fonctions arbitraires, θ et A; B est lié à A par une relation.

113. Une autre objection a été faite à Gauss.

La quantité qu'on doit prendre pour z, ce n'est pas la valeur la plus probable, c'est la valeur probable. En effet, la valeur la plus probable est celle qui correspond à la plus grande valeur de p; elle peut être très différente de toutes les autres, tandis que celles-ci peuvent se grouper très près l'une de l'autre, ce qui donne fort à croire qu'elles diffèrent très peu de la véritable valeur. Elles n'interviennent pas dans la valeur la plus probable, tandis qu'elles contribuent toutes à la valeur probable qui est par définition

$$x_1 p_1 + x_2 p_2 + \ldots + x_n p_n.$$

La valeur probable de z est

$$\frac{\displaystyle\int_{-\infty}^{+\infty} z\,\psi(z)\,\varphi(x_1, z)\,\varphi(x_2, z)\ldots\varphi(x_n, z)\,dz}{\displaystyle\int_{-\infty}^{+\infty} \psi(z)\,\varphi(x_1, z)\,\varphi(x_2, z)\ldots\varphi(x_n, z)\,dz}$$

$\left(\text{Les deux quantités sous le signe } \int \text{ ne diffèrent que par}\right.$
$\left.\text{le facteur } z \text{ qui figure en haut.}\right)$

Il faut choisir ψ et φ de façon que cette valeur probable soit la valeur moyenne

$$\frac{x_1 + x_2 + \ldots + x_n}{n}.$$

114. Pour cela, je suppose que p observations aient donné le résultat x_1; p autres, le résultat x_2; ...; enfin, les p dernières, le résultat x_n. C'est un même nombre p, et je le suppose très grand.

Les deux intégrales porteront sur p facteurs égaux à $\varphi(x_1, z)$, sur p facteurs égaux à $\varphi(x_2, z)$, ..., sur p facteurs égaux à $\varphi(x_n, z)$.

Je pose

$$\Phi = \varphi(x_1, z)\,\varphi(x_2, z)\ldots\varphi(x_n, z).$$

Il s'agit de vérifier que

$$\frac{\displaystyle\int_{-\infty}^{+\infty} z\,\psi(z)\,\Phi^p\,dz}{\displaystyle\int_{-\infty}^{+\infty} \psi(z)\,\Phi^p\,dz} = \frac{x_1 + x_2 + \ldots + x_n}{n}.$$

Cette égalité devra avoir lieu quelque grand que soit p.

Si, au lieu de deux $\int$, nous avions le rapport de deux $\sum$, nous aurions à considérer le rapport

$$\frac{a_1 X_1^p + a_2 X_2^p + \ldots + a_n X_n^p}{b_1 X_1^p + b_2 X_2^p + \ldots + b_n X_n^p},$$

où les X_1, X_2, ..., X_n seraient fonctions des x_1, x_2, ..., x_n et les a_1, a_2, ..., a_n, b_1, b_2, ..., b_n des fonctions de z.

Je suppose positives toutes les quantités X. Quelle est la limite de ce rapport quand p croît indéfiniment? Soit X_i la plus grande des quantités X : la limite sera $\dfrac{a_i}{b_i}$.

En effet, ce rapport peut s'écrire

$$\frac{\sum a_k \left(\dfrac{X_k}{X_i}\right)^p}{\sum b_k \left(\dfrac{X_k}{X_i}\right)^p}.$$

Toutes les fractions $\dfrac{X_k}{X_i}$ sont plus petites que 1, sauf une seule, celle qui correspond à $k = i$. Donc, quand p augmente indéfiniment, le rapport considéré a bien pour limite $\dfrac{a_i}{b_i}$.

Étendons ce résultat aux intégrales

$$\int \varphi_1(z)\, \Phi^p\, dz \qquad \text{et} \qquad \int \varphi_2(z)\, \Phi^p\, dz;$$

$\varphi_1(z)$ joue le même rôle que a_i, et $\varphi_2(z)$ que b_i. Quelle est la limite du rapport de ces intégrales? Soit z_0 la quantité qui rend Φ maximum. Cette limite sera

$$\frac{\varphi_1(z_0)}{\varphi_2(z_0)},$$

c'est-à-dire ici

$$\frac{z_0\, \psi(z_0)}{\psi(z_0)} = z_0.$$

Cette quantité z_0 doit être la moyenne arithmétique.

115. Nous revenons à la même question que précédemment : Φ doit être maximum quand z est la moyenne arithmétique. Nous connaissons la condition pour qu'il en soit ainsi; c'est

$$\varphi(x_1, z) = \theta(x_1)\, e^{A x_1 + B},$$

les dérivées A' et B' des fonctions de z, A et B, étant liées par

$$A'z + B' = 0.$$

Quand on suppose que φ dépend seulement de la différence $z - x_1$, sa dérivée logarithmique par rapport à z,

$$A'x_1 + B'$$

doit être du premier degré en $z - x_1$; alors

$$\varphi(z - x_1) = C e^{A'(z - x_1)^2}.$$

A' et $\theta(x_1)$ sont constants.

Dans le cas général, c'est-à-dire quand on ne suppose pas que φ dépend seulement de $z - x_1$, il reste pour $\varphi(x_1, z)$ trois fonctions arbitraires à déterminer : d'abord $\psi(z)$, que l'analyse actuelle ne permet plus de déclarer constant comme dans le calcul de la valeur la plus probable; puis $\theta(x_1)$; puis A. Quant à B, il est lié à A par une relation.

116. Il s'agit de déterminer un peu plus complètement ces fonctions arbitraires.

Je vais supposer p observations donnant pour résultat x_1 : la moyenne arithmétique sera x_1; alors

$$\Phi = \theta(x_1)\, e^{A x_1 + B}$$

et l'on doit avoir

$$\int z\,\psi(z)\,\Phi^p\,dz = x_1 \int \psi(z)\,\Phi^p\,dz;$$

d'où

$$\theta^p \int (z - x_1)\,\psi(z)\,e^{p(\mathbf{A}x_1 + \mathbf{B})}\,dz = 0.$$

Cette relation doit être satisfaite quels que soient p et x_1. θ^p a pu sortir du signe $\int$ puisqu'il ne contient pas z, et nous ne pourrons le déterminer par cette condition.

117. Cherchons $\psi(z)$.

$\mathbf{A}x_1 + \mathbf{B}$ est une fonction de z qui atteint son maximum pour $z = x_1$; soit u_0^2 ce maximum. Je puis donc poser

$$\mathbf{A}x_1 + \mathbf{B} = u_0^2 - u^2;$$

u sera réel.

De même

$$\int_{x_1}^{z} (z - x_1)\,\psi(z)\,dz$$

est une intégrale qui est toujours positive et ne s'annule que pour $z = x_1$; je puis donc la poser égale à v^2, d'où

$$\mathbf{A}x_1 + \mathbf{B} = u_0^2 - u^2,$$
$$(z - x_1)\,\psi(z)\,dz = 2\,v\,dv.$$

Pour achever de définir u et v il faut s'en donner le signe, car nous avons seulement défini u^2 et v^2. Nous conviendrons de donner à u et à v le signe $+$ si z est plus grand que x_1 et le signe $-$ dans le cas contraire; u et v sont donc toujours de même signe.

D'ailleurs

$$u_0^2 = \mathbf{A}(x_1)\,x_1 + \mathbf{B}(x_1).$$

L'intégrale examinée devient, en faisant sortir une constante,

$$\int 2v\,dv\,e^{-pu^2}.$$

Je puis supposer v exprimé en fonction de u,

$$2v\,dv = f(u)\,du,$$

et alors

$$\int f(u)\,e^{-pu^2}\,du$$

doit être nulle, quel que soit p, lorsque les limites sont $-\infty$ et $+\infty$.

118. Cela ne peut arriver que si $f(u)$ est une fonction impaire. En changeant u en $-u$, on aurait

$$\int f(-u)\,e^{-pu^2}\,du = 0,$$

d'où

$$\int [f(u) + f(-u)]\,e^{-pu^2}\,du = 0.$$

Cette relation doit être vraie quelque grand que soit p.
Si $f(u)$ est impaire

$$f(u) + f(-u) = 0.$$

Si $f(u)$ n'est pas impaire, je développe suivant les puissances croissantes de u. L'intégrale ne pourra être égalée à zéro quel que soit p.

En effet,

$$f(u) + f(-u) = \alpha u^{2n} + \beta u^{2n+2} + \ldots.$$

Je vais poser

$$u\sqrt{p} = \xi;$$

l'intégrale va devenir

$$\int\left(\frac{\alpha\xi^{2n}}{p^n} + \frac{\beta\xi^{2n+2}}{p^{n+1}} + \ldots\right)e^{-\xi^2}\frac{d\xi}{p^{\frac{1}{2}}},$$

et elle doit être identiquement nulle.

Si nous multiplions par $p^{n+\frac{1}{2}}$ tous les termes, le premier ne contiendra plus p, et les autres le contiendront encore; l'intégrale, au facteur près $p^{n+\frac{1}{2}}$, se réduira sensiblement pour p très grand à

$$\alpha\int_{-\infty}^{+\infty} e^{-\xi^2}\xi^{2n}\,d\xi,$$

qui n'est pas nulle.

Donc $f(u)$ doit être fonction impaire de u.

119. On a posé

$$(z - x_1)\,\psi(z)\,dz = f(u)\,du.$$

Différentions, en considérant x_1 comme constant, l'autre équation en u,

$$A\,x_1 + B = u_0^2 - u^2;$$

il vient

$$dz(A'x_1 + B') = -2u\,du;$$

or, en tenant compte de la relation

$$A'z + B' = o,$$

$$A'x_1 + B' = A'x_1 - A'z = -A'(z - x_1).$$

Donc

$$A(z - x_1)\,dz = 2u\,du,$$

d'où

$$\frac{\psi(z)}{A'} = \frac{f(u)}{2u}.$$

$\dfrac{f(u)}{u}$ est une fonction paire, donc $\dfrac{\psi(z)}{\mathrm{A}'}$ ne doit pas changer quand on change u en $-u$.

Or $\dfrac{\psi(z)}{\mathrm{A}'}$ n'est pas une fonction de u, mais une fonction de z indépendante de x_1 : je dis qu'elle doit se réduire à une constante.

En effet, je considère deux valeurs quelconques de z, z_1 et z_2, pour lesquelles A et B prennent respectivement les valeurs A_1 et B_1, A_2 et B_2; je vais choisir x_1 de façon que

$$\mathrm{A}_1 x_1 + \mathrm{B}_1 = \mathrm{A}_2 x_1 + \mathrm{B}_2;$$

$u_0^2 - u^2$ reprendra alors la même valeur pour z_1 et z_2.

Donc $\dfrac{f(u)}{u}$ qui n'est fonction que de u^2 reprendra aussi la même valeur et l'on aura

$$\frac{\psi(z_1)}{\mathrm{A}'(z_1)} = \frac{\psi(z_2)}{\mathrm{A}'(z_2)}.$$

Donc $\dfrac{\psi(z)}{\mathrm{A}'}$ est constant.

120. Ainsi la manière la plus générale de satisfaire au postulat de Gauss (modifié conformément à l'objection de J. Bertrand, à savoir que la moyenne est la valeur probable) se traduit par

$$\varphi(x_1, z) = \theta(x_1)\, e^{-\int \psi(z)(z + x_1)\, dz}$$

121. Considérons

$$\int_{-\infty}^{+\infty} \Pi\left(z - \frac{x_1 + x_2 + \ldots + x_n}{n}\right)$$

si

$$\Pi = \psi(z)\, \varphi(x_1, z)\, \varphi(x_2, z) \ldots \varphi(x_n, z)\, dz.$$

Je dis que cette intégrale est nulle, c'est-à-dire que la moyenne est la valeur probable.

Je vais poser

$$\frac{x_1 + x_2 + \ldots + x_n}{n} = x,$$

et

$$\varphi(x_1, z)\,\varphi(x_2, z)\ldots\varphi(x_n, z) = \theta(x_1)\,\theta(x_2)\ldots\theta(x_n)e^{\mathrm{P}}.$$

L'exposant P peut s'écrire

$$\mathrm{P} = -\int \psi(z)\,[(z - x_1) + (z - x_2) + \ldots + (z - x_n)]\,dz,$$

c'est-à-dire

$$\mathrm{P} = -n\int \psi(z)\,(z - x)\,dz.$$

Il reste donc à démontrer que l'intégrale suivante est nulle :

$$\int \theta(x_1)\,\theta(x_2)\ldots\theta(x_n)\,(z - x)\,\psi(z)\,e^{-n\int \psi(z)(z-x)dz}\,dz.$$

Si nous posons

$$\int (z - x)\,\psi(z)\,dz = u^2,$$

d'où

$$(z - x)\,\psi(z)\,dz = 2u\,du,$$

l'intégrale envisagée se réduit à

$$2\theta(x_1)\,\theta(x_2)\ldots\theta(x_n)\int u e^{-nu^2}\,du.$$

Elle est nulle quand u varie de $-\infty$ à $+\infty$.

122. La fonction φ dépend ainsi de ψ, et ψ dépend de la connaissance que nous pouvons avoir *a priori* de la probabilité relative à z.

φ dépend de l'habileté de l'observateur et de la probabilité *a priori* pour qu'il se trompe.

Il n'y a aucune raison pour que ces deux probabilités *a priori* dépendent l'une de l'autre. La seule hypothèse raisonnable est donc de supposer $\psi = 1$ pour retrouver la loi de Gauss.

123. Reste $\theta(x_1)$.

Rien n'oblige à supposer cette fonction égale à 1. On sait, par exemple, que certaines observations, telles que les observations méridiennes, sont sujettes à une cause d'erreur particulière que l'on a appelée l'*erreur décimale*.

Quand on mesure une quantité, quand on effectue une lecture, on évalue le résultat jusqu'à un certain ordre d'unités, et le nombre qu'on donne est celui qui se rapproche le plus, dans cet ordre, de la grandeur qu'on veut connaître.

Or on a remarqué que chaque observateur semble affectionner certaines décimales; on exprimera analytiquement ce fait en disant que $\theta(x_1)$ est périodique, et qu'elle devient maximum pour ces décimales.

124. Quelle opinion faut-il avoir de ce postulat de Gauss? Dire qu'il est admis par tout le monde, ce n'est pas le justifier, car tout le monde n'a peut-être pas une connaissance suffisante de ce qu'est une loi des erreurs.

Si nous avions appliqué les mêmes raisonnements à z^2,

$$z^2 = \frac{x_1^2 + x_2^2 + \ldots + x_n^2}{n},$$

la valeur adoptée pour z eût été

$$z = \sqrt{\frac{x_1^2 + x_2^2 + \ldots + x_n^2}{n}}.$$

On peut se trouver en présence d'une série de mesures portant sur le carré d'une grandeur inconnue, et, d'après le postulat, il faut prendre la moyenne des n quantités directement observées.

J. Bertrand donne comme exemple une aiguille qui indiquerait le carré de l'angle mesuré. Devrait-on prendre la moyenne des lectures de l'aiguille, c'est-à-dire la moyenne du carré des angles, ou la moyenne des angles eux-mêmes? Aucune de ces deux solutions ne serait raisonnable. La mesure de cet angle comporte deux erreurs : 1° l'erreur de visée, et l'erreur de visée probable serait l'erreur moyenne de l'angle; 2° l'erreur de lecture, et l'erreur de lecture probable serait l'erreur moyenne du carré de l'angle.

125. La règle de la moyenne semble donc dénuée de sens. Pourquoi cependant ne nous trompe-t-elle guère? Pourquoi est-il légitime de prendre la moyenne? *C'est, au fond, parce que les erreurs sont très petites.*

Si, au lieu de z, je mesure $f(z)$, et que j'applique à $f(z)$ le postulat de Gauss,

$$f(z) = \frac{f(x_1) + f(x_2) + \ldots + f(x_n)}{n},$$

J'aurai, puisque x_1 est très voisin de z,

$$f(x_1) = f(z) + (x_1 - z)f'(z),$$

et de même avec $x_2, \ldots, x_n$. J'en déduirai

$$f(z) = f(z) + \frac{\Sigma(x_1 - z)f'(z)}{n},$$

c'est-à-dire

$$\Sigma(x_1 - z) = 0$$

ou

$$nz = x_1 + x_2 + \ldots + x_n.$$

On arrive donc au même résultat, qu'on ait mesuré directement la grandeur z ou une fonction quelconque $f(z)$ de cette grandeur.

Voilà, en somme, pourquoi on a le droit de prendre la moyenne.

126. D'un autre côté est-il si exact de se borner à prendre la moyenne? Ce principe est-il si incontesté?

Sur n observations, s'il arrive que $n-1$ soient très voisines l'une de l'autre et que la $n^{\text{ième}}$ en soit très éloignée, prendra-t-on la moyenne? Le résultat serait très différent du centre de gravité des $n-1$ premières observations, des $n-1$ bonnes observations. Certains expérimentateurs écartent la $n^{\text{ième}}$: il y a eu, disent-ils, accident, et cette observation est mauvaise.

Mais alors la valeur prise n'est plus la valeur moyenne : on a eu une raison de rejeter le postulat.

Quand on adopte la loi de Gauss, l'erreur probable sur la moyenne est $\dfrac{1}{\sqrt{n}}$; de sorte qu'en multipliant les observations on devrait aboutir à une précision de plus en plus grande. Et cependant, quand on mesurera un mètre un million de millions de fois, sans vernier, on ne le connaîtra jamais à un millième de millimètre près, à 1 micron près.

Cela s'explique d'ailleurs : pour de très petites grandeurs observées, on ne peut répondre de rien, il n'y a pas davantage de raisons pour que l'erreur soit comprise entre o et 1 micron que pour qu'elle soit comprise entre et 2 microns.

127. Dans le Chapitre XI, j'établirai encore le théorème suivant :

Quand on prend la moyenne, le carré de l'erreur commise est

$$\left(z - \frac{x_1 + x_2 + \ldots + x_n}{n}\right)^2.$$

Quelle que soit la loi des erreurs, Gauss démontre que la valeur probable de cette expression tend vers zéro quand n augmente indéfiniment.

Cela justifie le choix de la moyenne : elle devient de plus en plus probable à mesure que n augmente, sans être la plus probable.

Mais cette manière de justifier le choix de la moyenne *indépendamment de la loi des erreurs* est, pour ainsi dire, une réfutation du raisonnement de Gauss exposé plus haut, puisque ce raisonnement prétend établir qu'une certaine loi très particulière est la *seule* qui puisse justifier l'emploi de la moyenne conformément à la pratique universelle.

Il est assez étrange que cette réfutation soit due à Gauss lui-même.

CHAPITRE XI.

JUSTIFICATION DE LA LOI DE GAUSS.

128. Nous allons adopter la marche suivante :

1° Nous chercherons quelle est pour la loi de Gauss l'expression de la valeur probable de la puissance $p^{\text{ième}}$ de l'erreur ;

2° Nous montrerons que cette loi est la seule pour laquelle cette valeur probable ait cette expression ;

3° Nous chercherons pour une loi quelconque l'expression de cette valeur probable ;

4° Nous chercherons encore cette expression quand l'erreur résultante est la somme de plusieurs erreurs partielles, indépendantes les unes des autres ;

5° Nous chercherons ce qu'elle devient quand les erreurs partielles sont très nombreuses et très petites ;

6° Retrouvant ainsi la même expression qu'avec la loi de Gauss, nous conclurons que la loi de Gauss doit être vraie toutes les fois que l'erreur résultante est due à l'accumulation d'erreurs très petites, très nombreuses et indépendantes ;

7° Nous retrouverons le même résultat par une autre voie.

129. Soit z la quantité à mesurer.

La probabilité pour que le résultat de la mesure soit

compris entre x_1 et $x_1 + dx_1$ peut être représentée par

$$\varphi(x_1, z)\, dx_1.$$

Gauss, nous l'avons dit, suppose que φ **ne dépend que de $z - x_1$** ; la probabilité sera alors $\varphi(z - x_1)\, dx_1$; de plus, il suppose qu'il n'y a pas d'erreur systématique, c'est-à-dire que φ est une fonction paire et ne change pas quand on y substitue $x_1 - z$ à $z - x_1$.

Soit y_1 l'erreur :

$$y_1 = x_1 - z.$$

La probabilité est $\varphi(y_1)\, dy_1$.

Nous aurons à considérer la valeur probable de y_1, et, plus généralement, celle de y_1^p ; ce sera

$$\int_{-\infty}^{+\infty} \varphi(y_1)\, y_1^p\, dy_1.$$

Comme φ est une fonction paire, si p est impair, cette intégrale est nulle.

130. On peut faire deux observations, y_1 et y_2, et avoir à considérer la valeur probable d'une fonction de y_1 et y_2, par exemple $y_1^{m_1} y_2^{m_2}$.

$\varphi(y_1)$ est la probabilité pour que la première erreur soit comprise entre y_1 et $y_1 + dy_1$; $\varphi(y_2)$ la probabilité pour que la seconde erreur soit comprise entre y_2 et $y_2 + dy_2$.

La valeur probable de $y_1^{m_1} y_2^{m_2}$ sera par définition

$$\int\int y_1^{m_1} y_2^{m_2} \varphi(y_1)\, \varphi(y_2)\, dy_1\, dy_2,$$

les intégrales étant prises de $-\infty$ à $+\infty$ par rapport à y_1 et par rapport à y_2.

Comme la fonction sous le signe $\int\int$ est le produit d'une fonction de y_1 par une fonction de y_2, et que les limites sont constantes, cette intégrale double sera le produit de deux intégrales simples

$$\int y_1^{m_1}\,\varphi(y_1)\,dy_1 \int y_2^{m_2}\,\varphi(y_2)\,dy_2.$$

Ceci montre que la valeur probable du produit est le produit des valeurs probables des facteurs.

Il faut que les deux facteurs soient différents : la valeur probable de y_1^4, par exemple, ne serait pas le carré de la valeur probable de y_1^2 ; mais la valeur probable de $y_1^2 y_2^2$ sera le produit des valeurs probables de y_1^2 et de y_2^2.

131. Supposons m_2 nul. Par l'intégrale

$$\int_{-\infty}^{+\infty} \varphi(y_2)\,dy_2$$

nous devrions avoir la valeur probable de l'unité, c'est-à-dire 1 ; or il est évident que

$$\int_{-\infty}^{+\infty} \varphi(y_2)\,dy_2 = 1,$$

car cette intégrale représente la probabilité pour que y_2 soit compris entre $-\infty$ et $+\infty$, c'est-à-dire la certitude.

132. Si l'on effectue plusieurs observations $y_1, y_2, \ldots, y_n$, la valeur probable d'une certaine fonction ψ de ces observations sera

$$\int \varphi(y_1)\,\varphi(y_2)\ldots\varphi(y_n)\,\psi(y_1, y_2, \ldots, y_n)\,dy_1\,dy_2\ldots dy_n.$$

Si la fonction ψ est impaire, les éléments de l'intégrale seront deux à deux égaux et de signes contraires; l'intégrale sera nulle.

133. Je reviens à l'hypothèse de Gauss

$$\varphi(y) = \sqrt{\frac{h}{\pi}}\, e^{-hy^2}.$$

La valeur probable de y^{2p+1}, avec cette hypothèse, est zéro; cherchons la valeur probable de y^{2p} : c'est, par définition,

$$\int_{-\infty}^{+\infty} \sqrt{\frac{h}{\pi}}\, e^{-hy^2} y^{2p}\, dy.$$

Observons d'abord que

$$\int_{-\infty}^{+\infty} \sqrt{\frac{h}{\pi}}\, e^{-hy^2}\, dy = 1$$

ou

$$\int e^{-hy^2}\, dy = \sqrt{\pi}\, h^{-\frac{1}{2}}.$$

Je différentie cette égalité p fois par rapport à h :

$$\int e^{-hy^2}(-y^2)^p\, dy$$
$$= \sqrt{\pi}\, h^{-p-\frac{1}{2}} \left(-\frac{1}{2}\right)\left(-\frac{3}{2}\right)\left(-\frac{5}{2}\right)\cdots\left(-\frac{2p-1}{2}\right).$$

Le signe $-$ est répété p fois dans chaque membre; il disparaît :

$$\int e^{-hy^2} y^{2p}\, dy = \sqrt{\pi}\, h^{-p-\frac{1}{2}} \frac{1.3.5\ldots(2p-1)}{2^p}.$$

D'autre part,

$$2.4.6\ldots2p = 2^p.p!,$$

$$\int e^{-hy^2} y^{2p}\, dy = \sqrt{\pi}\, h^{-p-\frac{1}{2}} \frac{1}{2^{2p}} \frac{(2p)!}{p!}.$$

La valeur probable y^{2p} est le produit de l'intégrale par $\sqrt{\dfrac{h}{\pi}}$; on a donc

$$\overline{y^{2p}} = \frac{1}{h^p} \frac{(2p)!}{p!\, 2^{2p}}.$$

134. Ce résultat a été obtenu dans l'hypothèse

$$\varphi(y) = \sqrt{\frac{h}{\pi}}\, e^{-hy^2};$$

une question se pose : la loi de Gauss est-elle la seule pour laquelle ce résultat se produit? C'est la seule.

Cherchons la valeur probable de

$$e^{-n(y_0-y)^2}$$

Par définition c'est

$$\int_{-\infty}^{+\infty} \sqrt{\frac{h}{\pi}}\, e^{-hy^2}\, e^{-n(y_0-y)^2}\, dy.$$

On peut calculer directement cette intégrale; on peut aussi développer $e^{-n(y_0-y)^2}$ en série convergente pour toutes les valeurs de y,

$$e^{-n(y_0-y)^2} = \Sigma A_p y^p.$$

D'où

$$\int_{-\infty}^{+\infty} \sqrt{\frac{h}{\pi}}\, e^{-hy^2}\, e^{-n(y_0-y)^2}\, dy = \Sigma A_{2p} \overline{y^{2p}}.$$

De même, avec une autre fonction φ que celle de Gauss,

$$\int_{-\infty}^{+\infty} \varphi(y)\, e^{-n(y_0-y)^2}\, dy = \Sigma A_{2p} \overline{y^{2p}}.$$

Par hypothèse, les valeurs moyennes de y^{2p} seraient les mêmes dans les deux cas. Le rapport des deux intégrales serait donc 1.

Comme ce rapport reste le même quel que soit n, servons-nous d'un théorème précédemment démontré.

La limite du rapport

$$\frac{\int f_1(y)\, \varphi^n(y)\, dy}{\int f_2(y)\, \varphi^n(y)\, dy},$$

quand n croîtra indéfiniment, sera

$$\frac{f_1(y_0)}{f_2(y_0)},$$

si, dans les limites de l'intégration, $\varphi(y)$ atteint son maximum pour $y = y_0$.

Ici $e^{-n(y-y_0)^2}$ atteint son maximum pour $y = y_0$; la limite du rapport des deux intégrales est

$$\frac{\sqrt{\dfrac{h}{\pi}}\, e^{-hy_0^2}}{\varphi(y_0)}.$$

Comme ce rapport reste toujours égal à 1

$$\varphi(y_0) = \sqrt{\frac{h}{\pi}}\, e^{-hy_0^2},$$

y_0 étant tout à fait quelconque, c'est dire que la loi de Gauss est la seule qui donne à y^{2p} la valeur probable que nous avons vue.

135. Supposons que la loi des erreurs soit quelconque.

On a fait n observations, ayant donné n erreurs individuelles y_1, y_2, ..., y_n. Prenons la moyenne des observations : nous commettrons une erreur, qui sera la moyenne des erreurs individuelles,

$$\frac{y_1 + y_2 + \ldots + y_n}{n}.$$

Gauss s'est proposé de calculer la valeur probable du carré de cette erreur; c'est par définition

$$\int \varphi(y_1)\varphi(y_2)\ldots\varphi(y_n)\left(\frac{y_1 + y_2 + \ldots + y_n}{n}\right)^2 dy_1\, dy_2\ldots dy_n.$$

Je développe ce carré

$$\left(\frac{y_1 + y_2 + \ldots + y_n}{n}\right)^2 = \frac{\Sigma y_1^2}{n^2} + \frac{2\Sigma y_1 y_2}{n^2}.$$

La valeur probable cherchée sera

$$\frac{\Sigma \overline{y_1^2}}{n^2} + \frac{2\Sigma \overline{y_1 y_2}}{n^2}.$$

La valeur probable du produit $y_1 y_2$ est $\overline{y_1} \times \overline{y_2}$; comme les fonctions y_1 et y_2 sont impaires, $\overline{y_1}$ et $\overline{y_2}$ seront nulles.

Il reste donc

$$\frac{\overline{y_1^2} + \overline{y_2^2} + \ldots + \overline{y_n^2}}{n^2}.$$

L'intégrale se ramène à une somme de n intégrales; mais chacune d'elles porte sur la même fonction

$$\varphi(y_1)\varphi(y_2)\ldots\varphi(y_n),$$

multipliée par $y_1^2 dy_1$, ou $y_2^2 dy_2$, ..., ou $y_n^2 dy_n$. C'est donc la même intégrale aux notations près.

Donc la valeur probable du carré de l'erreur est

$$\frac{n\overline{y_1^2}}{n^2} = \frac{\overline{y_1^2}}{n}.$$

Ainsi la valeur probable du carré de l'erreur commise est le carré de la valeur probable d'une erreur individuelle divisé par n.

Cette propriété suffit pour justifier l'emploi des moyennes; elle a lieu quelle que soit la loi des erreurs.

Toutefois, comme nous l'avons vu au Chapitre précédent, la loi de Gauss est la seule pour laquelle la moyenne soit la valeur la plus probable.

Avec toute autre loi, la moyenne deviendra *de plus en plus probable* quand les observations deviendront de plus en plus nombreuses, mais elle ne sera pas la valeur la plus probable.

136. Cherchons la valeur probable de

$$\left(\frac{y_1 + y_2 + \ldots + y_n}{n}\right)^{2p+1};$$

c'est une fonction impaire que nous élevons à une puissance impaire : la valeur probable doit être nulle.

Cherchons la valeur probable de

$$\left(\frac{y_1 + y_2 + \ldots + y_n}{n}\right)^{2p}.$$

Par une formule, généralisation de celle du binome,

$$(y_1 + y_2 + \ldots + y_n)^{2p} = \sum \frac{(2p)!}{\alpha_1! \, \alpha_2! \ldots \alpha_\mu!} y_1^{\alpha_1} y_2^{\alpha_2} \ldots y_\mu^{\alpha_\mu},$$

où

$$\alpha_1 + \alpha_2 + \ldots + \alpha_\mu = 2p.$$

Il faut prendre la valeur moyenne de chaque terme et la diviser par n^{2p}.

La valeur moyenne de certains termes sera zéro, si l'un des exposants α est impair. Tous les exposants doivent être pairs pour que cette valeur soit différente de zéro.

137. Traitons comme exemple

$$(y_1 + y_2 + \ldots + y_n)^4.$$

Les α ne peuvent être pairs que si : 1° $\alpha_1 = 4$, et les autres nuls ; ou 2° $\alpha_1 = \alpha_2 = 2$, ce qui conduit à

$$\Sigma y_1^4 + 6 \Sigma y_1^2 y_2^2 + R.$$

R est l'ensemble des termes dont la valeur moyenne est nulle ; le coefficient de $\Sigma y_1^2 y_2^2$ est $\dfrac{4!}{2!\,2!} = 6.$

Traitons encore

$$(y_1 + y_2 + \ldots + y_n)^6.$$

Les α ne peuvent être pairs que si : 1° $\alpha_1 = 6$; ou 2° $\alpha_1 = 4$, $\alpha_2 = 2$; ou 3° $\alpha_1 = \alpha_2 = \alpha_3 = 2$.

R étant l'ensemble des termes dont la valeur moyenne est nulle, on a

$$(y_1 + y_2 + \ldots + y_n)^6 = \Sigma y_1^6 + 15 \Sigma y_1^4 y_2^2 + 90 \Sigma y_1^2 y_2^2 y_3^2 + R.$$

Le coefficient de $\Sigma y_1^4 y_2^2$ est $\dfrac{6!}{4!\,2!} = 15$; le coefficient de $\Sigma y_1^2 y_2^2 y_3^2$ est $\dfrac{6!}{2!\,2!\,2!} = 90.$

Je m'en vais convenir de désigner la valeur moyenne de y_1^p par M_p. D'abord la valeur moyenne de

$$(y_1 + y_2 + \ldots + y_n)^4$$

sera

$$\overline{(y_1 + y_2 + \ldots + y_n)^4} = n M_4 + 6 \frac{n(n-1)}{2} M_2^2.$$

En effet, dans Σy_1^4 tous les termes ont la même valeur moyenne, et il y en a n ; dans $\Sigma y_1^2 y_2^2$, tous les termes ont la même valeur moyenne et il y en a $\dfrac{n(n-1)}{2}.$

La valeur moyenne de $(y_1 + y_2 + \ldots + y_n)^6$ sera

$$\overline{(y_1 + y_2 + \ldots + y_n)^6}$$
$$= n\,\mathrm{M}_6 + 15\,n(n-1)\,\mathrm{M}_4\mathrm{M}_2 + 90\,\frac{n(n-1)(n-2)}{6}\,\mathrm{M}_2^2.$$

Dans $\Sigma y_1^4 y_2^2$, il y a autant de termes que d'*arrangements* de n lettres 2 à 2 ; le coefficient de $\mathrm{M}_4\mathrm{M}_2$ est donc

$$15\,n(n-1).$$

138. On pourrait poursuivre avec d'autres valeurs de $2p$; les expressions deviendraient de plus en plus compliquées.

Tenons compte de ce que n est très grand ; il y a dans le second membre des termes en n, en n^2, en n^3, etc.

A titre d'approximation, ne considérons que les termes du degré le plus élevé en n. Pour $2p = 4$, ce terme est $3\,n^2\mathrm{M}_2^2$; pour $2p = 6$, ce terme est $15\,n^3\mathrm{M}_2^3$.

Ainsi l'erreur moyenne

$$y = \frac{y_1 + y_2 + \ldots + y_n}{n}$$

a comme valeur probable de sa quatrième puissance

$$\overline{y^4} = 3\left(\frac{\mathrm{M}_2}{n}\right)^2,$$

et de sa sixième puissance

$$\overline{y^6} = 15\left(\frac{\mathrm{M}_2}{n}\right)^3.$$

Calculons cette valeur probable en général,

$$(y_1 + y_2 + \ldots + y_n)^{2p} = \Sigma\left[\frac{(2p)!}{\alpha_1!\,\alpha_2!\ldots\alpha_\mu!}\,\Sigma\,y_1^{\alpha_1}y_2^{\alpha_2}\ldots y_\mu^{\alpha_\mu}\right].$$

Dans le second Σ on ne permute que les indices des y.

Ne conservons que les termes où tous les α sont pairs; les autres ont une valeur probable nulle. Il vient

$$\overline{(y_1 + y_2 + \ldots + y_n)^{2p}} = \sum \frac{(2p)!}{\alpha_1!\,\alpha_2!\ldots\alpha_\mu!} N M_{\alpha_1} M_{\alpha_2} \ldots M_{\alpha_\mu}.$$

Tous les termes sous le second Σ,

$$\Sigma\, y_1^{\alpha_1} y_2^{\alpha_2} \ldots y_\mu^{\alpha_\mu},$$

ont, en effet, la même valeur probable. Soit N leur nombre; évaluons N.

139. Je suppose d'abord $\alpha_1 = \alpha_2$. Si nous permutons y_1 et y_2, nous retrouvons le même terme. Si nous tenions compte de l'ordre, nous aurions autant de termes que d'arrangements 2 à 2 de μ lettres choisies dans les n lettres y_1, y_2, ..., y_n; nous pourrions avoir ainsi des termes répétés.

Si les μ exposants étaient différents, N serait égal au nombre des arrangements de n lettres μ à μ, c'est-à-dire égal à $\dfrac{n!}{(n-\mu)!}$.

Je suppose μ_1 exposants égaux à α_1, μ_2 à α_2, ..., μ_K à α_K; de plus, je suppose α_1, α_2, ..., α_K différents, et

$$\mu_1 + \mu_2 + \ldots + \mu_K = \mu.$$

Je considère l'un des arrangements formés avec ces exposants; j'y permute d'une manière quelconque les μ_1 lettres dont l'exposant est α_1, les μ_2 lettres dont l'exposant est α_2, ..., les μ_K lettres dont l'exposant est α_K. Je ne change pas le terme correspondant; par conséquent, ce même terme serait reproduit par

$$\mu_1!\,\mu_2!\ldots\mu_K!$$

arrangements.

$$N = \frac{n!}{(n - \mu)! \, \mu_1! \, \mu_2! \ldots \mu_K!},$$

$$N = \frac{n(n-1)\ldots(n - \mu + 1)}{\mu_1! \, \mu_2! \ldots \mu_K!}.$$

Ainsi N est un polynome du degré μ en n.

La plus grande valeur que puisse prendre μ est p.

En effet

$$\alpha_1 + \alpha_2 + \ldots + \alpha_\mu = 2p.$$

Les α étant tous pairs, la plus grande valeur de μ correspondra à

$$\alpha_1 = \alpha_2 = \ldots = \alpha_\mu = 2.$$

Il n'y aura donc qu'un seul terme de degré p, par rapport à n, dans N; avec notre ordre d'approximation, c'est le seul que nous devons conserver. Réduit à ce terme, N a la valeur suivante :

$$N = \frac{n(n-1)\ldots(n - p + 1)}{p!}.$$

En effet, tous les α étant égaux, il en résulte que les lettres $\mu_1, \mu_2, \ldots, \mu_K$ se réduisent à

$$\mu_1 = \mu = p,$$

$$\mu_2 = \ldots = \mu_K = 0.$$

Dans N, le terme en n^p est

$$\frac{n^p}{p!}.$$

140. D'autre part, $\alpha_1, \alpha_2, \ldots, \alpha_\mu$ étant égaux à 2,

$$M_{\alpha_1} = M_{\alpha_2} = \ldots = M_{\alpha_\mu} = M_2,$$

ou M_2 est la valeur probable du carré d'une erreur individuelle, $\overline{y_1^2}$.

La valeur probable de $(y_1 + y_2 + \ldots + y_n)^{2p}$ est donc

$$\overline{(y_1 + y_2 + \ldots + y_n)^{2p}} = \frac{(2p)!}{2^p}\,\frac{n^p}{p!}\,M_2^p$$

La valeur probable de y^{2p} s'en déduit en divisant par n^{2p}

$$\overline{y^{2p}} = \frac{(2p)!}{p!\,2^p}\left(\frac{M_2}{n}\right)^p.$$

Comparons avec le résultat donné par la loi de Gauss; on doit avoir

$$\left(\frac{1}{2h}\right)^p = \left(\frac{M_2}{n}\right)^p,$$

ou

$$h = \frac{n}{2\,M_2}.$$

La loi de Gauss est la seule qui conduise à cette expression pour la valeur probable de l'erreur.

Pourvu qu'il n'y ait pas d'erreurs systématiques, et qu'on fasse un grand nombre d'observations, en prenant leur moyenne, on commet donc, avec cette moyenne, une erreur dont la probabilité est conforme à la loi de Gauss.

L'erreur commise avec un instrument est la résultante d'un très grand nombre de petites erreurs indépendantes les unes des autres, et telles que chacune d'elles n'entre que pour une faible part dans le résultat; l'erreur résultante suivra la loi de Gauss.

141. Posons le problème d'une autre manière.

On a commis dans les observations un certain nombre d'erreurs individuelles, $y_1, y_2, \ldots, y_n$, indépendantes les unes des autres; l'erreur totale est

$$y = y_1 + y_2 + \ldots + y_n.$$

Supposons d'abord que toutes ces erreurs suivent la même loi, et qu'il n'y ait pas d'erreurs systématiques. Le problème est le même.

La valeur probable de y^{2p+1} sera nulle.

Nous avons évalué au paragraphe 136 la valeur probable de

$$\left(\frac{y_1 + y_2 + \ldots + y_n}{n} \right)^{2p}.$$

Ici nous avons à chercher la valeur probable de

$$(y_1 + y_2 + \ldots + y_n)^{2p}.$$

La probabilité pour que y_i soit comprise entre deux limites données α et β,

$$\int_\alpha^\beta \varphi(y_i)\, dy_i,$$

est la même par hypothèse pour $y_1, y_2, \ldots, y_n$.

Il nous suffit de multiplier le résultat obtenu pour la valeur probable de

$$\left(\frac{y_1 + y_2 + \ldots + y_n}{n} \right)^{2p},$$

c'est-à-dire

$$\frac{(2p)!}{p!} \left(\frac{M_2}{2n} \right)^p,$$

par n^{2p}, pour obtenir la valeur probable de y^{2p},

$$\overline{y^{2p}} = \frac{(2p)!}{p!} \left(\frac{n M_2}{2} \right)^p,$$

et, en posant $n M_2 = M$,

$$\overline{y^{2p}} = \frac{(2p)!}{p!} \left(\frac{M}{2} \right)^p.$$

Ainsi la forme de cette expression reste la même, et,

en raisonnant comme précédemment, on conclurait que la probabilité pour que l'erreur totale y soit comprise entre deux limites données reste conforme à la loi de Gauss.

142. Ce raisonnement n'est pas encore satisfaisant, parce qu'il est peu vraisemblable que toutes les erreurs individuelles suivent la même loi. Supposons que la loi ne soit pas la même, mais que toutes les erreurs individuelles soient sensiblement du même ordre de grandeur et que chacune d'elles contribue pour une faible part à l'erreur totale ; soient

$$\int_\alpha^\beta \varphi_1(y_1)\,dy_1$$

la probabilité pour que y_1 soit compris entre α et β ;

$$\int_\alpha^\beta \varphi_2(y_2)\,dy_2$$

la probabilité pour que y_2 soit compris entre α et β ;

. . . .

$$\int_\alpha^\beta \varphi_n(y_n)\,dy_n$$

la probabilité pour que y_n soit compris entre α et β.

Je suppose toujours φ_1, φ_2, ..., φ_n fonctions paires, autrement dit qu'il n'y a pas d'erreurs systématiques.

Je prends la somme M des valeurs moyennes des carrés des erreurs,

$$\overline{y_1^2} + \overline{y_2^2} + \ldots + \overline{y_n^2} = M.$$

Si toutes les erreurs particulières suivaient la même loi, on aurait la même valeur M_2 pour $\overline{y_1^2}$, $\overline{y_2^2}$, ..., $\overline{y_n^2}$, et la somme M serait $n M_2$.

Je me bornerai au calcul correspondant aux premiers exposants.

En supposant que toutes les erreurs suivent la même loi, nous avons trouvé que la valeur moyenne de y^2 est M; celle de y^4, $3\,M^2$; celle de y^6, $15\,M^3$ ....

Refaisons le même calcul en supposant la loi différente pour les différentes erreurs individuelles. J'observe que le produit $y_1^m y_2^n$ a pour valeur moyenne la valeur probable de y_1^m, multipliée par la valeur probable de y_2^n. En effet, la valeur probable du produit $y_1^m y_2^n$ sera représentée par

$$\int\int \varphi_1(y_1)\,\varphi_2(y_2)\,y_1^m\,y_2^n\,dy_1\,dy_2;$$

le produit des valeurs probables de y_1^m et de y_2^n sera représenté par

$$\int \varphi_1(y_1)\,y_1^m\,dy_1 \int \varphi_2(y_2)\,y_2^n\,dy_2.$$

Le théorème reste donc vrai dans ce cas-ci comme dans le précédent; et si m est impair, la valeur probable sera nulle.

La différence à remarquer, c'est que les valeurs probables de y_1^m, y_2^m, ..., y_n^m ne sont plus égales entre elles.

Remarquons aussi que les quantités φ_1, φ_2, ..., φ_n sont censées du même ordre de grandeur.

143. Cherchons la valeur moyenne de y^2. On a

$$y^2 = \Sigma y_1^2 + 2\Sigma y_1 y_2.$$

Donc,

$$\overline{y^2} = \Sigma \overline{y_1^2} + 2\Sigma \overline{y_1}\,\overline{y_2};$$

le dernier terme disparaît; il reste

$$\overline{y^2} = \Sigma \overline{y_1^2}.$$

Pour la valeur moyenne de y^4, on trouve

$$\overline{y^4} = \Sigma \overline{y_1^4} + 6 \Sigma \overline{y_1^2}\,\overline{y_2^2},$$

en laissant de côté les termes où figurent des exposants impairs.

Le second terme sera beaucoup plus grand que le premier : le premier Σ est un ensemble de n termes, le second Σ un ensemble de $\dfrac{n(n-1)}{2}$ termes ; ces nombres de termes sont respectivement de l'ordre de n et de l'ordre de n^2 ; le premier est négligeable devant le second. Les différents termes des deux Σ sont d'ailleurs, par hypothèse, très petits et sensiblement du même ordre de grandeur. On a, d'autre part,

$$M^2 = \Sigma (\overline{y_1^2})^2 + 2 \Sigma \overline{y_1^2}\,\overline{y_2^2}$$

ou

$$3 M^2 = 3 \Sigma (\overline{y_1^2})^2 + 6 \Sigma \overline{y_1^2}\,\overline{y_2^2}.$$

Le premier terme est encore négligeable devant le second, et celui-ci est identique dans les deux expressions.

Donc, avec l'approximation adoptée,

$$\overline{y^4} = 3 M^2.$$

Pour la valeur moyenne de y^6, on a

$$\overline{y^6} = \Sigma \overline{y_1^6} + 15 \Sigma \overline{y_1^4}\,\overline{y_2^2} + 90 \Sigma \overline{y_1^2}\,\overline{y_2^2}\,\overline{y_3^2}.$$

Calculons d'autre part $15 M^3$,

$$15 M^3 = 15 \Sigma (\overline{y_1^2})^3 + 45 \Sigma (\overline{y_1^2})^2\,\overline{y_2^2} + 90 \Sigma \overline{y_1^2}\,\overline{y_2^2}\,\overline{y_3^2}.$$

Comparons les deux seconds membres. Le premier Σ porte sur n termes, le second Σ sur $n(n-1)$, le troisième Σ sur $\dfrac{n(n-1)(n-2)}{1.2.3}$; ces nombres de termes sont de l'ordre de grandeur de n, de n^2, de n^3, et les deux premiers Σ sont négligeables vis-à-vis du troisième. Comme le terme qui n'est pas négligeable est le même, on a

$$\overline{y^6} = 15\,M^3.$$

144. En résumé, supposons que l'erreur finale soit la résultante d'un très grand nombre d'erreurs partielles, indépendantes les unes des autres, et qu'il n'y ait pas d'erreurs systématiques; supposons aussi que ces erreurs, qui seront sensiblement du même ordre de grandeur, entrent chacune pour une faible part dans l'erreur totale.

Dans ce cas, *l'erreur résultante suivra sensiblement la loi de Gauss.*

Telle est, il me semble, la meilleure raison à donner de la loi de Gauss.

Fonctions caractéristiques. — J'appelle *fonction caractéristique* $f(\alpha)$ la valeur probable de $e^{\alpha x}$; on aura donc

$$f(\alpha) = \sum p\, e^{\alpha x},$$

si la quantité x varie d'une manière discontinue et peut prendre seulement un nombre fini de valeurs, et

$$f(\alpha) = \int \varphi(x)\, e^{\alpha x}\, dx,$$

si x varie d'une manière continue et si $\varphi(x)$ représente la loi de probabilité. Il est clair que

$$f(\alpha) = 1 + \frac{\alpha}{1!}(x) + \frac{\alpha^2}{1.2}(x^2) + \frac{\alpha^3}{1.2.3}(x^3) + \ldots,$$

(x^p) désignant la valeur probable de x^p. On voit que $f(0) = 1$.

La fonction caractéristique suffit pour définir la loi de probabilité. On a en effet par la formule de Fourier

$$f(i\alpha) = \int_{-\infty}^{+\infty} \varphi(x)\, e^{i\alpha x}\, dx,$$

$$2\pi\,\varphi(x) = \int_{-\infty}^{+\infty} f(i\alpha)\, e^{-i\alpha x}\, d\alpha.$$

Si deux quantités x et y sont *indépendantes* et si $f(\alpha)$, $f_1(\alpha)$ sont les fonctions caractéristiques correspondantes, la fonction relative à $x+y$ sera le produit $f(\alpha) f_1(\alpha)$. En effet, comme nous l'avons vu au paragraphe 130, la valeur probable du produit $e^{\alpha(x+y)}$ sera le produit des valeurs probables de $e^{\alpha x}$ et $e^{\alpha y}$.

Avec la loi de Gauss

$$\varphi(x) = \sqrt{\frac{h}{\pi}}\, e^{-hx^2},$$

on trouve aisément

$$f(\alpha) = e^{\frac{\alpha^2}{4h}}.$$

Supposons que deux quantités x et y, indépendantes, suivent l'une et l'autre la loi de Gauss, la première avec la précision h, l'autre avec la précision h'; les fonctions caractéristiques correspondantes seront

$$e^{\frac{\alpha^2}{4h}}, \quad e^{\frac{\alpha^2}{4h'}}.$$

La fonction caractéristique relative à $x+y$ sera le produit

$$e^{\frac{\alpha^2}{4h''}}, \quad \text{où} \quad \frac{1}{h''} = \frac{1}{h} + \frac{1}{h'}.$$

La somme $x+y$ suivra donc aussi la loi de Gauss avec la

précision h'' ; c'est le théorème de **M. d'Ocagne**, démontré au paragraphe **60**.

Supposons maintenant une erreur résultante qui soit la somme d'un très grand nombre d'erreurs partielles, très petites et indépendantes. Soient $f_1(\alpha)$, $f_2(\alpha)$, ..., $f_n(\alpha)$ les fonctions caractéristiques correspondantes.

Chacune d'elles sera de la forme

$$f_R(\alpha) = e^{\beta_1\alpha + \beta_2\alpha^2 + \beta_3\alpha^3 + \ldots}$$

L'erreur correspondante étant toujours très petite, les coefficients β décroîtront très rapidement.

La fonction caractéristique relative à l'erreur résultante sera le produit

$$f_1(\alpha)\,f_2(\alpha)\ldots f_n(\alpha),$$

c'est-à-dire

$$e^{\alpha\,\Sigma\beta_1 + \alpha^2\,\Sigma\beta_2 + \alpha^3\,\Sigma\beta_3 + \ldots}$$

Les erreurs n'ayant pas de caractère systématique, nous aurons

$$\Sigma\beta_1 = 0.$$

D'autre part, les coefficients β décroissant très rapidement, $\Sigma\beta_3$, $\Sigma\beta_4$, etc. seront négligeables devant $\Sigma\beta_2$, et il restera

$$e^{\alpha^2\,\Sigma\beta_2},$$

ce qui est la forme de la fonction caractéristique qui convient à la loi de Gauss.

145. On a donné de la loi de Gauss une vérification *a posteriori*, fondée en somme sur le théorème de Bernoulli.

Si une certaine épreuve peut donner naissance à plusieurs événements tels qu'un seul d'entre eux se produise à la fois, et si l'on répète l'épreuve un très grand nombre de fois, les nombres des événements qui se produiront seront très sensiblement proportionnels à leurs probabilités.

On mesure un grand nombre de fois une quantité z; les résultats sont $x_1, x_2, \ldots, x_n$, et les erreurs $y_1, y_2, \ldots, y_n$.

Si nous connaissions bien z, nous connaîtrions bien $y_1, y_2, \ldots, y_n$; si nous comptons le nombre d'erreurs comprises entre deux limites données, a et b, ce nombre sera proportionnel à

$$\int_a^b \varphi(y_1)\, dy_1.$$

On peut construire la courbe qui représente $\varphi(y_1)$.

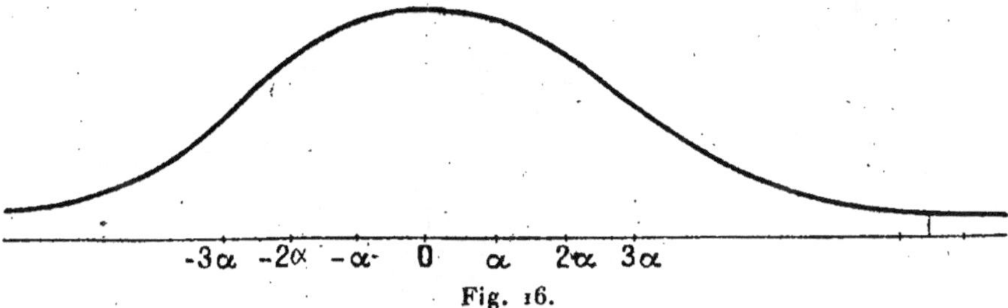

Fig. 16.

On divise l'axe des abscisses en un certain nombre de parties égales à α : chacun de ces petits intervalles est assez grand pour que le nombre des erreurs dans cet intervalle soit grand ; au milieu de cet intervalle, élevons une ordonnée proportionnelle à ce nombre d'erreurs.

La courbe obtenue, si la loi de Gauss est vraie, aura pour équation

$$y = \sqrt{\frac{h}{\pi}}\, e^{-hx^2}.$$

C'est une courbe asymptotique à l'axe des abscisses symétrique par rapport à l'axe des ordonnées.

Ce résultat se vérifie, paraît-il. Ainsi Bessel a pu représenter les résultats d'un grand nombre d'observations de Bradley, sur la déclinaison d'une étoile.

146. On peut aussi se dispenser de tracer une courbe, et vérifier par le calcul.

Remarquons, en premier lieu, que, si l'on ne connaît pas la véritable grandeur à mesurer, on adoptera la valeur moyenne des observations comme la représentant.

Vérifions par le calcul : la valeur moyenne de y^{2p} serait, d'après la loi de Gauss,

$$\overline{y^{2p}} = \frac{(2p)!}{p!\,2^{2p}}\,\frac{1}{h^p};$$

celle de y^{2q},

$$\overline{y^{2q}} = \frac{(2q)!}{q!\,2^{2q}}\,\frac{1}{h^q}.$$

Éliminons h,

$$\frac{\sqrt[p]{\overline{y^{2p}}}}{\sqrt[q]{\overline{y^{2q}}}} = \frac{\sqrt[p]{\dfrac{(2p)!}{p!}}}{\sqrt[q]{\dfrac{(2q)!}{q!}}}.$$

On vérifiera que cette relation est satisfaite.

Pour les observations faites, nous connaissons les erreurs $y_1, y_2, \ldots, y_n$. L'expression

$$\frac{\sqrt[p]{y_1^{2p} + y_2^{2p} + \ldots + y_n^{2p}}}{\sqrt[q]{y_1^{2q} + y_2^{2q} + \ldots + y_n^{2q}}}$$

doit être égale à

$$\frac{\sqrt[p]{\dfrac{(2p)!}{p!}}}{\sqrt[q]{\dfrac{(2q)!}{q!}}};$$

cette vérification se fait également, paraît-il.

On peut encore considérer y^{2p+1}. La valeur probable serait nulle si l'on prenait y avec son signe. En ne considérant que la valeur absolue, on aurait comme valeur probable, d'après la loi de Gauss,

$$2 \int_0^\infty \sqrt{\frac{h}{\pi}}\, y^{2p+1}\, e^{-hy^2}\, dy;$$

cette intégrale eulérienne n'est pas nulle.

Si l'on avait pris y avec sa valeur relative, on eût eu

$$\int_{-\infty}^{+\infty} \sqrt{\frac{h}{\pi}}\, y^{2p+1}\, e^{-hy^2}\, dy,$$

qui est nulle.

147. Exception à la loi de Gauss. — J'ai plaidé de mon mieux jusqu'ici en faveur de la loi de Gauss dont nous allons maintenant tirer les conséquences. Peut-être pourtant la cause n'était-elle pas parfaitement bonne.

Il ne faudrait pas avoir une sorte de superstition pour la méthode des moindres carrés, à laquelle va nous conduire la loi de Gauss. Nous avons vu que l'on avait parfois des raisons de ne pas adopter cette loi.

Elle suppose, en effet, qu'il n'y a pas d'erreur systématique, et *il y en a toujours*.

D'un autre côté, nous avons vu qu'on est souvent conduit à ne pas appliquer le procédé de la moyenne, et, par exemple, à rejeter une observation qui présente avec toutes les autres une divergence exagérée. Il n'en serait pas ainsi si la loi de Gauss était toujours vraie.

C'est donc que, dans certains cas, on croit avoir des raisons *a priori* de ne pas adopter la loi de Gauss. Qu'est-ce à dire ? Pourquoi rejetons-nous une observation divergente ; c'est parce que nous supposons qu'elle est entachée d'une erreur grossière, due â un accident quelconque. C'est donc que nous ne considérons pas *a priori* une erreur grossièr comme *tout à fait improbable,* comme elle le serait d'après la loi de Gauss.

148. Entrons dans quelques détails. On peut dans certains cas supposer que l'erreur totale se compose de deux erreurs partielles ; la première, due elle-même à l'accumulation d'un grand nombre d'erreurs très petites, suivra la loi de Gauss ; la deuxième sera une erreur grossière, dont la probabilité est, il est vrai, très faible, mais qui peut être très notable.

C'est ce qui arriverait par exemple si l'on avait négligé, par inadvertance et sans s'en apercevoir, quelque précaution essentielle, quelque réglage indispensable. Et c'est là une hypothèse qui n'a rien de déraisonnable. Soient alors

$$y = y_1 + y_2$$

l'erreur totale, y_1 et y_2 les deux erreurs partielles. Alors y_1 suivra la loi de Gauss, et la fonction $\varphi(y_1)$ qui définit la loi de probabilité sera

$$\varphi(y_1) = \sqrt{\frac{h}{2\pi}}\, e^{-hy_1^2}$$

et la fonction caractéristique correspondante sera $e^{\frac{\alpha^2}{4h}}$.

En ce qui concerne l'erreur y_2, elle pourra être égale à 0, $+k$ et $-k$, les probabilités respectives de ces trois erreurs étant $1 - 2\varepsilon$, ε et ε ; la fonction caractéristique correspondante sera

$$1 - 2\varepsilon + \varepsilon(e^{\alpha k} + e^{-\alpha k})$$

et la fonction caractéristique relative à l'erreur totale sera le produit

$$e^{\frac{\alpha^2}{4h}}\left[1 - 2\varepsilon + \varepsilon(e^{\alpha k} + e^{-\alpha k})\right].$$

Quant à la fonction $\varphi(y)$, elle sera

$$\sqrt{\frac{h}{2\pi}}\left[(1-2\varepsilon)\,e^{-hy^2}+\varepsilon\left(e^{-h(y-k)^2}+e^{-h(y+k)^2}\right)\right].$$

Supposons maintenant que nous voulions savoir quelle est la valeur probable de la quantité mesurée z, étant donné que n observations ont donné pour résultats $x_1, x_2, \ldots, x_n$. Nous savons que tout dépend du produit

$$\varphi(x_1-z)\,\varphi(x_2-z)\ldots\varphi(x_n-z);$$

la fonction φ ayant trois termes, ce produit en aura 3^n ; on trouvera alors pour la valeur probable cherchée

$$\frac{\Sigma z_k \mu_k e^{-\alpha_k}}{\Sigma \mu_k e^{-\alpha_k}},$$

le numérateur et le dénominateur ayant 3^n termes ; on aura d'ailleurs

$$z_k = \frac{x_1+x_2+\ldots+x_n}{n} + k\,\frac{\theta_1+\theta_2+\ldots+\theta_n}{n} = \frac{\Sigma x}{n} + k\,\frac{\Sigma\theta}{n},$$

les nombres θ pouvant prendre les valeurs 0, 1 ou -1 ; comme les nombres θ sont au nombre de n et peuvent prendre chacun trois valeurs, cela fait bien 3^n combinaisons.

On aura ensuite

$$\mu_k = (1-2\varepsilon)^n \left(\frac{\varepsilon}{1-2\varepsilon}\right)^{\Sigma|\theta|}$$

et

$$\alpha_k = h\,\Sigma_i(x_i - z_k - \theta_i k)^2.$$

Pour simplifier, nous supposerons trois observations seulement ayant donné pour résultats 0, 0 et k, et nous négligerons le carré de Σ; la valeur probable deviendra alors

$$\frac{k}{3}\left[1 - \varepsilon\left(2\,e^{-2\beta} + e^{\beta}\right)\right] + \frac{2k}{3}\varepsilon\left(2 + e^{-3\beta}\right),$$

où $\beta = \frac{2}{3}hk^2$; si β est grand, c'est-à-dire si la différence entre l'observation discordante $x_3 = k$ et les observations concordantes $x_1 = x_2 = 0$ est grande par rapport à la précision de l'instrument, il peut se faire que $\varepsilon\,e^{\beta}$ soit fini, et alors, en ne conservant que les quantités finies, la valeur probable devient

$$\frac{k}{3}\left(1 - \varepsilon\,e^{\beta}\right),$$

ou, plus exactement, puisque nous ne pouvons plus négliger le carré de $\varepsilon\,e^{\beta}$,

$$\frac{1}{3}\frac{k}{1 + \varepsilon\,e^{\beta}}.$$

Elle est donc plus petite que la moyenne arithmétique, c'est-à-dire que l'on doit attribuer aux observations concordantes un poids plus grand qu'à l'observation discordante. On admet, en somme, qu'il est plus naturel de supposer que cette observation discordante est due à une erreur grossière de la seconde sorte qu'à une erreur de la première sorte conforme à la loi de Gauss, car il est très peu vraisemblable que cette dernière puisse atteindre d'aussi grandes valeurs.

149. On peut s'amuser à faire le calcul avec d'autres lois; nous avons d'abord celles où les grandes erreurs sont plus vraisemblables que dans la loi de Gauss; on peut prendre par exemple

$$\varphi(y) = \frac{1}{\pi(1 + y^2)}, \qquad \varphi(y) = \frac{1}{2\lambda}e^{-\left|\frac{y}{\lambda}\right|}.$$

Le calcul ne présente aucune difficulté; avec cette dernière loi, et en supposant trois observations $x_1 = x_2$ et $x_3 > x_2$, on trouve pour la valeur probable de z

$$\frac{x_1 + \frac{2}{3}\lambda - e^{\frac{x_1-x_3}{\lambda}}\left(\frac{x_3}{2} + \frac{2}{3}\lambda\right)}{1 - \frac{1}{2}e^{\frac{x_1-x_3}{\lambda}}}.$$

Pour x_3 très grand, cela se réduit à

$$x_1 + \frac{2}{3}\lambda,$$

ce qui montre que, x_1 et x_2 restant fixes, la valeur probable de z ne croît pas indéfiniment avec x_3. Ici encore le poids de la valeur discordante est plus petit que celui des valeurs concordantes.

Considérons maintenant des lois où les grandes erreurs sont moins vraisemblables qu'avec la loi de Gauss; comme par exemple

$$\varphi(y) = K\, e^{-h y^4};$$

on trouvera alors que le poids de la valeur discordante est plus grand que celui des valeurs concordantes. Et cela paraît d'abord assez paradoxal. Mais il est aisé de s'expliquer ce résultat. Supposons que les trois observations aient donné

$$0, \quad 0, \quad k,$$

la moyenne arithmétique étant $\frac{k}{3}$, les trois erreurs ont été

$$\frac{k}{3}, \quad \frac{k}{3}, \quad \frac{2k}{3}.$$

Si l'on avait pris $\frac{k}{2}$, les trois erreurs auraient été $\frac{k}{2}$. La probabilité d'une erreur décroissant très vite quand cette erreur croît, il peut se faire qu'une erreur $\frac{2k}{3}$ soit tellement invraisemblable qu'elle puisse être regardée comme pratiquement impossible, tandis qu'une erreur $\frac{k}{2}$ resterait admissible. Effectivement

$$\left(\frac{k}{3}\right)^4 + \left(\frac{k}{3}\right)^4 + \left(\frac{2k}{3}\right)^4 > \left(\frac{k}{2}\right)^4 + \left(\frac{k}{2}\right)^4 + \left(\frac{k}{2}\right)^4.$$

150. Quel genre de modification y aurait-il donc, dans ces derniers cas, à faire subir à la loi de Gauss? La courbe

$$y = \sqrt{\frac{h}{\pi}}\, e^{-h.r^2},$$

que nous avons précédemment tracée, devrait être relevée dans les parties éloignées de l'axe des ordonnées.

Autre exemple; si la loi de Gauss était exacte, on pourrait, en multipliant suffisamment les observations, obtenir une précision aussi grande que l'on voudrait. Dans bien des cas, on a le sentiment que c'est là une illusion. Avec un mètre divisé en millimètres, on ne pourra jamais, si souvent qu'on répète les mesures, déterminer une longueur à un millionième de millimètre près.

Comment conviendrait-il de modifier la courbe de Gauss pour tenir compte de ce fait? Ici, ce qui rend illusoires nos efforts pour atteindre une précision infinie, c'est que nous n'avons pas plus de chances de ne pas nous tromper du tout, que de ne nous tromper que d'un micron ou de deux microns. La courbe devrait donc comprendre un petit palier, un petit segment de droite horizontale $y = \text{const.}$ s'étendant de part et d'autre de l'axe des y.

Mais une pareille hypothèse est encore insuffisante pour

rendre compte des faits. Avec le raisonnement du paragraphe 135, on verrait que quelle que soit la loi des erreurs, si elle est de la forme $\varphi(x_i - z)$, la valeur probable du carré de l'erreur commise sur une moyenne de n observations tend vers zéro quand n croît indéfiniment. On peut le voir également à l'aide des fonctions caractéristiques. Soit $F(\alpha)$ la fonction caractéristique relative à une observation isolée ; la fonction caractéristique relative à la moyenne de n observations sera

$$\left[F\left(\frac{\alpha}{n}\right)\right]^n.$$

Supposons que $F(\alpha)$ soit analytique et que

$$F(\alpha) = 1 + A_1 \alpha + A_2 \alpha^2 + \ldots$$

Nous supposerons que l'erreur n'a pas de caractère systématique, c'est-à-dire que $A_1 = 0$; nous aurons alors

$$\log F(\alpha) = B_2 \alpha^2 + B_3 \alpha^3 + \ldots,$$

d'où

$$\log\left[F\left(\frac{\alpha}{n}\right)\right]^n = B_2 \frac{\alpha^2}{n} + B_3 \frac{\alpha^3}{n^2} + \ldots$$

et à la limite

$$\log\left[F\left(\frac{\alpha}{n}\right)\right]^n = 0,$$

ce qui montre que l'erreur est nulle.

A la vérité, on pourrait supposer que $F(\alpha)$ n'est pas analytique et prendre par exemple

$$F(\alpha) = e^{-|\alpha|}.$$

On en déduirait

$$\left[F\left(\frac{\alpha}{n}\right)\right]^n = F(\alpha) = e^{-|\alpha|},$$

de sorte que l'erreur sur la moyenne ne tendrait pas vers zéro ; cette hypothèse correspond à la suivante :

$$\varphi(y) = \frac{1}{\pi} \frac{1}{1 + y^2}.$$

Comment le raisonnement du paragraphe 135 se trouve-t-il en défaut dans ce cas ?

D'après ce raisonnement, la valeur probable du carré de l'erreur sur la moyenne est n fois plus petite que la valeur probable du carré de l'erreur d'une observation isolée. Cela reste vrai, mais ici cette dernière valeur probable, représentée par l'intégrale

$$\frac{1}{\pi} \int_{-\infty}^{+\infty} \frac{y^2 \, dy}{1 + y^2},$$

est infinie.

Cela n'est pas encore la solution que nous cherchons. Nous ne verrions pas l'erreur sur la moyenne tendre vers zéro, si la fonction $\varphi(y)$ ne tendait vers zéro plus vite que $\frac{1}{y^3}$ pour y très grand, c'est-à-dire si de très grandes erreurs n'étaient pas très improbables.

Mais si nous ne pouvons compter qu'un instrument quelconque nous donnera une approximation indéfinie, à la condition de répéter suffisamment les observations, ce n'est pas à cause des très grandes erreurs, c'est au contraire à cause des très petites erreurs, le bon sens l'indique suffisamment.

151. Il faut donc admettre que la fonction φ n'est pas de la forme $\varphi(x_i - z)$, mais de la forme $\varphi(x_i, z)$. Supposons par exemple que l'instrument soit gradué en divisions dont nous puissions apprécier le dixième ; en général, nous ne noterons sur notre carnet que des nombres entiers de

dixièmes : si nous y inscrivions des centièmes ou des mil-
lièmes, ce serait tout à fait au hasard. Supposons qu'il n'y
ait d'autre erreur à craindre que l'erreur de lecture ; prenons pour unité le dixième de division, de façon que x_i soit
toujours un entier. Nous pouvons admettre par exemple que,
si z est compris entre $p - \varepsilon$ et $p + \varepsilon$ (p étant entier), nous
noterons certainement $x_i = p$; que si z est compris entre

$p + \varepsilon$ et $p + 1 - \varepsilon$, il y aura une probabilité $\frac{1}{2}$ pour que nous

marquions $x_i = p$ et une probabilité $\frac{1}{2}$ pour que nous mar-

quions $x_i = p + 1$.

Si z est compris entre $p + \varepsilon$ et $p + 1 - \varepsilon$, et que nous fassions n observations, nous marquerons n' fois p et n'' fois

$p + 1$; le rapport de n' et de n'' à $\frac{n}{2}$ tendra vers 1 quand le

nombre des observations croîtra ; la moyenne

$$\frac{n'p + n''(p + 1)}{n}$$

tendra vers $p + \frac{1}{2}$ et ne tendra nullement vers z.

On arriverait à des résultats analogues avec des lois analogues, mais plus compliquées, soit que la probabilité pour
qu'on lise p varie d'une façon continue avec z, pourvu que
cette probabilité ne soit pas une fonction linéaire de $z - p$;
soit, ce qui est plus vraisemblable, que la courbe qui représente cette probabilité présente un palier comme cela avait
lieu dans l'exemple particulier que nous venons de traiter ;
soit enfin qu'à une erreur de lecture offrant l'une de ces
particularités, viennent se superposer des erreurs prove-
nant d'autres sources et suivant la loi de Gauss.

Si $\varphi(x_i, z)$ ne dépend pas uniquement de la différence

$y_i = x_i - z$, la valeur probable de l'erreur qui est

$$\int y_i \varphi(x_i,\, z)\, dy_i$$

dépend de z. Il se peut qu'elle ne soit pas nulle, bien que l'erreur n'ait aucun caractère systématique proprement dit. Si en effet cette valeur probable est représentée par $\theta(z)$, il suffit que l'intégrale

$$\int_{-\infty}^{+\infty} \theta(z)\, dz$$

[ou mieux $\displaystyle\int_{-\infty}^{+\infty} \psi(z)\theta(z)\,dz$, où $\psi(z)$ représente la probabilité *a priori* pour que z ait une valeur donnée], comme dans le chapitre X, soit nulle, pour que l'erreur ne puisse pas être dite systématique; mais $\theta(z)$ n'a pas besoin d'être identiquement nul. Par exemple, reprenons l'hypothèse où nous nous étions placés plus haut, et supposons de plus que nous sachions d'avance que z est compris entre p et $p+1$; de sorte que $\psi(z)$ est nul quand z n'est pas compris entre ces limites et peut être regardée comme une constante dans le cas contraire. On aura alors

$$\theta(z) = p - \varepsilon \qquad\qquad (p < z < p + \varepsilon),$$

$$\theta(z) = p + \frac{1}{2} - \varepsilon \qquad (p + \varepsilon < z < p + 1 - \varepsilon),$$

$$\theta(z) = p + 1 - \varepsilon \qquad (p + 1 - \varepsilon < z < p + 1).$$

Il est aisé de voir que

$$\int_{-\infty}^{+\infty} \psi(z)\,\theta(z)\,dz = \int_{p}^{p+1} \theta(z)\,dz = 0.$$

152. Reprenons alors la formule du Chapitre XI qui nous donnait la valeur probable du carré de l'erreur commise sur la moyenne

$$\frac{\Sigma \overline{y_1^2}}{n^2} + \frac{2\,\Sigma \overline{y_1 y_2}}{n^2},$$

ce qui peut encore s'écrire

$$\frac{\overline{y^2}}{n} + \frac{n(n-1)}{n^2}\,(\overline{y})^2.$$

Cette formule subsiste seulement quand les valeurs probables $\overline{y}$ et $\overline{y^2}$ de l'erreur d'une observation isolée et de son carré vont dépendre de z. D'après ce qui précède,

$$\overline{y} = \theta(z)$$

peut ne pas être nul; le premier terme tendra vers zéro quand n croît indéfiniment; mais il n'en est pas de même du second qui tendra vers

$$\theta^2(z),$$

de sorte que la valeur probable du carré de l'erreur commise sur la moyenne devra s'écrire (en n'attribuant plus à z une valeur particulière)

$$\int_{-\infty}^{+\infty} \theta^2(z)\,\psi(z)\,dz$$

et ne s'annulera pas puisque tous ses éléments sont positifs.

On pourrait aussi se servir de la fonction caractéristique; celle-ci peut s'écrire

$$F(\alpha,\,z) = e^{\beta_1 \alpha + \beta_2 \alpha^2 + \dots};$$

les β dépendent de z et β_1, qui n'est autre chose que $\theta(z)$, peut ne pas être nul. Pour l'erreur commise sur la moyenne, la fonction caractéristique sera

$$\left[\mathrm{F}\left(\frac{\alpha}{n},\, z \right) \right]^{n}$$

qui pour n très grand se réduit à

$$e^{\beta_1 \alpha} = 1 + \beta_1 \alpha + \frac{\beta_1^2\, \alpha^2}{2} + \dots$$

Les valeurs probables de l'erreur sur la moyenne et de son carré seront alors β_1 et β_1^2 pour une valeur particulière de z, et si on ne se donne pas une valeur particulière de z,

$$\int \beta_1 \psi(z)\, dz = 0, \qquad \int \beta_1^2 \psi(z)\, dz > 0.$$

153. La loi de Gauss suppose encore φ fonction de y seulement, y étant égal à $x - z$, tandis que φ peut dépendre de x et de z.

Par exemple, pour tenir compte de l'*erreur décimale* nous aurions pu prendre

$$\varphi(y) = \sqrt{\frac{h}{\pi}}\, e^{-hy^2}\, \theta(x),$$

$\theta(x)$ étant une fonction périodique de x, de période 1, qui serait maximum pour les décimales qu'affectionnent certains observateurs et sur lesquelles ils retombent toujours. D'autre part, il y a moins de chance d'erreur si l'on tombe précisément sur une division donnée directement par l'instrument, que si l'on est obligé de subdiviser une de ces divisions au jugé. Alors h ne serait plus une constante, mais une fonction de x qui aurait une période égale à 1 ; la précision serait plus grande quand x serait un nombre entier que dans le cas contraire ; si même l'observateur évalue fort bien le dixième, mais ne sait pas donner d'autres décimales, $\theta(x)$ sera rigoureusement nul pour toute valeur de x qui ne sera pas multiple d'un dixième.

CHAPITRE XII.

ERREURS SUR LA SITUATION D'UN POINT.

154. Problème des erreurs commises sur la situation d'un point. — Au lieu d'une seule grandeur mesurée, il arrive souvent qu'on en combine plusieurs, comme les deux coordonnées d'un astre, etc.

Je suppose, par exemple, que, pour évaluer la situation d'un point dans un plan, on ait fait n observations, et que l'on ait trouvé pour ses deux coordonnées rectangulaires, x et y, les valeurs

$$x_1, y_1, \quad x_2, y_2, \quad \ldots, \quad x_n, y_n.$$

Les erreurs commises sont

$$
\begin{aligned}
x_1 - x \quad &\text{et} \quad y_1 - y, \\
x_2 - x \quad &\text{et} \quad y_2 - y, \\
\ldots\ldots &\qquad \ldots\ldots, \\
x_n - x \quad &\text{et} \quad y_n - y.
\end{aligned}
$$

Je vais poser

$$
\begin{aligned}
x_1 &= x + \xi_1, & y_1 &= y + \eta_1, \\
x_2 &= x + \xi_2, & y_2 &= y + \eta_2, \\
\ldots\ldots&\ldots, & \ldots\ldots&\ldots, \\
x_n &= x + \xi_n, & y_n &= y + \eta_n.
\end{aligned}
$$

Les erreurs commises sont ainsi représentées par

$$\xi_1 \quad \text{et} \quad \eta_1,$$
$$\xi_2 \quad \text{et} \quad \eta_2,$$
$$\ldots \quad \ldots,$$
$$\xi_n \quad \text{et} \quad \eta_n.$$

155. On peut se demander quelle est la probabilité pour que les erreurs commises sur la première observation soient comprises entre ξ_1 et $\xi_1 + d\xi_1$, η_1 et $\eta_1 + d\eta_1$.

Soit

$$\varphi(\xi_1, \eta_1)\, d\xi_1\, d\eta_1$$

cette probabilité ; il pourrait se faire que φ dépende de x et de y, mais je suppose qu'il n'en est rien, et que φ dépend seulement des erreurs.

Ces erreurs peuvent être indépendantes ; alors φ serait le produit de deux autres fonctions et la probabilité serait représentée par

$$\varphi(\xi_1)\, \varphi_1(\eta_1)\, d\xi_1\, d\eta_1 ;$$

mais je suppose encore que l'erreur commise sur l'abscisse ne soit pas indépendante de l'erreur commise sur l'ordonnée.

Le raisonnement est analogue à celui de Gauss dans le cas d'une variable. On s'appuie sur le postulat suivant :

Si on a fait un certain nombre d'observations, on reporte les points observés sur un plan ; la position la plus probable est le centre de gravité de ces points supposés de masse égale.

156. A l'exemple de Gauss, nous admettrons que cette manière de voir est légitime. Quelle est la loi d'erreurs qui justifie cette hypothèse ?

P

15

Cherchons la probabilité pour que les coordonnées du point soient comprises entre x et $x + dx$, y et $y + dy$.

C'est un problème de probabilité des causes, et il nous faut chercher encore

$$\frac{p_i \varpi_i}{\Sigma p_i \varpi_i}.$$

ϖ_i est la probabilité *a priori* pour que les coordonnées soient comprises entre x et $x + dx$, y et $y + dy$; représentons-la par

$$\varpi_i = \psi(x, y)\, dx\, dy.$$

p_i est la probabilité pour que, si la cause agit, le phénomène observé se soit produit : ici, le phénomène observé, c'est que les coordonnées sont l'une entre

$$x_1 \quad \text{et} \quad x_1 + dx_1,$$
$$x_2 \quad \text{et} \quad x_2 + dx_2,$$
$$\cdot\cdot \quad \cdot\cdot\cdot\cdot\cdot\cdot\cdot\cdot,$$
$$x_n \quad \text{et} \quad x_n + dx_n,$$

l'autre entre

$$y_1 \quad \text{et} \quad y_1 + dy_1,$$
$$y_2 \quad \text{et} \quad y_2 + dy_2,$$
$$\cdot\cdot \quad \cdot\cdot\cdot\cdot\cdot\cdot\cdot;$$
$$y_n \quad \text{et} \quad y_n + dy_n.$$

p_i est le produit des probabilités relatives à chacune des observations

$$p_i = \varphi(\xi_1, \eta_1)\, \varphi(\xi_2, \eta_2) \ldots \varphi(\xi_n, \eta_n)\, d\xi_1\, d\eta_1\, d\xi_2\, d\eta_2 \ldots d\xi_n\, d\eta_n.$$

Soit

$$\Pi = \varphi(\xi_1, \eta_1)\, \varphi(\xi_2, \eta_2) \ldots \varphi(\xi_n, \eta_n).$$

Alors

$$\frac{p_i \varpi_i}{\Sigma p_i \varpi_i}$$

sera

$$\frac{\Pi\psi\, dx\, dy\, d\xi_1\, d\eta_1\, d\xi_2\, d\eta_2 \ldots d\xi_n\, d\eta_n}{\int \Pi\psi\, dx\, dy\, d\xi_1\, d\eta_1\, d\xi_2\, d\eta_2 \ldots d\xi_n\, d\eta_n};$$

l'intégrale étant prise par rapport à x et y; il reste

$$\frac{\Pi\psi\, dx\, dy}{\int \Pi\psi\, dx\, dy}.$$

Le dénominateur est constant et indépendant de x et de y; la probabilité est donc proportionnelle au numérateur.

157. Quelle sera la valeur la plus favorable? celle qui rend maximum le numérateur $\Pi\psi$. Or

$$\Pi = \varphi(x_1 - x, y_1 - y)\, \varphi(x_2 - x, y_2 - y) \ldots \varphi(x_n - x, y_n - y).$$

Quelles sont les valeurs de x et de y qui rendent ce produit maximum? D'après le postulat, c'est la moyenne arithmétique de $x_1, x_2, \ldots, x_n$ pour x, et la moyenne arithmétique de $y_1, y_2, \ldots, y_n$ pour y. Égalons les dérivées logarithmiques aux fonctions suivantes :

$$\frac{\dfrac{d\varphi}{d\xi_1}}{\varphi} = F(\xi_1, \eta_1), \qquad \frac{\dfrac{d\varphi}{d\eta_1}}{\varphi} = F_0(\xi_1, \eta_1),$$

$$\frac{\dfrac{d\psi}{dx}}{\psi} = \theta, \qquad \frac{\dfrac{d\psi}{dy}}{\psi} = \theta_0.$$

La dérivée logarithmique de $\Pi\psi$ par rapport à x, qui doit s'annuler pour le maximum est

$$-F(\xi_1, \eta_1) - F(\xi_2, \eta_2) - \ldots - F(\xi_n, \eta_n) + \theta = 0,$$

d'où

$$F(\xi_1, \eta_1) + F(\xi_2, \eta_2) + \ldots + F(\xi_n, \eta_n) = \theta.$$

La dérivée logarithmique par rapport à y conduirait à

$$F_0(\xi_1, \eta_1) + F_0(\xi_2, \eta_2) + \ldots + F_0(\xi_n, \eta_n) = \theta_0.$$

Ces deux relations devront être vérifiées toutes les fois qu'on aura

$$x_1 + x_2 + \ldots + x_n = nx,$$
$$y_1 + y_2 + \ldots + y_n = ny,$$

c'est-à-dire

$$\xi_1 + \xi_2 + \ldots + \xi_n = 0,$$
$$\eta_1 + \eta_2 + \ldots + \eta_n = 0.$$

158. Il s'agit de déterminer les fonctions φ et ψ de telle façon que les deux systèmes d'équations soient compatibles.

Différentions ces deux systèmes, en regardant x et y comme constants, et en faisant varier ξ_1, η_1, ξ_2, η_2, ..., ξ_n, η_n. La dérivée de θ et de θ_0, dans le second membre, sera nulle, puisque θ et θ_0 ne dépendent pas de ces quantités.

J'appelle F_i et F_i^0 les fonctions suivantes :

$$F_i = F(\xi_i, \eta_i),$$
$$F_i^0 = F_0(\xi_i, \eta_i).$$

Le premier système devient

$$dF_1 + dF_2 + \ldots + dF_n = 0,$$
$$dF_1^0 + dF_2^0 + \ldots + dF_n^0 = 0,$$

et le second système est

$$d\xi_1 + d\xi_2 + \ldots + d\xi_n = 0,$$
$$d\eta_1 + d\eta_2 + \ldots + d\eta_n = 0.$$

Tels sont les deux systèmes qui doivent être équivalents.

Les deux premières équations doivent être une combinaison des deux dernières; nous devons avoir identiquement

$$dF_1 + dF_2 + \ldots + dF_n$$
$$= A\,d\xi_1 + B\,d\eta_1 + A\,d\xi_2 + B\,d\eta_2 + \ldots + A\,d\xi_n + B\,d\eta_n.$$

Identifions les deux membres :

$$A = \frac{dF_1}{d\xi_1} = \frac{dF_2}{d\xi_2} = \ldots = \frac{dF_n}{d\xi_n},$$

$$B = \frac{dF_1}{d\eta_1} = \frac{dF_2}{d\eta_2} = \ldots = \frac{dF_n}{d\eta_n}.$$

A ne devrait dépendre que de ξ_1 et de η_1, puisqu'il est égal à $\dfrac{dF_1}{d\xi_1}$; il devrait aussi ne dépendre que de ξ_2 et de η_2, puisqu'il est égal à $\dfrac{dF_2}{d\xi_2}$; ....

Donc A et B sont des constantes : F_1 est une fonction linéaire de ξ_1 et de η_1.

De même F_1^0 est une fonction linéaire de ξ_1 et de η_1.

J'ajoute que, en représentant F_1 par

$$F_1 = A\xi_1 + B\eta_1 + C,$$

la constante d'intégration C est nulle.

En effet, si je remplace F_1, F_2, ..., F_n par leurs valeurs, j'arrive à

$$A(\xi_1 + \xi_2 + \ldots + \xi_n) + B(\eta_1 + \eta_2 + \ldots + \eta_n) + nC = 0.$$

Cette équation doit être satisfaite toutes les fois que

$$\xi_1 + \xi_2 + \ldots + \xi_n = 0,$$
$$\eta_1 + \eta_2 + \ldots + \eta_n = 0.$$

Donc

$$nC = 0,$$

et, comme θ est indépendant de n,

$$\theta = 0, \qquad C = 0.$$

Il en résulte que ψ est une constante.

Pour que la théorie de Gauss soit applicable, il faut que l'on n'ait aucune idée *a priori* sur la valeur de la quantité cherchée.

On aurait de même

$$F_1^0 = D\xi_1 + E\eta_1.$$

D'ailleurs $B = D$, car

$$B = \frac{dF_1}{d\eta_1}, \qquad D = \frac{dF_1^0}{d\xi_1},$$

et l'on a

$$\frac{dF_1}{d\eta_1} = \frac{dF_1^0}{d\xi_1},$$

en vertu de la définition de F et de F_0.

On arrive enfin à

$$\log \varphi = A\xi_1^2 + 2B\xi_1\eta_1 + E\eta_1^2 + G,$$

G étant une constante que nous écrirons $\log H$.

Le polynome $A\xi_1^2 + 2B\xi_1\eta_1 + E\eta_1^2$ doit être négatif, car une erreur infiniment grande doit avoir une probabilité nulle : représentons-le par $-P$.

$$\log \varphi = -P + \log H;$$

d'où

$$\varphi = H\,e^{-P}.$$

L'intégrale

$$\iint \varphi \, d\xi_1 \, d\eta_1$$

doit être égale à l'unité pour toutes les valeurs possibles de x et de y.

159. Ce raisonnement donnerait prise aux mêmes objections que le raisonnement de Gauss.

Si nous admettons la loi de Gauss en dépit de ces objections, on peut construire les courbes

$$P = \text{const.},$$

en plaçant l'origine au point visé, c'est-à-dire à très peu près le point moyen. Le problème est analogue à celui du tir à la cible.

Les points se répartissent conformément à la loi de Gauss généralisée.

Les courbes $P = \text{const.}$ seront des ellipses concentriques ayant les mêmes directions d'axes.

Considérons l'une de ces ellipses : je mène par O plusieurs droites qui partagent le plan en secteurs, 1, 2, 3, 4.

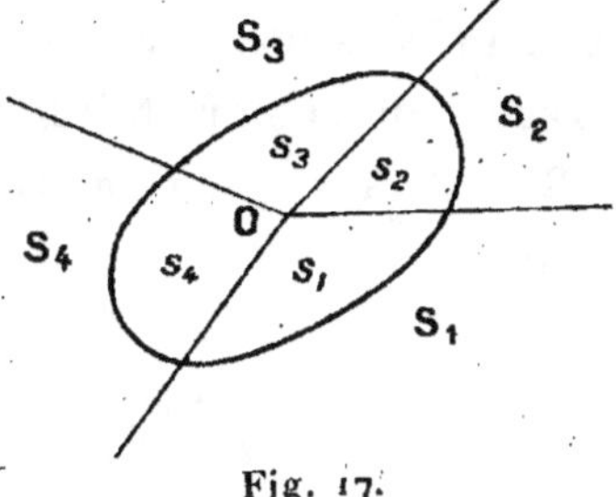

Fig. 17.

Soient s_1 la partie intérieure à l'ellipse du premier secteur, S_1 la partie extérieure.

S'il y a un très grand nombre de points de chute, ils se répartiront à peu près proportionnellement à leurs probabilités. Dans s_1 il y aura n_1 points, dans S_1 il y en aura N_1. Le théorème qui résulte immédiatement de la formule est le suivant :

$$\frac{n_1}{N_1} = \frac{n_2}{N_2} = \frac{n_3}{N_3} = \frac{n_4}{N_4}.$$

Dans chaque secteur, il y a le même rapport entre le nombre des points intérieurs et le nombre des points extérieurs à l'ellipse.

160. Si les observations sont indépendantes, φ est le produit de deux fonctions. **P** sera alors la somme de deux fonctions dépendant chacune d'une seule variable; donc le terme en $\xi_1\,\eta_1$ disparaît.

Cela veut dire que les ellipses ont leurs axes parallèles aux axes de coordonnées.

Pour que l'écart entre le point visé et le point observé soit indépendant de la direction, l'ellipse devra se réduire à un cercle.

On pourrait encore regarder comme indépendantes l'erreur en abscisse et l'erreur en rayon vecteur.

C'est là-dessus qu'était basée une démonstration de la loi de Gauss, déjà citée au paragraphe 16, et dépourvue de valeur.

CHAPITRE XIII.

MÉTHODE DES MOINDRES CARRÉS.

161. La méthode des moindres carrés sert à déterminer des quantités $u_1, u_2, \ldots, u_p$ qu'on ne peut mesurer directement, mais dont on mesure certaines fonctions $z_1, z_2, \ldots, z_n$,

$$z_1 = F_1(u_1, u_2, \ldots, u_p),$$
$$z_2 = F_2(u_1, u_2, \ldots, u_p),$$
$$\ldots\ldots\ldots\ldots\ldots\ldots\ldots,$$
$$z_n = F_n(u_1, u_2, \ldots, u_p).$$

Pour les mesures de $z_1, z_2, \ldots, z_h$, n observations ont donné $x_1, x_2 \ldots, x_n$; on a commis des erreurs. Sur z_i l'erreur y_i est

$$y_i = x_i - z_i.$$

Le problème ne se pose que pour $n > p$, car pour $n = p$ le système d'équations donne une solution unique; pour $n < p$, il n'y a pas assez d'équations, et le problème est indéterminé.

Pour $n > p$, il y a trop d'équations : quelles sont alors les quantités les plus convenables à prendre pour les u?

Éliminons les p quantités u; on est conduit à $n - p$ équations

$$\theta_i(z_1, z_2, \ldots, z_n) = 0, \qquad i = 1, 2, \ldots, n - p.$$

Ce sont les équations de condition.

On a parfois avantage à prendre les équations de condition sous cette forme.

Parfois il est préférable d'exprimer les z en fonction des u.

Nous traiterons un exemple avec l'une et l'autre méthode : le premier relatif aux planètes, le second à un problème de triangulation.

162. La première partie de la méthode des moindres carrés, que nous abordons immédiatement, est de déterminer les *valeurs les plus convenables des u*. Dans une deuxième partie, nous nous occuperons de l'erreur commise.

La cause inconnue est que les quantités u soient comprises entre certaines limites ; les quantités observées x_i sont elles-mêmes comprises entre certaines limites. Appliquons une fois de plus la formule

$$\frac{p_i\,\varpi_i}{\Sigma\,p_i\,\varpi_i} ;$$

ϖ_i est la probabilité *a priori* pour que la cause ait été mise en jeu, c'est-à-dire ici pour que les quantités u soient comprises entre u_1 et $u_1 + du_1$, u_2 et $u_2 + du_2$, …, u_p et $u_p + du_p$. Cette probabilité peut se représenter par

$$\psi(u_1,\ u_2,\ \dots,\ u_p)\,du_1\,du_2\dots du_p.$$

ψ aura des formes variées suivant l'idée qu'on se fera *a priori* des quantités u : il y a là un très grand degré d'arbitraire.

p_i est la probabilité pour que x_i soit comprise entre x_i et $x_i + dx_i$, en supposant que les u aient eu les valeurs que nous leur avons attribuées ; z_1, z_2, …, z_n étant données en fonctions des u, la probabilité de l'erreur commise sur chacune d'elles sera respectivement

$$\varphi_1(y_1)\,dy_1 = \varphi(x_1 - z_1)\,dx_1,$$
$$\varphi_2(y_2)\,dy_2 = \varphi(x_2 - z_2)\,dx_2,$$
$$\dots\dots\dots\dots\dots\dots\dots\dots\dots\dots,$$
$$\varphi_n(y_n)\,dy_n = \varphi(x_n - z_n)\,dx_n.$$

La probabilité p_i que nous cherchons est celle pour laquelle toutes ces circonstances se produisent à la fois ; c'est une probabilité composée :

$$p_i = \varphi_1(y_1)\,\varphi_2(y_2)\dots\varphi_n(y_n)\,dy_1\,dy_2\dots dy_n.$$

J'abrège un peu l'écriture en posant

$$du_1\,du_2\dots du_p = d\omega,$$

et d'autre part

$$\varphi_1(y_1)\,\varphi_2(y_2)\dots\varphi_n(y_n) = \Pi,$$
$$dy_1\,dy_2\dots dy_n = dx_1\,dx_2\dots dx_n = d\omega'.$$

Alors
$$p_i\varpi_i = \Pi\psi\,d\omega\,d\omega'$$

et
$$\frac{p_i\varpi_i}{\Sigma p_i\varpi_i} = \frac{\Pi\psi\,d\omega\,d\omega'}{\displaystyle\int \Pi\psi\,d\omega\,d\omega'}.$$

Comme on n'intègre que par rapport à $d\omega$, $d\omega'$ disparaît. Telle est la probabilité qu'il s'agit de connaître, à savoir la probabilité *a posteriori* pour que u_i soit compris entre u_i et $u_i + du_i$. Cette probabilité, puisque le dénominateur est constant, est proportionnelle à Π, fonction des u, et à $\psi\,d\omega$ qui représente la probabilité *a priori* et qui est aussi fonction des u.

163. Pour obtenir *la valeur la plus probable des quantités u*, il faut chercher le maximum de $\Pi\psi\, d\omega$.

L'hypothèse la plus simple sur ψ est $\psi = 1$: reste à déterminer le maximum de Π.

L'hypothèse la plus simple sur les φ est que les erreurs suivent la loi de Gauss.

$$\varphi_k(y_k) = \sqrt{\frac{h_k}{\pi}}\, e^{-h_k y_k^2}.$$

Alors

$$\Pi = C e^{-(h_1 y_1^2 + h_2 y_2^2 + \ldots + h_n y_n^2)}.$$

Il sera maximum quand la parenthèse, c'est-à-dire

$$h_1 y_1^2 + h_2 y_2^2 + \ldots + h_n y_n^2,$$

sera minimum.

C'est une fonction connue des u : les quantités $h_1, h_2, \ldots, h_n$ représentent les poids des observations, et ce qu'il faut rendre minimum, c'est la *somme des carrés* des erreurs commises, chaque carré étant multiplié par le poids de l'observation correspondante.

164. On arriverait au même résultat sans admettre la loi de Gauss, pourvu que l'on suppose les erreurs accidentelles petites et les erreurs systématiques nulles.

En effet, supposons les quantités y très petites : quelle que soit la forme attribuée aux fonctions φ, nous serons amenés à quelque chose d'analogue. Il s'agit de rendre maximum le produit des φ_i.

Je suppose φ_i paire, et je développe par la formule de Taylor $\log\varphi_i$ changé de signe.

$$-\log\varphi_1(y_1) = a_1 + b_1 y_1^2 + c_1 y_1^4 + \ldots,$$
$$-\log\varphi_2(y_2) = a_2 + b_2 y_2^2 + c_2 y_2^4 + \ldots,$$
$$\ldots\ldots\ldots\ldots\ldots\ldots\ldots\ldots\ldots\ldots\ldots\ldots,$$
$$-\log\varphi_n(y_n) = a_n + b_n y_n^2 + c_n y_n^4 + \ldots.$$

La somme des logarithmes changés de signe doit être minimum, c'est-à-dire

$$\Sigma a_i + \Sigma b_i y_i^2 + \Sigma c_i y_i^4 + \dots$$

Je différentie par rapport à u_k :

$$2\Sigma b_i y_i \frac{dy_i}{du_k} + 4\Sigma c_i y_i^3 \frac{dy_i}{du_k} + \dots = 0.$$

Comme les y_i sont supposés très petits, on peut en négliger les puissances supérieures, et tout se passe comme si nous avions à rendre minimum $\Sigma b_i y_i^2$. En admettant donc que la loi de Gauss ne soit pas vraie, la véritable loi n'en sera pas très différente *dans l'intervalle utile*.

De deux choses l'une, ou bien les observations sont sensiblement concordantes, et, comme nous venons de le voir, la méthode des moindres carrés sera applicable ; ou bien, elles ne sont pas sensiblement concordantes, et dans ce cas les observations ne vaudront rien et il n'y aura rien à en tirer.

165. Nous ne saurions cependant nous contenter du raisonnement qui précède, car ce que nous voulons obtenir, c'est la valeur *probable* des u (et non *la plus probable*).

La probabilité pour que x soit compris entre x et $x + dx$ étant $\varphi(x)\,dx$, la valeur la plus probable de x est celle qui rend maximum $\varphi(x)\,dx$.

La valeur probable de x est $\int x\,\varphi(x)\,dx$.

La valeur probable de u étant u_0, la valeur probable de la fonction z,

$$z = u^2,$$

ne sera pas u_0^2.

Mais *si les z sont fonctions linéaires des u*, les valeurs probables des z correspondent aux valeurs probables des u,

$$z_i = A_{i1} u_1 + A_{i2} u_2 + \ldots + A_{ip} u_p + B_i.$$

$C\Pi\, d\omega$ représente la probabilité pour que la $i^{\text{ème}}$ quantité u_i soit comprise entre u_i et $u_i + du_i$.

Soit u_k^0 la valeur probable de u_k,

$$u_k^0 = \int C\Pi\, u_k\, d\omega.$$

La valeur probable de z_i, soit z_i^0, sera

$$z_i^0 = \int C\Pi (A_{i1} u_1 + A_{i2} u_2 + \ldots + A_{ip} u_p + B_i)\, d\omega$$

ou

$$z_i^0 = A_{i1} \int C\Pi\, u_1\, d\omega + A_{i2} \int C\Pi\, u_2\, d\omega + \ldots$$
$$+ A_{ip} \int C\Pi\, u_p\, d\omega + B_i \int C\Pi\, d\omega,$$

et comme $\int C\Pi\, d\omega$ est la valeur probable de l'unité, c'est-à-dire 1,

$$z_i^0 = A_{i1} u_1^0 + A_{i2} u_2^0 + \ldots + A_{ip} u_p^0 + B_i.$$

166. Je vais supposer d'une part ψ constant; d'autre part que la loi des erreurs est celle de Gauss; enfin que les z sont liées aux u par des relations linéaires.

Je vais établir que *la valeur probable des u* est celle qui est donnée par la méthode des moindres carrés.

Le produit $p_i \varpi_i$ atteint son maximum quand la fonction P

$$P = h_1 y_1^2 + h_2 y_2^2 + \ldots + h_n y_n^2$$

est minimum.

Soient $u_1^0, u_2^0, \ldots, u_p^0$ les valeurs des u qui rendent cette expression minimum. Ces valeurs seront aussi, comme nous allons le voir, les valeurs probables des u.

On a

$$\Pi = C e^{-P}.$$

La valeur probable de u_k est

$$\int \frac{\Pi \, d\omega}{\int \Pi \, d\omega} u_k = \frac{\int \Pi u_k \, d\omega}{\int \Pi \, d\omega}.$$

Il faut démontrer que

$$u_k^0 = \frac{\int \Pi u_k \, d\omega}{\int \Pi \, d\omega},$$

c'est-à-dire

$$\int \Pi (u_k - u_k^0) \, d\omega = 0.$$

On a

$$y_i = x_i - z_i;$$

x_i est connu, z_i est du premier degré par rapport aux u : P est donc un polynome du second degré par rapport aux u.

P atteint son minimum quand

$$u_1 = u_1^0, \qquad u_2 = u_2^0, \qquad \ldots, \qquad u_k = u_k^0, \qquad \ldots.$$

Cela veut dire que

$$P = P_0 + P_2,$$

P_2 étant un polynome homogène et du second degré par rapport à $(u_1 - u_1^0)$, $(u_2 - u_2^0)$, ..., $(u_k - u_k^0)$, ...; et P_0 étant la valeur de ce minimum.

Nous avons à démontrer que

$$\int C e^{-P_0} e^{-P_2} (u_k - u_k^0) \, d\omega = 0.$$

$Ce^{-P_0} e^{-P_2}$ est une fonction paire des quantités $u_i - u_i^0$; $u_k - u_k^0$ est une fonction impaire. Comme l'intégrale est prise de $-\infty$ à $+\infty$, elle est bien nulle.

Ainsi ces valeurs des u sont non seulement les valeurs les plus probables, mais les valeurs probables.

167. En général, en est-il ainsi ?

Si les opérations sont sensiblement concordantes, les erreurs sont petites, et tout se passera comme avec la loi de Gauss.

Quelle que soit la forme des fonctions F, si le champ de la variation des u est très restreint, nous pourrons regarder les z comme linéaires.

Pour cette même raison, c'est-à-dire si le champ où peuvent varier les u est très restreint, la fonction ψ, qui était d'abord si arbitraire, peut être regardée comme constante.

C'est grâce à cet ensemble de circonstances que la méthode des moindres carrés peut être considérée comme applicable, toutes les fois que les observations sont sensiblement concordantes et dénuées d'erreurs systématiques.

168. Ceci posé, voyons *comment les calculs doivent être dirigés.*

Nous connaissons les fonctions z des u : ceux-ci sont au nombre de p, et un nombre d'observations n, plus grand que p, nous a donné pour $z_1, z_2, \ldots, z_n$ les valeurs $x_1, x_2, \ldots, x_n$.

Il y a plus d'équations que d'inconnues; cherchons la meilleure manière d'y satisfaire d'une façon approchée.

Une première approximation donnera $u_1, u_2, \ldots, u_p$. Supposons qu'elle soit assez bonne pour qu'on puisse négliger le carré de l'erreur commise : soit b_i cette première approximation pour u_i :

$$u_i = b_i + v_i.$$

Si nous développons les z_i suivant les puissances croissantes des v_i, d'après la formule de Taylor, et en négligeant les carrés des v_i,

$$z_i = A_{i1} v_1 + A_{i2} v_2 + \ldots + A_{ip} v_p + B_i;$$

on aura de la sorte n équations qui sont devenues linéaires.

Il faut rendre minimum

$$\Sigma h_i y_i^2 = \Sigma h_i (z_i - x_i)^2.$$

Écrivons que les p dérivées par rapport aux p quantités $v_1, v_2, \ldots, v_p$ sont nulles :

$$\Sigma h_i (z_i - x_i) \frac{dz_i}{dv_k} = 0.$$

Or

$$\frac{dz_i}{dv_k} = A_{ik};$$

il reste

$$\Sigma h_i A_{ik} (z_i - x_i) = 0.$$

169. Nous sommes donc conduits à la règle suivante :

J'écris les équations ci-dessous qui ne sont qu'approchées :

$$
\begin{array}{ll}
x_1 - B_1 = A_{11} v_1 + A_{12} v_2 + \ldots + A_{1p} v_p & \quad h_1 A_{11}, \\
x_2 - B_2 = A_{21} v_1 + A_{22} v_2 + \ldots + A_{2p} v_p & \quad h_2 A_{21}, \\
\ldots\ldots\ldots\ldots\ldots\ldots\ldots\ldots\ldots\ldots & \quad \ldots\ldots, \\
x_n - B_n = A_{n1} v_1 + A_{n2} v_2 + \ldots + A_{np} v_p & \quad h_n A_{n1}.
\end{array}
$$

Non seulement ces équations sont approchées, mais elles sont incompatibles puisque $n > p$.

Je multiplie les deux membres de la première par $h_1 A_{11}$; ceux de la seconde par $h_2 A_{21}$; ... ceux de la $n^{\text{ième}}$ par $h_n A_{n1}$ et j'ajoute les résultats membre à membre.

P.   16.

J'obtiens ainsi une première équation linéaire en x et v;
je me suis servi des coefficients

$$h_1 A_{1k}, \quad h_2 A_{2k}, \quad \ldots, \quad h_n A_{nk}$$

où j'ai fait $k = 1$. Si je fais k égal successivement à 2, ..., p,
j'obtiendrai les nouvelles suites de coefficients

$$h_1 A_{12}, \quad h_2 A_{22}, \quad \ldots, \quad h_n A_{n2},$$
$$\ldots\ldots, \quad \ldots\ldots, \quad \ldots, \quad \ldots\ldots,$$
$$h_1 A_{1p}, \quad h_2 A_{2p}, \quad \ldots, \quad h_n A_{np},$$

et par conséquent p équations linéaires pour les v.

La résolution de ce système répond au problème.

170. Je dirige le calcul autrement.

J'ai n fonctions z_i de $u_1, u_2, \ldots, u_p$:

$$z_i = F_i(u_1, u_2, \ldots, u_p).$$

Je puis éliminer les u; d'où $n - p$ équations, qui sont les
équations de condition,

$$\varphi_1(z_1, z_2, \ldots, z_n) = 0,$$
$$\varphi_2(z_1, z_2, \ldots, z_n) = 0,$$
$$\ldots\ldots\ldots\ldots\ldots\ldots\ldots\ldots,$$
$$\varphi_q(z_1, z_2, \ldots, z_n) = 0,$$

en posant $q = n - p$.

Je puis développer les équations de condition, en négligeant les termes du second degré par rapport aux y si les
observations sont suffisamment concordantes :

$$A_{11} y_1 + A_{12} y_2 + \ldots + A_{1n} y_n = B_1,$$
$$A_{21} y_1 + A_{22} y_2 + \ldots + A_{2n} y_n = B_2,$$
$$\ldots\ldots\ldots\ldots\ldots\ldots\ldots\ldots\ldots\ldots,$$
$$A_{q1} y_1 + A_{q2} y_2 + \ldots + A_{qn} y_n = B_q.$$

Quelle est la meilleure manière de satisfaire à ces équations de condition ? C'est en rendant minimum

$$\Sigma h_i y_i^2.$$

Donc

$$\Sigma h_i y_i \, dy_i = 0.$$

171. Il faut observer que $dy_1, dy_2, \ldots, dy_n$ ne sont pas indépendantes: elles sont liées par les relations qu'on obtient en différentiant les équations de condition.

Ces équations de condition ont pour forme générale

$$\Sigma A_{ki} y_i = B_k,$$

d'où

$$\Sigma A_{ki} \, dy_i = 0.$$

Les relations qui lient $dy_1, dy_2, \ldots, dy_n$ sont donc

$$\Sigma A_{1i} \, dy_i = 0,$$
$$\Sigma A_{2i} \, dy_i = 0,$$
$$\ldots\ldots\ldots\ldots,$$
$$\Sigma A_{qi} \, dy_i = 0;$$

et

$$\Sigma h_i y_i \, dy_i = 0$$

doit être une conséquence de ces q équations.

On devra donc avoir (les ε étant des coefficients indéterminés)

$$h_i y_i = \varepsilon_1 A_{1i} + \varepsilon_2 A_{2i} + \ldots + \varepsilon_q A_{qi}.$$

On déterminera les ε en transportant dans les équations de condition la valeur des y_i en fonction des ε; la première deviendra

$$\frac{A_{11}}{h_1} \left[\varepsilon_1 A_{11} + \varepsilon_2 A_{21} + \ldots + \varepsilon_q A_{q1} \right]$$
$$+ \frac{A_{12}}{h_2} \left[\varepsilon_1 A_{12} + \varepsilon_2 A_{22} + \ldots + \varepsilon_q A_{q2} \right] + \ldots = B_1,$$

et l'on aura de cette manière q équations pour déterminer les ε.

Telle est la seconde solution du problème.

172. Prenons deux variables et quatre observations. Les deux équations de condition seront

$$A y_1 + B y_2 + C y_3 + D y_4 = H,$$
$$A' y_1 + B' y_2 + C' y_3 + D' y_4 = H'.$$

Je suppose mêmes poids $h_1 = h_2 = h_3 = h_4$,

$$y_1 = A \varepsilon_1 + A' \varepsilon_2,$$
$$y_2 = B \varepsilon_1 + B' \varepsilon_2,$$
$$y_3 = C \varepsilon_1 + C' \varepsilon_2,$$
$$y_4 = D \varepsilon_1 + D' \varepsilon_2.$$

Les équations en ε, après la substitution des y dans les équations de condition, seront

$$(\Sigma A^2)\varepsilon_1 + (\Sigma A A')\varepsilon_2 = H,$$
$$(\Sigma A A')\varepsilon_1 + (\Sigma A'^2)\varepsilon_2 = H'.$$

Des deux méthodes indiquées, l'une est plus avantageuse que l'autre suivant les circonstances.

La difficulté est la résolution de nombreuses équations linéaires; le but à atteindre est d'en avoir le moins possible.

Dans la première méthode, il y a p équations; dans la seconde, il y en a $q = n - p$. On emploiera donc la première si n est plus grand que $2p$, la seconde si n est plus petit que $2p$.

173. Nous avons cherché à rendre minimum

$$\Sigma h_i(z_i - x)^2,$$

où h_i est le poids de l'observation i.

On peut ramener le problème au cas où tous les poids sont égaux. Posons

$$z'_i = z_i\sqrt{h_i} = \sqrt{h_i}\,F_i(u_1, u_2, \ldots, u_p)$$

et

$$x'_i = x_i\sqrt{h_i};$$

alors

$$h_i(z_i - x_i)^2 = \left(\sqrt{h_i}\,z_i - \sqrt{h_i}\,x_i\right)^2 = (z'_i - x'_i)^2,$$

et l'on a à rendre minimum une expression telle que

$$\Sigma(z_i - x_i)^2.$$

174. Nous avons vu qu'on pouvait diriger les calculs de deux manières. Voici un exemple de chacune.

Premier exemple. — On observe un point M d'un certain

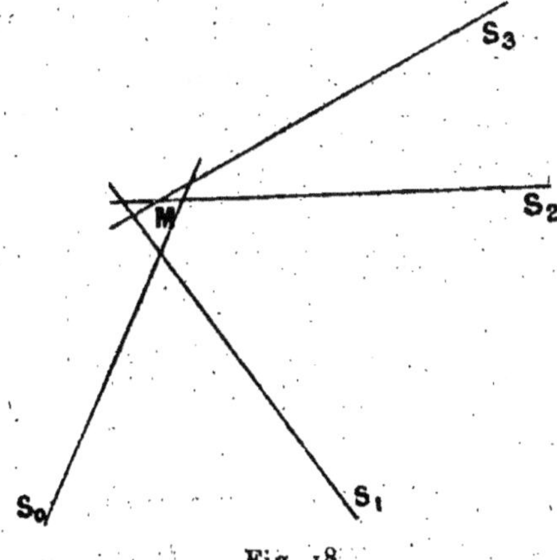

Fig. 18.

nombre de stations S_1, S_2, S_3, ..., dont la position est par-faitement connue; on mesure l'angle de MS_1, par exemple, avec une direction fixe MS_0, en d'autres termes l'azimut de M, soit φ_1 ; et ainsi de suite.

Quelle est la position la plus probable du point M d'après ces visées ?

Soient x, y les coordonnées de M ; a_i, b_i celles de S_i ; φ_i l'angle de MS_i avec MS_0 pris comme axe des abscisses :

$$\varphi_i = \text{arc tang}\frac{y - b_i}{x - a_i}.$$

Les équations en φ_i sont, en général, incompatibles, les lignes de visées ne passant pas exactement par M et formant autour de ce point un petit polygone.

Un point quelconque pris à l'intérieur de ce polygone

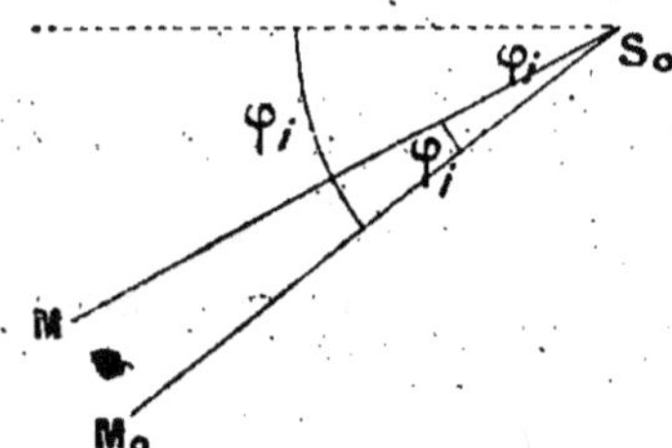

Fig. 19.

sera une première approximation, $M_0(x_0, y_0)$. Je pose

$$x = x_0 + \xi,$$
$$y = y_0 + \eta ;$$

ξ et η seront de très petites quantités.

Posons

$$\varphi_i = \varphi_i^0 + \omega_i.$$

(Dans le cas de la figure 19, ω_i serait négatif.)

D'ailleurs

$$\varphi_i^0 = \text{arc tang}\frac{y_0 - b_i}{x_0 - a_i}.$$

Développons φ_i suivant les puissances croissantes de ξ et η, en nous arrêtant aux termes du premier degré :

$$\varphi_i = \varphi_i^0 + \frac{\eta(x_0 - a_i) - \xi(y_0 - b_i)}{(x_0 - a_i)^2 + (y_0 - b_i)^2}.$$

Soit

$$A_i = - \frac{y_0 - b_i}{(x_0 - a_i)^2 + (y_0 - b_i)^2},$$

$$B_i = \frac{x_0 - a_i}{(x_0 - a_i)^2 + (y_0 - b_i)^2}.$$

Alors

$$\omega_i = \varphi_i - \varphi_i^0 = A_i \xi + B_i \eta.$$

La valeur observée de φ_i est ψ_i,

$$\psi_i = \varphi_i^0 + \varepsilon_i.$$

ε_i sera la valeur observée de ω_i. Les équations que donnent les observations seraient les suivantes :

$$\varepsilon_i = A_i \xi + B_i \eta.$$

Ces équations sont, en général, incompatibles, parce que les observations ne sont pas exactes ; il faut choisir ξ et η de façon que

$$\Sigma (A_i \xi + B_i \eta - \varepsilon_i)^2$$

soit minimum.

Je différentie par rapport à ξ et à η :

$$\Sigma A_i (A_i \xi + B_i \eta - \varepsilon_i) = 0,$$

$$\Sigma B_i (A_i \xi + B_i \eta - \varepsilon_i) = 0;$$

d'où deux équations linéaires pour déterminer ξ et η,

$$\xi \Sigma A^2 + \eta \Sigma AB = \Sigma A \varepsilon;$$

$$\xi \Sigma AB + \eta \Sigma B^2 = \Sigma B \varepsilon.$$

175. Deuxième exemple. — Supposons qu'on ait mesuré neuf angles : soient z_i les valeurs de ces angles, x_i les valeurs observées, y_i les erreurs. Imaginons qu'on ait entre ces neuf angles les quatre relations de condition

$$z_1 + z_2 + z_3 = \pi,$$
$$z_4 + z_5 + z_6 = \pi,$$
$$z_7 + z_8 + z_9 = \pi,$$
$$z_3 + z_4 + z_7 = 2\pi.$$

h_1 étant une quantité très petite donnée par l'observation l'excès sur deux droits de la somme des angles observés,

$$x_1 + x_2 + x_3 = \pi + h_1,$$

d'où

$$y_1 + y_2 + y_3 = h_1.$$

De même

$$y_4 + y_5 + y_6 = h_2,$$
$$y_7 + y_8 + y_9 = h_3.$$

La quatrième équation de condition exprime que

$$y_3 + y_4 + y_7 = h_4.$$

Il s'agit de déterminer les y de façon que la somme

$$\Sigma y_i^2$$

soit minimum.

Je vais introduire quatre quantités auxiliaires, ε_1, ε_2, ε_3, ε_4, correspondant aux quatre quantités h_1, h_2, h_3, h_4. Ainsi, pour y_3, je me servirai du coefficient de y_3 dans la première équation, où il est 1, puis dans la deuxième, puis dans la troisième, où il est 0, puis dans la quatrième, où il est 1 :

$$y_3 = \varepsilon_1 + \varepsilon_4.$$

On trouve de même

$$y_1 = y_2 = \varepsilon_1,$$
$$y_5 = y_6 = \varepsilon_2,$$
$$y_8 = y_9 = \varepsilon_3,$$
$$y_7 = \varepsilon_2 + \varepsilon_4,$$

Pour déterminer les ε, je remplace les y par leur valeur

$$3\varepsilon_1 + \varepsilon_4 = h_1,$$

$$3\varepsilon_2 + \varepsilon_4 = h_2,$$

$$3\varepsilon_3 + \varepsilon_4 = h_3,$$

$$\varepsilon_1 + \varepsilon_2 + \varepsilon_3 + 3\varepsilon_4 = h_4;$$

d'où

$$3(\varepsilon_1 + \varepsilon_2 + \varepsilon_3) + 3\varepsilon_4 = h_1 + h_2 + h_3$$

et

$$6\varepsilon_4 = 3h_4 - h_1 - h_2 - h_3,$$

et ainsi de suite.

Ce procédé est ici plus commode que l'autre. Il y a neuf angles et quatre équations de condition, d'où cinq arbitraires; nous avons eu à résoudre quatre équations à quatre inconnues, et par l'autre méthode nous aurions eu cinq équations à cinq inconnues.

176. Autre exemple. — On a visé un certain nombre de points M_1, M_2, ..., M_n qui ne sont pas en ligne droite et qui devraient l'être : quelle est la droite la plus probable?

Il s'agit de déterminer n nouveaux points en ligne droite, de telle façon que la somme des carrés des erreurs soit minimum.

L'erreur est double : elle porte sur l'abscisse et elle porte sur l'ordonnée. Si je suppose que la probabilité d'une erreur sur l'abscisse soit la même que la probabilité d'une erreur sur l'ordonnée, la somme des carrés des erreurs sur l'abscisse et sur l'ordonnée sera la somme de quantités telles que

$$\overline{M_i P_i}^2.$$

Nous avons besoin, en réalité, non des points P_i, mais de la droite D qui passe par les points P_i : je dis que $M_i P_i$ doit être perpendiculaire à D.

Si elle ne l'était pas, soit $M_i P'_i$ cette perpendiculaire ; en remplaçant $M_i P_i$ par $M_i P'_i$, je diminuerai la somme qu'il s'agit de rendre minimum, et par conséquent elle n'était pas minimum.

Je ne m'occupe plus des P : je vais chercher une droite telle que la somme des carrés des distances des points M_i à cette droite soit minimum.

C'est le moment d'inertie des points par rapport à cette droite qu'il faut rendre minimum, en supposant que chacun des points ait été affecté d'une masse égale à 1.

Comme première propriété, la droite passe par le centre de gravité. Si l'on fait tourner la droite, on sait que le moment d'inertie varie suivant une loi très simple, qui amène à la définition de l'ellipsoïde d'inertie. Ici, cet ellipsoïde serait infiniment aplati, puisque les points sont dans un plan ; la droite est donc le grand axe de l'ellipse à laquelle il se réduit. Cette ellipse d'inertie serait d'ailleurs une ellipse très allongée, puisque les points sont sensiblement en ligne droite.

177. Dans le cas où l'on vise un point dans un plan, la probabilité d'une erreur en abscisse peut n'être pas la même que celle d'une erreur en ordonnée. Les deux erreurs peuvent aussi ne pas être indépendantes. Nous avons étudié ce point en détail dans le Chapitre précédent.

Nous avons été conduits à considérer, dans le cas du point visé, une série de petites ellipses ; la probabilité que les coordonnées du point soient comprises entre x et $x + dx$, y et $y + dy$, s'est exprimée par une fonction

$$e^P \, dx \, dy,$$

et le polynome du second degré P, égalé à une constante, nous a donné l'équation d'une de ces ellipses.

Revenons aux points en ligne droite.

Du point M_1 comme centre je décris une ellipse homothétique à l'ellipse normale, et tangente à D. Je fais la somme des carrés des grands axes des ellipses ainsi décrites autour des divers points M, et j'écris qu'elle est minimum.

Ce cas se ramène aisément au précédent. Par une transformation homographique, ces ellipses peuvent devenir des cercles. Si, par exemple, le petit axe est la moitié du grand axe, on multiplie toutes les abscisses par 2, et l'on n'a plus qu'à chercher le moment d'inertie comme tout à l'heure.

CHAPITRE XIV.

CALCUL DE L'ERREUR A CRAINDRE.

178. Admettons la loi de Gauss.

Un certain nombre d'observations nous ont donné comme résultats de mesure $x_1,\ x_2,\ \ldots,\ x_n$. Il s'agit de savoir la valeur de h et celle de z : tout ce que nous connaissons, c'est $x_1,\ x_2,\ \ldots,\ x_n$, et de plus nous admettons que la loi des erreurs est celle de Gauss.

Posons

$$x_i - z = y_i.$$

Demandons-nous la probabilité pour que z soit compris entre z et $z + dz$, et pour que h soit en même temps compris entre h et $h + dh$.

C'est un problème de probabilité de cause : la cause inconnue, c'est le double fait ci-dessus; l'effet connu, c'est que n observations ont donné $x_1,\ x_2,\ \ldots,\ x_n$.

En représentant, comme précédemment, par ϖ_i la probabilité *a priori* de la cause envisagée, et par p_i la probabilité d'un événement qui s'est produit si l'on admet que la cause a été mise en jeu, la probabilité *a posteriori* de la cause sera

$$\frac{\varpi_i p_i}{\Sigma \varpi_i p_i}.$$

Ici

$$\varpi_i = \psi(z, h)\, dz\, dh,$$

sous la forme la plus générale et sans faire $\psi = 1$: l'idée que nous nous faisons *a priori* de l'habileté de l'observateur doit influer sur la probabilité que nous attribuons à h.

p_i est la probabilité que les observations ont donné des résultats compris entre

$$x_1 \text{ et } x_1 + dx_1, \quad x_2 \text{ et } x_2 + dx_2, \quad \ldots, \quad x_n \text{ et } x_n + dx_n.$$

Posons

$$\Pi = \varphi(x_1 - z)\, \varphi(x_2 - z) \ldots \varphi(x_n - z),$$

où

$$\varphi(x_i - z) = \sqrt{\frac{h}{\pi}}\, e^{-h(x_i - z)^2};$$

alors

$$p_i = \Pi \, dx_1 \, dx_2 \ldots dx_n,$$

et

$$\frac{\varpi_i p_i}{\Sigma \varpi_i p_i} = \frac{\Pi \psi \, dz \, dh \, dx_1 \, dx_2 \ldots dx_n}{\displaystyle\int \Pi \psi \, dz \, dh \, dx_1 \, dx_2 \ldots dx_n}.$$

On n'intègre pas par rapport aux x, dont les différentielles disparaissent haut et bas. Par rapport à z, on intégrera de $-\infty$ à $+\infty$, et par rapport à h de o à $+\infty$.

179. On peut écrire

$$\Pi = \left(\frac{h}{\pi}\right)^{\frac{n}{2}} e^{-h\mathrm{P}},$$

si

$$\mathrm{P} = (x_1 - z)^2 + (x_2 - z)^2 + \ldots + (x_n - z)^2.$$

P est un polynome du second degré en z qui atteint son minimum quand z est la moyenne arithmétique des quantités x; représentons ce minimum, qui est positif, par $n\alpha^2$.

Je pose

$$y = z - \frac{x_1 + x_2 + \ldots + x_n}{n},$$

d'où

$$dz = dy$$

et

$$P = n(y^2 + \alpha^2).$$

Alors

$$\frac{\varpi_i p_i}{\Sigma \varpi_i p_i}$$

devient

$$\frac{h^{\frac{n}{2}} e^{-nh(y^2 + \alpha^2)} \psi \, dy \, dh}{\int h^{\frac{n}{2}} e^{-nh(y^2 + \alpha^2)} \psi \, dy \, dh}.$$

Pour y, comme pour z, on intégrera de $-\infty$ à $+\infty$.

180. Cherchons la probabilité, pour h seulement, d'être compris entre h et $h + dh$, y ayant toutes les valeurs possibles,

$$\frac{dh \int_{-\infty}^{+\infty} h^{\frac{n}{2}} e^{-nh(y^2 + \alpha^2)} \psi \, dy}{\int_0^{\infty} dh \int_{-\infty}^{+\infty} h^{\frac{n}{2}} e^{-nh(y^2 + \alpha^2)} \psi \, dy}.$$

ψ dépendait de z et h; il dépend maintenant de y et h. Restreignons d'abord le problème en supposant toutes les valeurs de y également probables, c'est-à-dire ψ indépendant de y.

On a

$$\int_{-\infty}^{+\infty} e^{-nh(y^2 + \alpha^2)} \, dy = e^{-nh\alpha^2} \int_{-\infty}^{+\infty} e^{-nhy^2} \, dy = e^{-nh\alpha^2} \sqrt{\frac{\pi}{nh}}.$$

La probabilité relative à h seul devient alors

$$\frac{dh \cdot h^{\frac{n-1}{2}} e^{-nh\alpha^2} \psi}{\displaystyle\int_0^\infty dh \cdot h^{\frac{n-1}{2}} e^{-nh\alpha^2} \psi} \cdot$$

181. Quelle est d'abord la valeur la plus probable de h? Cherchons le maximum du numérateur, puisque la probabilité lui est proportionnelle.

Ce numérateur peut s'écrire

$$dh \frac{\psi}{\sqrt{h}} \left(\sqrt{h} e^{-h\alpha^2}\right)^n.$$

Or le maximum de $dh \, \Phi^n \times f$ a lieu en général quand

$$\frac{f'}{f} + \frac{n\Phi'}{\Phi} = 0,$$

et, si n est très grand, on peut négliger $\dfrac{f'}{f}$; le maximum est donc atteint en même temps que celui de Φ.

Ici Φ est $\sqrt{h} \, e^{-h\alpha^2}$; écrivons que la dérivée logarithmique est nulle :

$$\frac{1}{2h} - \alpha^2 = 0.$$

On a ainsi la valeur la plus probable de h.

On remarquera que, en supposant un nombre très grand d'observations, la fonction arbitraire ψ n'intervient pas. Ce n'est pas étonnant : l'hypothèse que nous avions fondée *a priori* sur le plus ou moins d'habileté de l'observateur disparaît devant le grand nombre de résultats que nous contrôlons.

182. Quelle est la valeur probable de h^p? Cette valeur probable est

$$\frac{\int_0^\infty h^{p+\frac{n-1}{2}} e^{-nh\alpha^2}\psi\, dh}{\int_0^\infty h^{\frac{n-1}{2}} e^{-nh\alpha^2}\psi\, dh}$$

ou

$$\frac{\int_0^\infty h^p f\, \Phi^n\, dh}{\int_0^\infty f\, \Phi^n\, dh}.$$

Si n est très grand, nous savons vers quelle limite tend le rapport de ces deux intégrales; c'est

$$\frac{h_0^p f(h_0)}{f(h_0)} = h_0^p,$$

h_0 étant la valeur la plus probable. Ainsi la valeur probable de h^p est h_0^p.

Cette conclusion n'est vraie qu'à la condition que n soit très grand et que p soit fini.

Faisons $\psi = 1$: nous arrivons à des intégrales eulériennes

$$\overline{h^p} = \frac{\int_0^\infty h^{p+\frac{n-1}{2}} e^{-nh\alpha^2}\, dh}{\int_0^\infty h^{\frac{n-1}{2}} e^{-nh\alpha^2}\, dh} = \frac{\Gamma\left(p+\frac{n+1}{2}\right)}{\Gamma\left(\frac{n+1}{2}\right)}\frac{(n\alpha^2)^{-p-\frac{n+1}{2}}}{(n\alpha^2)^{-\frac{n+1}{2}}}.$$

Le rapport des valeurs asymptotiques donne

$$\left(\frac{n}{2}\right)^p (n\alpha^2)^{-p} = \left(\frac{1}{2\alpha^2}\right)^p,$$

ce qui est bien notre conclusion.

Mais, si l'on ne suppose pas p fini, elle ne serait pas applicable. Supposons p très grand, égal à $\dfrac{n}{2}$ par exemple :

$$\frac{\Gamma(2p)}{\Gamma(p)}(n\alpha^2)^{-p} = \frac{(2p)^{2p}e^{-2p}\sqrt{4\pi p}}{p^p e^{-p}\sqrt{2\pi p}}(2p\alpha^2)^{-p}.$$

Le second membre se réduit à $2^p e^{-p}\sqrt{2}\,(\alpha^2)^{-p}$.

On trouve donc pour la valeur moyenne de h^p une expression très différente :

$$\frac{2^p e^{-p}\sqrt{2}}{(\alpha^2)^p} \qquad \text{ou} \qquad \left(\frac{2}{e\alpha^2}\right)^p \sqrt{2}.$$

183. Probabilité de l'erreur commise. — Le problème se divise en trois :

1° On peut se proposer de calculer la probabilité *a priori*.

On n'a pas encore fait les observations ; on sait seulement qu'on va en faire n et qu'on appliquera la méthode des moindres carrés. Nous connaissons aussi l'habileté de l'observateur.

2° Le problème est entièrement différent, si nous ne savons pas à l'avance la valeur à attribuer à la constante qui entre dans la formule de Gauss. Nous ne connaissons pas l'habileté de l'observateur, mais nous connaissons les résultats des observations.

3° Nous connaissons l'habileté de l'observateur et les résultats des observations.

184. Premier problème. — On ne connaît pas les résultats, mais on connaît l'habileté de l'observateur. On suppose alors que le poids est le même.

Soient $y_1, y_2, \ldots, y_n$ les erreurs qu'on va commettre ;

P.

$x_1, x_2, \ldots, x_n$ seront les valeurs approchées des quantités vraies $z_1, z_2, \ldots, z_n$.

Celles-ci seront liées par $q = n - p$ équations de condition :

$$\Phi_i(z_1, z_2, \ldots, z_n) = 0.$$

Si l'on substitue à $z_1, z_2, \ldots, z_n$ les quantités $x_1, x_2, \ldots, x_n$, ces équations ne seront pas satisfaites, et l'on aura

$$\Phi_i(x_1, x_2, \ldots, x_n) = \mu_i,$$

où μ_i est très petit.

Je remplace x_k par $y_k + z_k$, et je développe suivant les puissances croissantes de y_k, en m'arrêtant aux termes du premier degré :

$$A_1 y_1 + \ldots + A_n y_n = \mu_i.$$

Pour fixer les idées, faisons $n = 3$, et supposons qu'il y ait deux équations de condition

$$A_1 y_1 + A_2 y_2 + A_3 y_3 = \mu,$$
$$B_1 y_1 + B_2 y_2 + B_3 y_3 = \mu'.$$

μ, μ' sont très petits, mais je ne connais pas leur valeur, puisque les observations ne sont pas faites.

Il s'agit de calculer les corrections y_i à effectuer sur les valeurs observées x_i; les corrections dépendent évidemment de μ et de μ', et nous aurons, par exemple,

$$y_1 = \theta(\mu, \mu').$$

Je ne connais pas la forme de θ, mais je puis développer suivant les puissances croissantes de μ et de μ', et, comme les μ sont très petits, négliger les carrés des μ; je serai conduit à poser

$$y'_1 = \lambda_1 \mu + \lambda'_1 \mu',$$
$$y'_2 = \lambda_2 \mu + \lambda'_2 \mu',$$
$$y'_3 = \lambda_3 \mu + \lambda'_3 \mu',$$

en général

$$y'_i = \lambda_i \mu + \lambda'_i \mu',$$

les λ étant des constantes à déterminer. Gauss les détermine de façon que la valeur probable de $(y_i - y'_i)^2$, c'est-à-dire de

$$(y_i - \lambda_i \mu - \lambda'_i \mu')^2,$$

soit minimum.

Il s'agit de la valeur probable en supposant que l'on connaisse d'avance l'habileté de l'observateur, mais non les résultats. Si on connaissait les deux, la solution serait en général différente.

185. Pour bien faire comprendre cette différence, je vais examiner le cas le plus simple : on a observé plusieurs fois la même quantité z.

On prend la moyenne des observations, ce qui est conforme à la méthode des moindres carrés.

L'erreur commise sur la moyenne sera

$$\frac{y_1 + y_2 + \ldots + y_n}{n}.$$

La probabilité *a priori* de l'erreur commise, pour la première observation, par exemple, sera $\varphi(y_1)\, dy_1$.

La probabilité *a priori* pour que z soit compris entre z et $z + dz$ sera $\psi(z)\, dz$.

Cherchons la valeur probable de $\left(\dfrac{y_1 + y_2 + \ldots + y_n}{n} \right)^2$,

quand *on ne connaît pas* les résultats des observations, et.

qu'on connaît ψ,

$$A = \int \cdots \int \int \left(\frac{y_1 + y_2 + \ldots + y_n}{n} \right)^2$$

$$\times \varphi(y_1)\,\varphi(y_2)\ldots\varphi(y_n)\,dy_1\,dy_2\ldots dy_n.$$

C'est la première valeur probable.

Si l'on connaît à la fois l'habileté de l'observateur et les résultats, on a une deuxième valeur probable très différente

$$B = \frac{\int \left(\dfrac{y_1 + y_2 + \ldots + y_n}{n} \right)^2 \varphi(y_1)\,\varphi(y_2)\ldots\varphi(y_n)\,\psi(z)\,dz}{\int \varphi(y_1)\,\varphi(y_2)\ldots\varphi(y_n)\,\psi(z)\,dz}.$$

Dans le premier cas, on avait affaire à n variables indépendantes $y_1, y_2, \ldots, y_n$ d'où une intégrale multiple d'ordre n; dans le second, on n'a plus qu'une seule variable z.

Supposons qu'au lieu d'appliquer la règle de la moyenne et d'adopter, par conséquent, pour z la valeur

$$\frac{x_1 + x_2 + \ldots + x_n}{n},$$

on ait adopté une autre valeur

$$\frac{x_1 + x_2 + \ldots + x_n}{n} + \varepsilon;$$

l'erreur commise eût été égale à

$$\frac{y_1 + y_2 + \ldots + y_n}{n} + \varepsilon.$$

Nous aurions trouvé alors pour la valeur probable du

carré de cette erreur *sans connaître les résultats*

$$A = \int \cdots \int \int \left(\frac{y_1 + y_2 + \ldots + y_n}{n} + \varepsilon \right)^2$$
$$\times \varphi(y_1) \varphi(y_2) \ldots \varphi(y_n) \, dy_1 \, dy_2 \ldots dy_n,$$

et pour la valeur probable de ce même carré *connaissant les résultats*

$$B = \frac{\displaystyle\int \left(\frac{y_1 + y_2 + \ldots + y_n}{n} + \varepsilon \right)^2 \varphi(y_1) \varphi(y_2) \ldots \varphi(y_n) \psi(z) \, dz}{\displaystyle\int \varphi(y_1) \varphi(y_2) \ldots \varphi(y_n) \psi(z) \, dz}.$$

Alors A atteint son minimum pour $\varepsilon = 0$, *pourvu que la fonction φ soit paire.*

Au contraire, pour que B atteigne son minimum pour $\varepsilon = 0$, *il faut que la loi de Gauss soit vraie.*

Gauss s'était placé au premier point de vue dans l'analyse que nous avons reproduite au Chapitre XI, paragraphes 129 et suivants, et il avait ainsi démontré que la règle de la moyenne est toujours légitime.

Il s'était placé au second point de vue dans l'analyse que nous avons reproduite au Chapitre X, paragraphes 108 et suivants, et il avait démontré que cette règle n'est légitime que si la loi de Gauss est vraie.

186. Revenons au problème qui nous occupe, cherchons à déterminer les λ. Il s'agit de rendre minimum

$$\overline{(y_1 - \lambda_1 \mu - \lambda'_1 \mu')^2}.$$

μ et μ' sont des fonctions linéaires des y; donc c'est un polynome homogène et du deuxième degré, par rapport à $y_1, y_2, \ldots, y_n$, qu'il faut rendre minimum.

Par hypothèse, les poids sont les mêmes.

Soit m^2 la valeur probable de y_1^2; m^2 sera aussi la valeur probable de y_2^2, et celle de y_3^2.

Si nous avions à faire trois observations, nous n'aurions pas le droit de supposer *à l'avance* y_1 plus grand que y_2 ou que y_3.

La valeur probable du produit $y_1 y_2$ sera nulle : elle sera le produit de la valeur probable de y_1 par la valeur probable de y_2, et la valeur probable de y_1 est nulle puisqu'il n'y a pas d'erreurs systématiques. Cela est vrai, parce qu'on ne connaît pas les résultats observés, et ne le serait plus si on les connaissait.

Comment trouver la valeur probable du polynome? On remplace tous les termes carrés par m^2, tous les doubles produits par o.

Ce polynome, si l'on substitue à μ, et μ' leur expression en fonction des y, devient

$$(y_1 - \lambda_1 A_1 y_1 - \lambda'_1 B_1 y_1)^2 + \ldots;$$

le coefficient de y_1^2 est $(\lambda_1 A_1 + \lambda'_1 B_1 - 1)^2$; celui de y_2^2 est $(\lambda_1 A_2 + \lambda'_1 B_2)^2$; celui de y_3^2 est $(\lambda_1 A_3 + \lambda'_1 B_3)^2$.

Donc $\overline{(y_1 - \lambda_1 \mu - \lambda'_1 \mu')^2}$ est égal à

$$m^2[(A_1 \lambda_1 + B_1 \lambda'_1 - 1)^2 + (A_2 \lambda_1 + B_2 \lambda'_1)^2 + (A_3 \lambda_1 + B_3 \lambda'_1)^2].$$

Voilà ce qu'il faut rendre minimum.

187. Appelons $m^2 P$ le second membre : il représente la valeur probable du carré de l'erreur, $(y_1 - y'_1)^2$, qui subsiste après la correction.

Égalons à zéro les deux dérivées

$$\frac{dP}{d\lambda_1} = \frac{dP}{d\lambda'_1} = o,$$

c'est-à-dire

$$A_1(A_1\lambda_1 + B_1\lambda'_1 - 1) + A_2(A_2\lambda_1 + B_2\lambda'_1) + A_3(A_3\lambda_1 + B_3\lambda'_1) = 0,$$

et, par symétrie,

$$B_1(A_1\lambda_1 + B_1\lambda'_1 - 1) + B_2(A_2\lambda_1 + B_2\lambda'_1) + B_3(A_3\lambda_1 + B_3\lambda'_1) = 0.$$

Ce système peut s'écrire

$$\lambda_1 \Sigma A^2 + \lambda'_1 \Sigma AB = A_1,$$
$$\lambda_1 \Sigma AB + \lambda'_1 \Sigma B^2 = B_1.$$

Il est linéaire par rapport à λ_1 et λ'_1.

J'y ajoute l'équation qui donne y'_1

$$\lambda_1 \mu + \lambda'_1 \mu' = y'_1.$$

En éliminant λ_1 et λ'_1

$$\begin{vmatrix} \Sigma A^2 & \Sigma AB & A_1 \\ \Sigma AB & \Sigma B^2 & B_1 \\ \mu & \mu' & y'_1 \end{vmatrix} = 0.$$

De là on tire y'_1, et l'on pourrait raisonner de même pour avoir y'_2 et y'_3.

188. Telles sont les corrections à faire pour rendre minimum la valeur probable du carré de l'erreur après la correction.

Elles sont conformes à la méthode des moindres carrés.

En effet, y'_1, y'_2, y'_3 vérifient :

$$A_1 y'_1 + A_2 y'_2 + A_3 y'_3 = \mu,$$
$$B_1 y'_1 + B_2 y'_2 + B_3 y'_3 = \mu'.$$

Pour calculer les y', il faut rendre minimum la somme des y'^2_i.

Donc

$$\Sigma y'_i \, dy'_i = 0.$$

D'autre part,

$$\Sigma A_i \, dy_i' = 0,$$
$$\Sigma B_i \, dy_i' = 0.$$

La première de ces deux équations doit être une conséquence des deux autres; donc

$$y_i' = \varepsilon A_i + \varepsilon' B_i,$$

d'où

$$\varepsilon \Sigma A^2 + \varepsilon' \Sigma AB = \mu,$$

et, par symétrie,

$$\varepsilon \Sigma AB + \varepsilon' \Sigma B^2 = \mu'.$$

En éliminant ε et ε' entre ces trois équations,

$$\begin{vmatrix} \Sigma A^2 & \Sigma AB & \mu \\ \Sigma AB & \Sigma B^2 & \mu' \\ A_1 & B_1 & y_i' \end{vmatrix} = 0.$$

Le déterminant est le même que le précédent.

Ainsi le résultat est le même, qu'on applique la méthode des moindres carrés, ou bien qu'on fasse la correction de façon à rendre minimum la valeur probable du carré de l'erreur après correction.

189. On peut se demander maintenant quelle est cette valeur minimum : c'est celle de $m^2 P$. La valeur de P peut être mise sous une forme plus simple. Rendons-la homogène,

$$P = (A_1 \lambda_1 + B_1 \lambda_1' - \lambda_1'')^2 + (A_2 \lambda_1 + B_2 \lambda_1')^2 + (A_3 \lambda_1 + B_3 \lambda_1')^2,$$

et appliquons le théorème des fonctions homogènes; on a

$$2P = \frac{dP}{d\lambda_1} \lambda_1 + \frac{dP}{d\lambda_1'} \lambda_1' + \frac{dP}{d\lambda_1''} \lambda_1''.$$

Or $\dfrac{d\mathrm{P}}{d\lambda_1}$ et $\dfrac{d\mathrm{P}}{d\lambda'_1}$ sont nuls; $\lambda''_1 = 1$; il reste

$$2\,\mathrm{P} = \frac{d\mathrm{P}}{d\lambda''_1},$$

$$\mathrm{P} = \frac{1}{2}\frac{d\mathrm{P}}{d\lambda''_1} = 1 - \mathrm{A}_1\lambda_1 - \mathrm{B}_1\lambda'_1.$$

Le produit par m^2 est la valeur probable du carré de l'erreur qui subsiste après la correction.

Quand les observations deviennent de plus en plus nombreuses, la valeur probable du carré de l'erreur va en diminuant.

190. Introduisons une quatrième quantité et une troisième équation de condition

$$\mathrm{C}_1\,y_1 + \mathrm{C}_2\,y_2 + \mathrm{C}_3\,y_3 + \mathrm{C}_4\,y_4 = \mu''.$$

Tout à l'heure nous avions à rendre minimum

$$(\mathrm{I}) \qquad \overline{(y_1 - \lambda_1\mu - \lambda'_1\mu')^2};$$

maintenant c'est

$$(2) \qquad \overline{(y_1 - \lambda_1\mu - \lambda'_1\mu' - \lambda''_1\mu'')^2}.$$

Il y a une indéterminée de plus, λ''_1; le minimum de l'expression (2) est évidemment plus petit que celui de l'expression (1); car il suffit de faire $\lambda''_1 = 0$ dans l'expression (2) pour retomber sur l'expression (1).

191. Allons plus loin. Soit y l'erreur réellement commise.

y' étant la correction, $y - y'$ est l'erreur qui subsiste après la correction.

Σy^2 est la somme des carrés des erreurs commises; la valeur probable de cette somme est nm^2.

Cherchons la valeur probable de la somme des carrés des corrections, $\Sigma \overline{y'^2}$; et la valeur probable de la somme des carrés des erreurs après corrections, $\Sigma \overline{(y - y')^2}$.

192. J'observe que nous avons

$$y'_i = \lambda_i \mu + \lambda'_i \mu';$$

y est une fonction linéaire des μ, qui sont des fonctions linéaires des y. Donc y' est une fonction linéaire des y.

Ces fonctions y' ne sont pas linéairement indépendantes, car elles peuvent s'exprimer linéairement en fonction de deux d'entre elles, dans le cas présent, et en général en fonction d'autant d'entre elles qu'il y a de quantités μ, c'est-à-dire de $n - p$ d'entre elles, puisqu'il y a autant de μ que d'équations de condition.

Considérons les $y_i - y'_i$: ce sont aussi des fonctions linéaires des y, mais pas linéairement indépendantes; elles sont liées par les conditions

$$A_1(y_1 - y'_1) + A_2(y_2 - y'_2) + A_3(y_3 - y'_3) = 0,$$
$$B_1(y_1 - y'_1) + B_2(y_2 - y'_2) + B_3(y_3 - y'_3) = 0.$$

Il y a ici deux relations linéaires; en général, il y en a p.

Ainsi les y' s'expriment en fonction linéaire de $n - p$ d'entre elles; et les $y - y'$ en fonction linéaire de p d'entre elles.

193. Je dis qu'on a identiquement

$$\Sigma y_i y'_i = \Sigma y'^2_i.$$

En effet

$$y'_i = \varepsilon A_i + \varepsilon' B_i.$$
$$\Sigma y_i y'_i = \varepsilon \Sigma A_i y_i + \varepsilon' \Sigma B_i y_i = \varepsilon \mu + \varepsilon' \mu',$$
$$\Sigma y'^2_i = \varepsilon \Sigma A_i y'_i + \varepsilon' \Sigma B_i y'_i = \varepsilon \mu + \varepsilon' \mu'.$$

Autre identité

$$\Sigma y^2 = \Sigma y'^2 + \Sigma (y - y')^2.$$

En effet, en développant $\Sigma (y - y')^2$,

$$\Sigma y^2 = \Sigma y'^2 + \Sigma y^2 - 2\Sigma y y' + \Sigma y'^2,$$

ce qui est bien une identité, puisque en vertu de la précédente identité

$$\Sigma y'^2 - 2\Sigma y y' + \Sigma y'^2 = 0.$$

194. Cherchons la valeur probable $\overline{\Sigma y'^2}$. C'est une forme quadratique par rapport aux y.

On multiplie m^2 par la somme des coefficients des termes carrés, ou, autrement, on considère l'*équation en* S.

Soient F et F' deux formes quadratiques par rapport à n variables ; si S est une constante,

$$F - SF'$$

sera encore une forme quadratique par rapport aux n variables.

En écrivant que le discriminant est nul, on obtient une équation d'ordre n en S, dite équation en S.

La propriété de cette équation est de ne pas changer quand on fait un changement linéaire de variables : c'est une équation invariante.

Supposons maintenant que nous nous proposions de calculer la valeur probable d'une forme quadratique ; je prends $F' = \Sigma y^2$. Écrivons que le discriminant de

$$F - S\Sigma y^2$$

est nul.

La somme des racines de cette équation est la somme des coefficients des carrés.

Soit

$$F = A y_1^2 + A' y_2^2 + A'' y_3^2 + 2 B y_2 y_3 + 2 B' y_3 y_1 + 2 B'' y_1 y_2.$$

Le discriminant donne

$$\begin{vmatrix} A - S & B'' & B' \\ B'' & A' - S & B \\ B' & B & A'' - S \end{vmatrix} = 0$$

ou

$$- S^3 + (A + A' + A'') S^2 + \ldots = 0.$$

La somme des racines est bien $A + A' + A''$; d'autre part, la valeur probable de y_1^2 étant m^2 et celle de $y_1 y_2$ étant 0, celle de F sera

$$m^2 (A + A' + A'').$$

Comme règle, on forme donc $F - S \Sigma y^2$, on prend la somme des racines de l'équation en S et on multiplie par m^2.

195. Appliquons ceci à la forme quadratique Σy^2.

Soit la forme

$$\Phi = \Sigma y'^2 - S \Sigma y^2$$

ou, d'après le paragraphe 193,

$$\Phi = (1 - S) \Sigma y'^2 - S \Sigma (y - y')^2.$$

Formons l'équation en S et cherchons la somme des racines.

Les quantités y' s'expriment linéairement en fonction de $n - p$ d'entre elles; $\Sigma y'^2$ se décompose donc en une somme de $n - p$ carrés, et l'on a, les ξ étant des fonctions linéaires des y,

$$\Sigma y'^2 = \xi_1^2 + \xi_2^2 + \ldots + \xi_{n-p}^2.$$

Les $y - y'$ s'expriment en fonction de p d'entre elles, et l'on a, les η étant des fonctions linéaires des y,

$$\Sigma(y - y')^2 = \eta_1^2 + \eta_2^2 + \ldots + \eta_p^2.$$

Les n fonctions linéaires ainsi obtenues sont linéairement indépendantes. Remarquons en effet qu'on a

$$\Sigma y^2 = \Sigma \xi^2 + \Sigma \eta^2.$$

Le premier membre est une somme de n carrés

$$y_1^2, \quad y_2^2, \quad \ldots, \quad y_n^2;$$

le discriminant de la forme du premier membre est 1. Le second membre ne peut avoir pour discriminant 0. On a ainsi

$$\Phi = (1 - S)\Sigma \xi^2 - S \Sigma \eta^2.$$

Le discriminant est

$$(S - 1)^{n-p} S^p = 0;$$

$n - p$ racines sont égales à 1, et p égales à 0, la somme des racines est $n - p$.

La valeur probable de Σy^2 est nm^2; d'après la règle exposée plus haut, la valeur probable de Σy^2 sera

$$\overline{\Sigma y'^2} = (n - p) m^2.$$

Donc

$$\overline{\Sigma(y - y')^2} = pm^2,$$

par différence.

Ainsi : $1°$ la valeur probable de la somme des carrés des erreurs commises est nm^2; $2°$ la valeur probable de la somme des carrés des corrections faites est $(n - p) m^2$; $3°$ la valeur probable de la somme des carrés des erreurs après corrections est pm^2.

196. La valeur probable de $\Sigma \overline{y'^2}$ est plus petite que la valeur probable de $\Sigma \overline{y^2}$.

C'était aisé à prévoir.

Nous cherchons à déterminer les corrections de façon que la somme des carrés des corrections soit minimum : c'est le principe même de la méthode des moindres carrés.

A mesure que les observations augmentent, si nous considérons l'erreur commise sur une observation, nous allons démontrer qu'elle tend vers zéro.

Supposons que les observations augmentent constamment; le nombre p demeure constant, ainsi que pm^2; le nombre des termes va en augmentant : il y a des chances pour que chaque terme diminue constamment.

Si nous considérons la plus petite des quantités $\overline{(y_k - y'_k)^2}$, elle sera certainement inférieure à $\dfrac{pm^2}{n}$.

Observons une même quantité n fois; une seule variable indépendante : $p = 1$.

$$\Sigma \overline{(y - y')^2} = m^2.$$

Nous avons n termes; n observations faites dans les mêmes conditions; donc

$$\overline{(y - y')^2} = \frac{m^2}{n}.$$

197. Jusqu'à présent, nous avons supposé que la précision était connue, mais que les observations n'étaient pas faites.

Le problème se pose autrement; on ne sait rien sur la précision, mais les observations sont faites.

Nous voulons en conclure la valeur de h ou celle de m^2.

Voici la solution.

Les y ne sont pas connues; les y' le sont par la méthode des moindres carrés. $\Sigma y'^2$ est connu.

J'égale sa valeur à la valeur probable calculée *a priori*

$$\Sigma y'^2 = (n - p)m^2,$$

d'où m^2.

198. Cette méthode a été critiquée par J. Bertrand.

En effet, si on l'avait appliquée à une autre combinaison, par exemple $\Sigma y'^4$, on en aurait déduit une valeur de m qui n'eût pas été la même. La méthode peut devenir suspecte.

C'est un problème de probabilité des causes, et nous appliquerons les règles de ce calcul.

On demande la probabilité *a posteriori* pour que h soit compris entre certaines limites.

Cette probabilité est

$$\frac{p_i \varpi_i}{\Sigma p_i \varpi_i}.$$

ϖ_i est la probabilité *a priori* de la cause, c'est-à-dire pour que h soit compris entre h et $h + dh$; p_i est la probabilité pour que, si la cause a agi, les observations aient donné des résultats respectivement compris entre x_1 et $x_1 + dx_1$, x_2 et $x_2 + dx_2$, ..., x_n et $x_n + dx_n$.

Cherchons la valeur probable d'une fonction de h, $f(h)$; cette valeur probable est

$$\overline{f(h)} = \frac{\Sigma f(h) p_i \varpi_i}{\Sigma p_i \varpi_i}.$$

Faisons de suite la remarque que le résultat va dépendre de la probabilité *a priori*; le résultat de Gauss ne peut donc déjà être tout à fait exact.

Si je détermine h par

$$f(h) = \overline{f(h)},$$

cette valeur probable de h dépendra de la fonction f.

Si je cherche la valeur la plus probable, ce sera la même chose.

On peut se tirer d'affaire à une condition : c'est que le nombre n soit très grand. Le facteur ϖ_i n'a plus grande influence ; ainsi, pour

$$f(h) = h^\nu,$$

toutes les méthodes conduisent au même résultat, si toutefois le nombre des observations est très grand.

199. Lorsqu'on observe une quantité z, et que les observations ont donné x_1, x_2, ..., x_n, on peut représenter ϖ_i et p_i par

$$\varpi_i = \psi(h, z)\, dh\, dz,$$
$$p_i = \Pi\, dx_1\, dx_2 \ldots dx_n.$$

La probabilité *a posteriori* pour que h soit compris entre h et $h + dh$, et z entre z et $z + dz$, est

$$\frac{\Pi\, \psi(h, z)\, dh\, dz\, dx_1\, dx_2 \ldots dx_n}{\int \Pi\, \psi(h, z)\, dh\, dz\, dx_1\, dx_2 \ldots dx_n}.$$

Les différentielles dx_1, dx_2, ..., dx_n disparaissent dans ce rapport, et il faut intégrer par rapport à h de o à $+\infty$ et par rapport à z de $-\infty$ à $+\infty$.

Imaginons que, au lieu d'une quantité z, il y en ait n, z_1, z_2, ..., z_n, qui dépendent de p variables u_1, u_2, ..., u_p, et que les valeurs observées des z soient x_1, x_2, ..., x_n ; les erreurs commises sont y_1, y_2, ..., y_n.

ϖ_i sera la probabilité *a priori* de la cause : ici, pour que h soit compris entre h et $h + dh$, et pour que u_1 soit compris entre u_1 et $u_1 + du_1$, u_2 entre u_2 et $u_2 + du_2$, ...,

$$\varpi_i = \psi(h,\, u_1,\, u_2,\, \ldots,\, u_p)\, dh\, du_1\, du_2 \ldots du_p.$$

p_i sera la probabilité de l'effet en supposant que la cause ait agi

$$p_i = \Pi\, dx_1\, dx_2 \ldots dx_n,$$

où

$$\Pi = \sqrt{\frac{h}{\pi}}\, e^{-h\,\Sigma y^2}.$$

La probabilité *a posteriori* sera

$$\frac{\Pi\, \psi(h,\, u_1,\, u_2,\, \ldots,\, u_p)\, dh\, du_1\, du_2 \ldots du_p\, dx_1\, dx_2 \ldots dx_n}{\displaystyle\int \Pi\, \psi(h,\, u_1,\, u_2,\, \ldots,\, u_p)\, dh\, du_1\, du_2 \ldots du_p\, dx_1\, dx_2 \ldots dx_n}.$$

Il faut intégrer par rapport à h de 0 à $+\infty$, et par rapport aux u de $-\infty$ à $+\infty$; quant aux différentielles des x, elles disparaissent comme précédemment.

La probabilité cherchée s'écrit donc

$$\frac{\Pi\, \psi\, dh\, du_1\, du_2 \ldots du_p}{\displaystyle\int \Pi\, \psi\, dh\, du_1\, du_2 \ldots du_p}.$$

200. Elle dépend de la fonction ψ qui est entièrement arbitraire, et qui est soumise à l'idée que nous nous faisons *a priori* de la valeur des u et de l'exactitude que nous attribuons *a priori* aux observations ; mais ψ ne joue pas le plus grand rôle si les observations sont nombreuses.

Je vais appliquer à cette fonction ψ une forme particulière, en supposant qu'elle ne dépend pas de h.

On justifie cette manière de voir en disant que les mesures donneront en général aux u des valeurs très voisines les unes des autres ; qu'elles sont comprises dans un petit intervalle où la valeur de z variera peu si les observations sont concordantes.

La valeur probable de h^ν sera

$$\overline{h^\nu} = \frac{\displaystyle\int \Pi\,\psi\,h^\nu\,dh\,du_1\,du_2\ldots du_p}{\displaystyle\int \Pi\,\psi\,dh\,du_1\,du_2\ldots du_p}.$$

Ces deux intégrales doivent être calculées de la même manière : h y varie de o à $+\infty$ et les u de $-\infty$ à $+\infty$.

201. Qu'est-ce que Σy^2? C'est une fonction de x_i qui est connu, et de z_i qui est une fonction des u.

Par la méthode des moindres carrés, on obtient comme valeur à adopter pour u_i la valeur u_i^0 : les valeurs des u ainsi définies ne sont pas exactes, mais elles sont les plus convenables à adopter,

$$u_i = u_i^0 + v_i,$$

v_i étant très petit.

Les y_i sont des fonctions des v_i, et on peut les considérer comme des fonctions linéaires des v_i, en négligeant les carrés.

Le polynome

$$\Sigma y^2 = P$$

sera du second degré par rapport aux v_i, mais non homogène ; il atteint son minimum quand les v_i sont nuls.

Les équations

$$\frac{dP}{dv_i} = o$$

doivent être satisfaites quand les v_i sont nuls.

Donc P ne renferme que des termes du second degré et du degré zéro ; il n'y a pas de termes du premier degré.

$$P = P_0 + P_2.$$

P_0 est le minimum de Σy^2, ce qu'on a appelé $\Sigma y'^2$, dont la valeur probable est $(n-p) m^2$. Donc P_0 est très grand en général, et il y a d'autant plus de chances qu'il soit grand, qu'il y a plus d'observations.

$$P_0 = (n-p)A,$$

A étant une constante.

Le polynome P_2 est obtenu en additionnant entre eux les termes du second degré ; il y a un très grand nombre de carrés, il y en a n, et les coefficients du polynome P_2 sont du même ordre de grandeur que n.

$$P_2 = (n-p)Q,$$

Q étant de l'ordre de grandeur de A.

La valeur probable de h^v sera

$$\overline{h^v} = \frac{\int \psi\, h^v \left(\frac{h}{\pi}\right)^{\frac{n}{2}} e^{-h(n-p)(A+Q)}\, dh\; dv_1\, dv_2 \ldots dv_p}{\int \psi \left(\frac{h}{\pi}\right)^{\frac{n}{2}} e^{-h(n-p)(A+Q)}\, dh\; dv_1\, dv_2 \ldots dv_p};$$

on intègre par rapport à h de 0 à $+\infty$, et par rapport aux v de $-\infty$ à $+\infty$.

202. La première intégrale porte sur

$$e^{-h(n-p)A}$$

qui dépend de h et sur

$$e^{-\dot{h}(n-p)Q}$$

qui dépend des v.

Il faut calculer haut et bas

$$\int e^{-h(n-p)Q}\,dv_1\,dv_2\dots dv_p.$$

Q est un polynome homogène et du second degré par rapport aux v ; je pose

$$\omega_i = v_i\sqrt{h}.$$

hQ devient un polynome Q' homogène et du second degré par rapport aux ω.

L'intégrale devient

$$\int e^{-(n-p)Q}\,d\omega_1\,d\omega_2\dots d\omega_p\,h^{-\frac{p}{2}}.$$

Les limites de l'intégrale restent les mêmes, et la valeur de l'intégrale est

$$B\,h^{-\frac{p}{2}},$$

où B ne dépend pas de h.

Alors

$$\overline{h^\nu} = \frac{\displaystyle\int_0^\infty dh\,\psi\,h^\nu\pi^{-\frac{n}{2}}h^{\frac{n-p}{2}}e^{-h A(n-p)}B}{\displaystyle\int_0^\infty dh\,\psi\,\pi^{\frac{n}{2}}h^{\frac{n-p}{2}}e^{-h A(n-p)}B}$$

ou

$$\overline{h^\nu} = \frac{\displaystyle\int_0^\infty \psi\,h^\nu h^{\frac{n-p}{2}}e^{-h A(n-p)}\,dh}{\displaystyle\int_0^\infty \psi\,h^{\frac{n-p}{2}}e^{-h A(n-p)}\,dh}.$$

Je pose

$$\Phi = \sqrt{h}\, e^{-hA},$$

$$h^v = \frac{\displaystyle\int_0^\infty \psi\, h^v\, \Phi^{n-p}\, dh}{\displaystyle\int_0^\infty \psi\, \Phi^{n-p}\, dh},$$

formule qui dépend de ψ.

203. Si nous voulions pousser plus loin, il faudrait introduire une hypothèse sur ψ. Cependant, quand on suppose $n - p$ très grand, la fonction ψ n'a plus d'influence.

Lorsqu'on a

$$\frac{\displaystyle\int F\, \Phi^n\, dh}{\displaystyle\int F_1\, \Phi^n\, dh},$$

et qu'on fait croître n indéfiniment, la limite de ce rapport est

$$\frac{F\,(h_0)}{F_1(h_0)},$$

où h_0 est la valeur qui rend Φ maximum.

On a donc ici

$$\overline{h^v} = \frac{\psi(h_0)\, h^v}{\psi(h_0)},$$

c'est-à-dire

$$\overline{h^v} = h_0^v,$$

h_0 étant la valeur qui rend Φ maximum.

A cette condition de n très grand, la valeur probable de h^v ne dépend plus de ψ; la valeur probable de h est toujours h_0, quel que soit v.

Il n'en serait pas de même si l'on ne supposait pas n très grand.

De plus, n doit être très grand, non seulement en valeur absolue, mais par rapport à p d'une part et à ν d'autre part.

Ainsi, si

$$\nu = \frac{n-p}{2},$$

il faudrait rendre maximum non plus Φ, mais $\Phi h^{\frac{1}{2}}$.

204. Si n n'était pas très grand, on aurait à rendre maximum

$$\psi \Phi^{n-p},$$

d'où

$$\frac{\psi'(h)}{\psi(h)} + (n-p)\frac{\Phi'(h)}{\Phi(h)} = 0;$$

si n est grand, la valeur de h est à très peu près celle qui rend maximum $\Phi(h)$. On a

$$h_0 = \frac{1}{2A} = \frac{n-p}{2\Sigma y^2},$$

car

$$\Sigma y'^2 = (n-p)A;$$

ce résultat est conforme à la loi de Gauss,

$$\Sigma y'^2 = (n-p)m^2.$$

La valeur probable du carré de l'erreur est

$$m^2 = \frac{1}{2h_0},$$

d'où

$$\Sigma y'^2 = \frac{n-p}{2h_0},$$

et par suite

$$h_0 = \frac{n - p}{2 \Sigma y'^2};$$

c'est bien la même valeur.

Il ne faudrait pas attacher grande importance à ce qu'on a raisonné sur $n - p$ au lieu de n, parce que n est très grand et que $\frac{n - p}{n}$ est voisin de 1.

La règle est donc justifiée si le nombre des observations est très grand.

CHAPITRE XV.

THÉORIE DE L'INTERPOLATION

205. Je vais appliquer la méthode des moindres carrés à une question nouvelle, la *recherche d'une fonction inconnue $f(x)$*.

Nous mesurons certaines valeurs de cette fonction.

$$f(a_1) = A_1,$$
$$f(a_2) = A_2,$$
$$\dots\dots\dots\dots$$
$$f(a_n) = A_n.$$

Construisons la courbe

$$y = f(x),$$

dont on a ainsi un certain nombre de points.

On pourrait toujours, par ces points M_1, M_2, ..., M_n, faire passer une courbe, mais cette solution ne serait pas la meilleure : on fait passer une courbe *près* de ces points, aussi *continue* que possible.

Un autre procédé présente aussi un certain degré d'arbitraire comme le procédé géométrique : je veux que ma courbe soit de degré q aussi petit que possible,

$$f(x) = C_0 + C_1 x + \dots + C_q x^q ;$$

q est plus petit que $n-1$; car si q était égal à $n-1$, on aurait une fonction satisfaisant exactement aux conditions.

Quelle valeur attribuer à q? Cette valeur est arbitraire. On la choisit d'abord assez petite, puis, si elle est insuffisante, on introduit un terme de plus dans le second membre, et ainsi de suite.

206. Laissons de côté ce mode de tâtonnements et supposons q choisi.

Nous déterminerons les coefficients du polynome de telle façon que

$$\Sigma[f(a_i) - A_i]^2$$

soit minimum.

$f(x)$ est linéaire par rapport aux coefficients C.

Je vais poser

$$F(x) = (x-a_1)(x-a_2)\ldots(x-a_n).$$

La question se rattache au développement en fraction continue du rapport

$$\frac{F'(x)}{F(x)}$$

Ce développement s'opère comme si l'on cherchait le plus grand commun diviseur de F et de F'. On aura successivement

$$F = Q_1 F' + R_1,$$
$$F' = Q_2 R_1 + R_2,$$
$$R_1 = Q_3 R_2 + R_3,$$
$$\ldots\ldots\ldots\ldots\ldots,$$
$$R_{n-3} = Q_{n-1} R_{n-2} + R_{n-1},$$
$$R_{n-2} = Q_n R_{n-1}.$$

Il n'y a pas de terme R_n dans la dernière équation, car $R_n = 0$.

En général, F est de degré n, F′ de degré $n-1$, R_1 de degré $n-2$, R_p de degré $n-p-1$, R_{n-1} de degré o et tous les Q de degré 1.

On a

$$\frac{F'}{F} = \cfrac{1}{Q_1 + \cfrac{R_1}{F'}},$$

$$\frac{R_1}{F'} = \cfrac{1}{Q_2 + \cfrac{R_2}{R_1}},$$

$$\dots\dots\dots\dots,$$

$$\frac{R_{n-2}}{R_{n-3}} = \cfrac{1}{Q_{n-1} + \cfrac{R_{n-1}}{R_{n-2}}},$$

$$\frac{R_{n-1}}{R_{n-2}} = \frac{1}{Q_n}.$$

Ainsi

$$\frac{F'}{F} = \cfrac{1}{Q_1 + \cfrac{1}{Q_2 + \cfrac{1}{Q_3 + \dots + \cfrac{1}{Q_{n-1} + \cfrac{1}{Q_n}}}}}.$$

207. Nous avons à considérer les réduites successives de ce développement. Comme

$$F - Q_1 F' = R_1,$$

à la place de

$$F' - Q_2 R_1 = R_2,$$

je puis écrire

$$- Q_2 F + F'(1 + Q_1 Q_2) = R_2.$$

Si je pose

$$N_1 = 1, \qquad D_1 = Q_1,$$

j'aurai

$$N_1 F - D_1 F' = R_1.$$

Si je pose

$$N_2 = - Q_2, \qquad D_2 = - (1 + Q_1 Q_2)$$

j'aurai

$$N_2 F - D_2 F' = R_2.$$

Nous exprimerons de la même manière un quelconque des restes successifs,

$$N_i F - D_i F' = R_i,$$
$$N_{i+1} F - D_{i+1} F' = R_{i+1}.$$

Comme

$$R_i = Q_{i+2} R_{i+1} + R_{i+2},$$
$$R_{i+2} = (N_i F - D_i F') - Q_{i+2}(N_{i+1} F - D_{i+1} F'),$$

si je pose

$$N_{i+2} = N_i - Q_{i+2} N_{i+1},$$
$$D_{i+2} = D_i - Q_{i+2} D_{i+1},$$

j'aurai encore

$$R_{i+2} = N_{i+2} F - D_{i+2} F'.$$

Sur ces relations de récurrence, on constate que

$$R_1, \quad R_2, \quad \ldots \quad \text{et} \quad R_{n-2}$$

sont respectivement de degré $n - 2$, $n - 3$, ... et 1, et que R_{n-1} est une constante. N_1 est de degré 0, N_2 de degré 1, ..., N_i de degré $i - 1$. On voit aisément que, si cette proposition est vraie pour N_i et N_{i+1}, elle l'est encore pour N_{i+2}. D_i est de degré i.

208. Je dis maintenant que N_i et D_i sont le numérateur et le dénominateur de la réduite d'ordre i.

Les relations de récurrence rendent ceci évident; mais on peut le voir autrement.

J'écris la suite

$$F = Q_1 F' + R_1,$$
$$F' = Q_2 R_1 + R_2,$$
$$\cdots\cdots\cdots\cdots,$$
$$R_{i-2} = Q_i R_{i-1} + R_i,$$

d'où je déduis

$$\frac{F'}{F} = \cfrac{1}{Q_1 + \cfrac{1}{Q_2 + \cdots + \cfrac{1}{Q_i + \cfrac{R_i}{R_{i-1}}}}}.$$

Je puis encore écrire l'équation suivante

$$N_i F - D_i F' = R_i.$$

Supposons que l'on veuille calculer la réduite

$$\frac{\alpha_i}{\beta_i} = \cfrac{1}{Q_1 + \cfrac{1}{Q_2 + \cdots + \cfrac{1}{Q_i}}}.$$

Je n'ai qu'à faire $R_i = 0$ dans l'égalité précédente, et faire aussi

$$F = \beta_i, \qquad F' = \alpha_i.$$
$$\beta_i = Q_1 \alpha_i + R'_1,$$
$$\alpha_i = Q_2 R'_1 + R'_2,$$

les R étant devenus des R'.

On a entre les R' également des relations de récurrence,

$$R'_1 = Q_3 R'_2 + R'_3,$$

$$\ldots\ldots\ldots\ldots\ldots,$$

$$R'_{i-2} = Q_i R'_{i-1};$$

R_i est nul; donc, N_i et D_i étant les mêmes que plus haut,

$$N_i \beta_i - D_i \alpha_i = 0,$$

$$\frac{\alpha_i}{\beta_i} = \frac{N_i}{D_i}.$$

$\dfrac{N_i}{D_i}$ est bien la $i^{\text{ième}}$ réduite.

Quelle relation y a-t-il entre cette réduite et le problème proposé?

209. L'équation fondamentale est

$$N_i F - D_i F' = R_i.$$

Faisons attention au degré de tous ces polynomes. Rappelons que : N_i est de degré $i - 1$; F est de degré n; D_i est de degré i; F' est de degré $n - i$; R_i est de degré $n - 1 - i$.

De l'équation fondamentale je tire :

$$\frac{D_i F'}{F} = N_i - \frac{R_i}{F}.$$

Je multiplie les deux membres par x^μ,

$$\frac{x^\mu D_i F'}{F} = N_i x^\mu - \frac{x^\mu R_i}{F}.$$

Je m'en vais évaluer la somme des résidus dans les deux membres; notons d'abord que pour ce calcul nous ne devons tenir compte que des deux fractions où F entre au dénominateur.

Supposons ensuite que, dans une fraction rationnelle, le degré du numérateur soit d'une unité inférieur à celui du dénominateur, par exemple

$$\frac{A'' x^{n-1} + B'' x^{n-2} + \ldots}{A' x^n + B' x^{n-1} + \ldots};$$

cette fraction se décomposera en

$$\sum \frac{A}{x-a} + \sum \frac{B}{(x-a)^\lambda} + \ldots$$

Si je multiplie par x,

$$\sum \frac{A x}{x-a}$$

tendra vers ΣA, ou la somme des résidus, quand x croîtra indéfiniment, les autres Σ (c'est-à-dire celles où $x - a$ entre au dénominateur à une puissance plus grande que 1) s'annuleront.

Mais

$$\lim \frac{x P}{Q} = 0, \quad \text{pour} \quad x = \infty,$$

si le dégré de xP est plus petit que celui de Q. Donc : la somme des résidus sera nulle si le degré du numérateur est inférieur de plus d'une unité à celui du dénominateur.

Considérons

$$\frac{x^\mu R_i}{F};$$

le dénominateur est de degré n, le numérateur de degré $n - 1 - i + \mu$. Si

$$n - 1 - i + \mu < n - 1,$$

c'est-à-dire

$$\mu < i,$$

la somme des résidus sera nulle.

Ainsi, quand μ est égal à $0, 1, \ldots, i-1$, la somme des résidus est nulle.

210. Quand on a affaire à la fraction rationnelle $\dfrac{P}{Q}$, que Q n'a pas de racines multiples et s'annule pour $x = a$, le résidu pour $x = a$ est

$$\frac{P(a)}{Q'(a)}.$$

Prenons pour a l'une des valeurs qui nous a servi à calculer $f(x)$; le résidu par rapport à a de

$$\frac{x^{\mu} D_i F'}{F}$$

sera

$$\frac{a^{\mu} D_i(a) F'(a)}{F'(a)},$$

ou

$$a^{\mu} D_i(a).$$

Ainsi, pourvu que μ soit plus petit que i,

$$\Sigma a^{\mu} D_i(a) = 0,$$

la sommation étant étendue à toutes les valeurs de a,

$$a_1, \quad a_2, \quad \ldots, \quad a_n.$$

Il en résulte que, si P_{i-1} est un polynome quelconque d'ordre $i-1$,

$$\Sigma P_{i-1}(a) D_i(a) = 0.$$

Prenons

$$P_{i-1} = D_k;$$

alors

$$\Sigma D_k(a) D_i(a) = 0.$$

Cette équation est vraie pourvu que k soit plus petit que i.

Mais, comme rien ne distingue les deux indices, cette équation est encore vraie toutes les fois que k est *différent* de i.

Les polynomes de Legendre ont une propriété analogue; pour deux d'entre eux

$$\nu_m, \quad \nu_n,$$

on a

$$\int_{-1}^{+1} \nu_m \nu_n \, d\tau = 0;$$

ici, au lieu d'intégrales, on considère des sommes finies.

211. Nous voulons obtenir un polynome d'ordre q plus petit que $n - 1$, dont les coefficients seront choisis de telle sorte que

$$\Sigma [A_i - f(a_i)]^2$$

soit minimum.

Si $f(x)$ est un polynome d'ordre q, il peut toujours être mis sous la forme

$$f(x) = C_0 + C_1 D_1(x) + C_2 D_2(x) + \ldots + C_q D_q(x).$$

Il s'agit de déterminer les coefficients C de façon à rendre minimum la somme des carrés

$$\Sigma (A - C_0 - C_1 D_1 - C_2 D_2 - \ldots - C_q D_q)^2.$$

212. Développons ce carré.

Sur une première ligne, nous mettrons les termes carrés

$$\Sigma A^2 + n C_0^2 + C_1^2 \Sigma D_1^2 + C_2^2 \Sigma D_2^2 + \ldots + C_q^2 \Sigma D_q^2.$$

Sur une seconde ligne, nous mettrons la somme des termes rectangles tels que

$$- 2 C_0 \Sigma A - 2 C_1 \Sigma A D_1 - \ldots - 2 C_n \Sigma A D_q,$$

où
$$\Sigma AD_q = A_1 D_q(a_1) + \ldots + A_n D_q(a_n).$$

Sur une troisième ligne nous mettrons une somme de termes tels que
$$2 C_0 C_i \Sigma D_i + 2 C_i C_k \Sigma D_i D_k.$$

Or
$$\Sigma D_i(a) = 0,$$
$$\Sigma D_i D_k = 0.$$

Restent la première et la deuxième lignes. Je puis d'ailleurs abréger l'écriture en posant
$$1 = D_0(x).$$

La somme des termes à rendre minimum se réduit à
$$\Sigma A^2 + \Sigma C_i^2 \Sigma D_i^2 - 2 \Sigma C_i \Sigma AD_i.$$

Je différentie par rapport à C_i et je divise par 2; en égalant à zéro la dérivée par rapport à C_i,
$$C_i \Sigma D_i^2 = \Sigma AD_i,$$

d'où l'expression suivante pour C_i,
$$C_i = \frac{\Sigma AD_i}{\Sigma D_i^2},$$

c'est-à-dire
$$C_i = \frac{A_1 D_i(a_1) + A_2 D_i(a_2) + \ldots + A_n D_i(a_n)}{D_i^2(a_1) + D_i^2(a_2) + \ldots + D_i^2(a_n)}.$$

L'analogie avec un autre problème d'analyse est évidente.

Quand on veut développer une fonction $f(x)$ en série procédant suivant les polynomes de Legendre, on arrive à
$$f(x) = \Sigma C_i X_i,$$

P.

où

$$C_i = \frac{\displaystyle\int_{-1}^{+1} f(x)\,X_i\,dx}{\displaystyle\int_{-1}^{+1} X_i^2\,dx}.$$

Ici les relations sont du même genre, sauf que, au lieu d'intégrales, figurent des sommes.

213. Quel est l'avantage de ces polynomes D ?

Je suppose que l'on ait essayé d'abord de représenter les observations par un polynome de degré q : on a trouvé alors C_0, C_1, ..., C_q. On constate ensuite que la somme des carrés des erreurs commises est inadmissible : on se résigne alors à poursuivre avec un polynome de degré $q+1$. Tout serait à recommencer, si l'on avait eu recours à un procédé quelconque; ici, au contraire, on n'a qu'à ajouter un terme $C_{q+1} D_{q+1}(x)$: les précédents coefficients C_0, C_1, ..., C_q, ne changent pas, comme on le voit sur l'expression de C_i.

214. Le problème se pose déjà quand on veut simplement *interpoler* une fonction : pourquoi prend-on habituellement comme solution un polynome d'ordre $n-1$?

Voici une fonction $f(x)$, holomorphe à l'intérieur d'un certain contour, d'un cercle par exemple. Les valeurs que nous avons données à la variable sont petites par rapport au rayon du cercle.

Pour les valeurs a_1, a_2, ..., a_n de la variable, on connaît la valeur de la fonction. Il s'agit de connaître la valeur de la fonction pour une valeur x à l'intérieur du cercle.

L'intégrale

$$\int \frac{f(z)\,dz}{(z-x)(z-a_1)(z-a_2)\ldots(z-a_n)}$$

s'annule prise le long du cercle. D'autre part,

$$J = \frac{1}{2i\pi} \int \frac{f(z)\,dz}{(z-x).(z-a_1)(z-a_2)\ldots(z-a_n)}$$

est la somme des résidus de la fonction $f(z)$ pour les pôles x, a_1, a_2, ..., a_n, c'est-à-dire

$$\frac{f(x)}{(x-a_1)(x-a_2)\ldots(x-a_n)} - \frac{f(a_1)}{(a_1-x)(a_1-a_2)\ldots(a_1-a_n)} + \ldots$$

J'appelle en général P_i le polynome qu'on obtient en supprimant dans

$$(z-x)(z-a_1)(z-a_2)\ldots(z-a_n)$$

le facteur $z-a_i$, et en remplaçant z par a_i. Je pose aussi

$$F(x) = (x-a_1)(x-a_2)\ldots(x-a_n).$$

Alors

$$J = \frac{f(x)}{F(x)} + \frac{f(a_1)}{P_1} + \frac{f(a_2)}{P_2} + \ldots + \frac{f(a_n)}{P_n},$$

d'où

$$f(x) = -\sum \frac{f(a_i)\,F(x)}{P_i} + J\,F(x).$$

215. Telle est la formule générale de l'interpolation; au second membre figurent : 1° un polynome entier; 2° l'erreur commise.

Cette erreur est

$$JF = \frac{1}{2i\pi} \int \frac{f(x)\,dz}{z-x} \frac{x-a_1}{z-a_1} \frac{x-a_2}{z-a_2} \ldots \frac{x-a_n}{z-a_n}.$$

Si R désigne le rayon de convergence, et que x soit assez voisin de a_1 pour que

$$|x-a_i| < \frac{R}{2},$$

chacun des facteurs $\dfrac{x-a_i}{z-a_i}$ sera plus petit que $\dfrac{1}{2}$, et sous le

signe $\int$ il y a n de ces facteurs.

Donc JF sera très petit si n est très grand.

S'il était seulement probable que le rayon de conver-gence ait une certaine valeur, on serait en présence d'une question de probabilité.

216. Je suppose que l'on sache *a priori* que la fonction $f(x)$ est développable, dans un certain domaine, suivant les puissances croissantes de x,

$$f(x) = A_0 + A_1 x + \dots.$$

Nous ne savons rien sur les A, sauf que la probabilité pour que l'un d'eux, A_i, soit compris entre certaines limites, y et $y + dy$, est

$$\sqrt{\frac{h_i}{\pi}}\, e^{-h_i y^2}\, dy.$$

Nous connaissons par n observations

$$f(a_1) = B_1,$$
$$f(a_2) = B_2.$$
$$\dots\dots\dots$$
$$f(a_n) = B_n.$$

Nous cherchons la valeur probable de $f(x)$ pour une autre valeur de x.

C'est un calcul d'interpolation, avec cette différence que nous cherchons un polynome limite.

Je me hâte d'ajouter que je considère la question comme un simple exercice de calcul, car j'ai introduit *arbitrai-*

rement la loi de Gauss; autrement le problème resterait indéterminé.

217. Nous avons à déterminer les coefficients A, en nombre infini, de la fonction, à l'aide de n observations : ici, il y a plus d'inconnues que d'observations, et nous ne pouvons nous guider que par l'idée que nous nous faisons *a priori* de la loi de probabilité.

Nous nous élevons ainsi en généralité plus encore que nous ne l'avons jamais fait jusqu'ici, puisque nous avons à déterminer une fonction inconnue.

Je vais d'abord ne prendre qu'un nombre fini de coefficients.

218. D'une manière générale, soit un nombre fini d'inconnues,

$$u_1, \quad u_2, \quad \ldots, \quad u_p ;$$

p est connu.

Je suppose que la probabilité, pour que u_i soit compris entre u et $u + du$, est représentée par la loi de Gauss,

$$\sqrt{\frac{h_i}{\pi}} \, e^{-h_i u^2} \, du.$$

La probabilité pour que l'un des u s'écarte de zéro sera d'autant plus petite que h sera plus grand.

Nous connaissons les valeurs de certaines fonctions des u,

$$x_1, \quad x_2, \quad \ldots, \quad x_n,$$

en supposant les observations parfaitement exactes.

n est plus petit que p, il y a plus d'inconnues que d'observations.

Je suppose que les x sont fonctions linéaires des u; c'est ainsi que, dans l'exemple qui précède, les B étaient fonctions linéaires des A et qu'on avait

$$B_k = A_0 + A_1 a_k + \ldots.$$

Je pose donc

$$y_k = C_k^1 u_1 + C_k^2 u_2 + \ldots + C_k^p u_p.$$

Les observations nous ont appris que y_k est compris entre x_k et $x_k + dx_k$. Chercher les u, c'est résoudre un problème de probabilité de causes. Les causes, c'est que les u sont compris entre certaines limites; les effets observés, c'est que les x sont compris dans certaines limites.

La formule

$$\frac{p_i \varpi_i}{\Sigma p_i \varpi_i}$$

va se simplifier ici.

219. Si les u ont des valeurs déterminées, les fonctions linéaires x_k auront également des valeurs déterminées, et la probabilité de ces valeurs sera la certitude; suivant que ces fonctions tomberont ou non entre les limites données par l'observation, la probabilité sera 1 ou 0. Donc la formule de la probabilité *a posteriori* se simplifie en

$$\frac{\varpi_i}{\Sigma \varpi_i},$$

si l'on a représenté par p_i la probabilité de l'effet quand la cause agit.

$\Sigma \varpi_i$ porte sur toutes les probabilités relatives aux valeurs des u compatibles avec les observations; ϖ_i est la probabilité *a priori* pour que les diverses quantités u soient comprises entre certaines limites.

La $k^{\text{ième}}$ inconnue a pour probabilité d'être comprise entre

u_k et $u_k + du_k$,

$$\sqrt{\frac{h_k}{\pi}}\, e^{-h_k u_k^2}\, dk;$$

ϖ_i comporte p facteurs analogues,

$$\varpi_i = \sqrt{\frac{h_1 h_2 \ldots h_p}{\pi^p}}\, e^{-(h_1 u_1^2 + h_2 u_2^2 + \ldots + h_p u_p^2)}\, du_1\, du_2 \ldots du_p;$$

j'écrirai pour abréger

$$\varpi_i = \Pi\, du_1\, du_2 \ldots du_p,$$

d'où

$$\Sigma \varpi_i = \int \Pi\, du_1\, du_2 \ldots du_p.$$

Il faut intégrer pour toutes les valeurs des u compatibles avec les observations, c'est-à-dire satisfaisant aux inégalités

$$x_h < C_k^1 u_1 + C_k^2 u_2 + \ldots + C_k^p u_p < x_h + dx_h.$$

La probabilité cherchée sera

$$\frac{\varpi_i}{\Sigma \varpi_i} = \frac{\Pi\, du_1\, du_2 \ldots du_p}{\int \Pi\, du_1\, du_2 \ldots du_p},$$

quand les u satisferont aux inégalités ci-dessus. Sinon l'on aura o comme probabilité.

220. Si je cherche la valeur probable d'une fonction quelconque des u,

$$\overline{\mathrm{F}} = \frac{\int \mathrm{F}\Pi\, du_1\, du_2 \ldots du_p}{\int \Pi\, du_1\, du_2 \ldots du_p}.$$

Nous allons transformer ces deux intégrales.

On a

$$\dot{x}_h < y_h < x_h + dx_h.$$

Je vais prendre pour inconnues y_1, y_2, ..., y_n, et j'y adjoindrai $p - n$ fonctions linéaires des u tout à fait quelconques, z_1, z_2, ..., z_{p-n}.

$$\Pi\, du_1\, du_2 \ldots du_p$$

va se transformer en

$$\Pi\Delta\, dy_1\, dy_2 \ldots dy_n\, dz_1\, dz_2 \ldots dz_{p-n}.$$

Δ est le déterminant fonctionnel des u par rapport aux y et aux z; comme ce sont des fonctions linéaires, Δ est constant. Il vient

$$\overline{F} = \frac{\displaystyle\int F\Pi\, dy_1\, dy_2 \ldots dy_n\, dz_1\, dz_2 \ldots dz_{p-n}}{\displaystyle\int \Pi\, dy_1\, dy_2 \ldots dy_n\, dz_1\, dz_2 \ldots dz_{p-n}}.$$

Nous avons à intégrer d'abord par rapport aux y; y_1 par exemple variera depuis x_1 jusqu'à $x_1 + dx_1$, c'est-à-dire très peu; la fonction sous le signe $\int$ va rester sensiblement constante, et l'on pourra écrire

$$\overline{F} = \frac{dx_1\, dx_2 \ldots dx_n \displaystyle\int F\Pi\, dz_1\, dz_2 \ldots dz_{p-n}}{dx_1\, dx_2 \ldots dx_n \displaystyle\int \Pi\, dz_1\, dz_2 \ldots dz_{p-n}}.$$

Les différentielles des x disparaîtront.

$F\Pi$ et Π sont des fonctions des z, et nous intégrerons par rapport aux z de $-\infty$ à $+\infty$.

Π est le produit d'un facteur constant par une exponentielle, $e^{-(h_1u_1^2+h_2u_2^2+\ldots+h_pu_p^2)}$; l'exposant est un polynome $-\,$P du second ordre et non homogène par rapport aux z.

221. Supposons F fonction linéaire des z. Cherchons la valeur probable de F.

Les valeurs probables des différentes quantités z s'obtiennent en cherchant les valeurs qui rendent minimum l'exposant P : soit z_i^0 la valeur de z_i qui rend P minimum.

Alors

$$P = P_2 + P_0.$$

P_0 est une constante, et P_2 est un polynome homogène et du second degré par rapport aux quantités $z_i - z_i^0$.

L'intégrale

$$\int (z_i - z_i^0)\, e^{-P}\, dz_1\, dz_2 \ldots dz_{p-n}$$

porte sur une fonction impaire par rapport à $z_i - z_i^0$; en intégrant de $-\infty$ à $+\infty$, on aura zéro pour la valeur de cette intégrale.

On en déduit que, si F est égale à F_0 quand on y remplace z_i par z_i^0,

$$\int (F - F_0)\, e^{-P}\, dz_1\, dz_2 \ldots dz_{p-n}$$

est nulle, prise de $-\infty$ à $+\infty$.

De même

$$\int (F - F_0)\, \Pi\, dz_1\, dz_2 \ldots dz_{p-h} = 0;$$

et par suite

$$\int F\, \Pi\, dz_1\, dz_2 \ldots dz_{p-n} = F_0 \int \Pi\, dz_1\, dz_2 \ldots dz_{p-n},$$

c'est-à-dire

$$\overline{F} = F_0.$$

Ainsi on obtiendra la valeur probable de F en substituant à z_i les valeurs qui rendent minimum le polynome P.

222. Appliquons ces principes au problème posé au paragraphe 216.

Au sujet de $f(x)$, nos inconnues u sont les A et nous avons

$$P = h_0 A_0^2 + h_1 A_1^2 + \ldots + h_i A_i^2 + \ldots$$

Il faut rendre ce polynome minimum.

Les valeurs des A seront d'ailleurs arbitraires, sauf les relations linéaires données par les observations

$$f(a_h) = B_h.$$

Écrivons que P est minimum. L'accroissement dP devra être nul quand les A_i s'accroîtront de dA_i

$$dP = h_0 A_0\, dA_0 + \ldots + h_i A_i\, dA_i + \ldots = 0.$$

Les accroissements $dA_0, \ldots, dA_i, \ldots$ sont liés par

$$df(a_k) = 0.$$

Or, $f(a_1)$ par exemple est égal à

$$f(a_1) = A_0 + A_1 a_1 + \ldots + A_i a_1^i + \ldots$$

Donc

$$dA_0 + a_1\, dA_1 + \ldots + a_1^i\, dA_i + \ldots = 0,$$
$$dA_0 + a_2\, dA_1 + \ldots + a_2^i\, dA_i + \ldots = 0,$$
$$\ldots\ldots\ldots\ldots\ldots\ldots\ldots\ldots\ldots\ldots\ldots,$$
$$dA_0 + a_n\, dA_1 + \ldots + a_n^i\, dA_i + \ldots = 0.$$

223. Pour que P soit minimum, la première équation

$$dP = 0$$

doit être satisfaite quels que soient les dA ; cette première équation doit être une conséquence des n autres relations entre dA.

Soient $\varepsilon_1, \varepsilon_2, \ldots, \varepsilon_n$ des coefficients convenablement choisis, par lesquels nous multiplions respectivement les deux membres de chacune de ces n relations,

$$h_i A_i = \varepsilon_1 a_1^i + \varepsilon_2 a_2^i + \ldots + \varepsilon_n a_n^i,$$

$$A_i x^i = \varepsilon_1 \frac{(x a_1)^i}{h_i} + \varepsilon_2 \frac{(x a_2)^i}{h_i} + \ldots + \varepsilon_n \frac{(x a_n)^i}{h_i}.$$

Si je pose

$$\varphi(x) = \frac{1}{h_0} + \frac{x}{h_1} + \frac{x^2}{h_2} + \ldots + \frac{x^i}{h_i} + \ldots,$$

le coefficient de ε_1 dans

$$f(x) = \Sigma A_i x^i$$

sera $\varphi(x a_1)$, etc.

Il vient donc finalement

$$f(x) = \varepsilon_1 \varphi(x a_1) + \varepsilon_2 \varphi(x a_2) + \ldots + \varepsilon_n \varphi(x a_n).$$

Nous disposerons des coefficients ε de façon à satisfaire aux observations, d'où n équations à n inconnues.

224. La forme de $f(x)$ dépend des h. Pour que la série qui représente $\varphi(x)$ soit convergente, il faut que les coefficients h augmentent avec une rapidité suffisante.

Si l'on a

$$|x| < \rho \quad \text{et} \quad |a_h| < \rho,$$

c'est-à-dire

$$|x a_h| < \rho^2,$$

la série sera convergente quand

$$h_i > \rho^{2'}.$$

En somme, cela revient à dire que la probabilité pour que les derniers coefficients en h_i s'écartent de zéro devient de plus en plus faible. Il suffit de supposer qu'à partir du $n^{\text{ième}}$ rang les h sont infinis. Dans $\varphi(x)$, les termes extrêmes où entrent h_n, $h_{n+1}\ldots$ s'annuleront et $\varphi(x)$ sera un polynome d'ordre n.

CHAPITRE XVI.

QUESTIONS DIVERSES.

———

225. Battage des cartes. — Je me suis occupé dans l'introduction des problèmes relatifs au joueur qui bat un jeu de cartes. Pourquoi, quand le jeu a été battu assez longtemps, admettons-nous que toutes les permutations des cartes, c'est-à-dire tous les ordres dans lesquels ces cartes peuvent être rangées, doivent être également probables? C'est ce que nous allons examiner de plus près.

Soit q le nombre des cartes; soit S_i une permutation quelconque, c'est-à-dire l'opération qui consiste à faire passer au rang α la carte qui avant la permutation occupait le rang β; α étant une fonction déterminée de β. Le nombre total des permutations possibles est $q!$ Il y aura un certain ordre des cartes que nous considérerons comme normal, et que nous désignerons par S_0; et nous représenterons par S_i l'ordre dans lequel se trouveront rangées les cartes, lorsque, primitivement rangées dans l'ordre normal, elles subiront la permutation S_i. Ainsi S_0 représentera à la fois l'ordre normal, et la permutation *identique*, celle qui n'altère pas l'ordre des cartes. Cela posé, deux permutations consécutives S_i et S_j équivaudront à une permutation unique S_k, et c'est ce que j'exprimerai par la relation

(1)
$$S_i S_j = S_k.$$

Un ensemble de permutations forme un groupe quand le produit de deux permutations quelconques de l'ensemble appartient à l'ensemble.

Soient donc

$$S_0, \quad S_1, \quad \ldots, \quad S_r$$

les diverses permutations d'un groupe G et les ordres correspondants des cartes. Supposons que nous sachions que l'ordre du jeu appartient à ce groupe, et que les diverses permutations du groupe aient pour probabilités respectives

$$p_0, \quad p_1, \quad \ldots, \quad p_r,$$

de telle sorte que

$$p_0 + p_1 + \ldots + p_r = 1.$$

Nous pouvons représenter symboliquement cette loi de probabilité par un nombre complexe. On sait que l'on a inauguré des nombres complexes de la forme

$$X = x_0 e_0 + x_1 e_1 + \ldots + x_r e_r,$$

où les x sont des quantités ordinaires et les e des unités complexes. Les opérations sur ces nombres complexes se font d'après les règles ordinaires du calcul, avec cette différence que la multiplication, qui reste distributive et associative, peut ne pas être commutative. On définit un système de nombres complexes, en se donnant la règle de multiplication, c'est-à-dire en définissant le produit $e_i e_j$ de deux unités complexes quelconques.

Nous allons définir un système de nombres complexes correspondant à notre groupe G; à chacune des permutations S_i de ce groupe, nous ferons correspondre une unité complexe e_i; et si l'on a l'équation (1) $S_i S_j = S_k$, nous conviendrons que le produit $e_i e_j$ est égal à e_k. Cette règle est admissible, puisqu'elle est associative.

Nous pourrons alors représenter symboliquement la loi de probabilité envisagée par le nombre complexe

$$P = p_0 e_0 + p_1 e_1 + \ldots + p_r e_r.$$

226. Le joueur qui bat les cartes a des habitudes, de sorte qu'à chaque coup, il y a une probabilité p_i pour qu'il fasse subir aux cartes la permutation S_i. Cette loi de probabilité, qui nous est d'ailleurs inconnue, est représentée symboliquement par le nombre $P = \Sigma p_i e_i$. Si l'on est parti de l'ordre normal, la probabilité pour qu'après un coup on ait l'ordre S_i sera p_i, de sorte que la loi de probabilité des différents ordres sera encore représentée symboliquement par P. Si au lieu de partir de l'ordre normal S_0 nous étions partis d'un ordre quelconque S_j, la loi de probabilité aurait été représentée par $e_j P$. Si avant le coup la loi de probabilité était représentée par le nombre complexe Q, elle le sera après le coup par QP. Si donc nous partons de l'ordre normal et que nous battions n coups, la loi de probabilité sera représentée finalement par le nombre complexe P^n.

Ce que nous voulons démontrer c'est que, si n est très grand, on aura sensiblement

$$P^n = \frac{1}{r+1}(e_0 + e_1 + \ldots + e_r),$$

c'est-à-dire que tous les ordres possibles seront également probables. Et ce résultat sera indépendant de P, c'est-à-dire de la loi inconnue de probabilité, des habitudes inconnues du joueur.

227. M. Cartan a introduit dans la théorie des nombres

complexes la notion de *l'équation caractéristique*. Soient A
un nombre complexe donné, X un nombre complexe inconnu,
ω un nombre *ordinaire* inconnu; considérons l'équation

$$(2) \qquad\qquad AX = \omega X.$$

Les deux membres sont des nombres complexes, et en
égalant les coefficients de $e_0, e_1, \ldots, e_r$, on aura $r + 1$ équations
entre les $r + 1$ coefficients x_i du nombre complexe inconnu
X; ces équations sont linéaires d'une part par rapport aux x_i,
et d'autre part par rapport à ω et aux $r + 1$ coefficients a_i
du nombre A. Nous avons donc $r + 1$ équations linéaires
par rapport aux $r + 1$ inconnues x_i. Écrivons que le déterminant Δ de ces équations est nul; nous aurons une équation algébrique d'ordre $r + 1$ qui déterminera ω. D'après le
théorème des substitutions linéaires, à chaque racine simple
de cette équation $\Delta = 0$, correspondra un nombre complexe
X satisfaisant à (2). A une racine double correspondront
deux nombres complexes X et X_1, tels que

$$(2\ bis) \qquad AX = \omega X, \qquad AX_1 = \omega X_1 + \varepsilon_1 X.$$

A une racine triple, trois nombres X, X_1, X_2, tels que

$$(2\ ter) \quad AX = \omega X, \quad AX_1 = \omega X_1 + \varepsilon_1 X, \quad AX_2 = \omega X_2 + \varepsilon_2 X_1,$$

et ainsi de suite; les ε sont des nombres constants ordinaires
qu'on peut supposer égaux à 0 ou à 1. Remarquons que, si
$\varepsilon_1 = \varepsilon_2 = 0$, on aura

$$A(\lambda X + \lambda_1 X_1 + \lambda_2 X_2) = \omega(\lambda X + \lambda_1 X_1 + \lambda_2 X_2)$$

quelles que soient les constantes λ, λ_1, λ_2 (qui sont, bien
entendu, des nombres ordinaires).

Dans le cas des nombres complexes dérivés des groupes,

il y a quelques simplifications. Soit X un nombre complexe quelconque et posons

$$e_i X = Y = \Sigma y_j e_j;$$

on voit tout de suite que les y ne sont autre chose que les x rangés dans un ordre différent. Il en est de même si l'on pose $X e_i = Y$; on a d'ailleurs

$$e_0 X = X e_0 = X,$$

de sorte que l'équation (2) peut s'écrire

$$(A - \omega e_0) X = o.$$

228. Je forme l'équation caractéristique du nombre P

$$PX = \omega X$$

et je me propose de montrer d'abord qu'elle a une racine égale à 1, et toutes les autres plus petites que 1 en valeur absolue.

Soit en effet
$$PX = \Sigma y_i e_i;$$
on aura
$$y_i = \Sigma p_k x_h,$$

les indices i, k et h étant liés par la relation $e_k e_h = e_i$, de sorte que, si j'écris

$$y_i = \Sigma p_{h.i} x_h,$$

les p_{hi} ne seront autre chose que les p_h dans un autre ordre. L'équation (2) nous donnera alors

$$(3) \qquad \Sigma p_{h.i} x_h = \omega x_i.$$

Nous pourrons satisfaire à ces équations (3) en prenant

P.	20

tous les x_i égaux entre eux, d'où nous déduirons

$$\Sigma p_{h.i} = \omega.$$

Mais

$$\Sigma p_{h.i} = \Sigma p_h = 1,$$

d'où $\omega = 1$; ce qui montre d'abord qu'il y a une racine égale à 1.

En ce qui concerne les autres racines, les équations (3) nous donneront

$$(4) \qquad \Sigma \, | \, p_{h.i} x_h \, | \gtreqless | \, \omega x_i \, |$$

ou, puisque tous les p sont réels et positifs,

$$\Sigma p_{h.i} \, | \, x_h \, | \gtreqless | \, \omega \, | \, | \, x_i \, |.$$

Ajoutons toutes ces inégalités ; il viendra

$$\Sigma_i \, \Sigma_h \, p_{h.i} \, | \, x_h \, | \gtreqless | \, \omega \, | \, \Sigma \, | \, x_i \, |.$$

Mais

$$\Sigma_i \, p_{h.i} = 1.$$

Donc

$$\Sigma_i \, \Sigma_h \, p_{h.i} \, | \, x_h \, | = \Sigma \, | \, x_h \, |,$$

d'où

$$\Sigma \, | \, x_h \, | \gtreqless | \, \omega \, | \, \Sigma \, | \, x_i \, |,$$

d'où

$$| \, \omega \, | \lesseqgtr 1.$$

Ainsi aucune racine ne peut être plus grande que 1 en valeur absolue.

C. Q. F. D.

229. Soit ω une racine différente de 1 ; considérons un nombre complexe *appartenant* à cette racine ω, c'est-à-dire, d'après la phraséologie adoptée par M. Cartan, un des nombres X, X_1, ..., tels que

$$PX = \omega X, \qquad PX_1 = \omega X_1 + \varepsilon_1 X,$$

je dis que, pour tous ces nombres complexes,

$$\Sigma x_i = 0.$$

En effet, remplaçons dans tous nos nombres complexes toutes les unités complexes e_i par l'unité ordinaire; les égalités qui peuvent exister entre ces nombres complexes subsisteront. Si l'on a

$$P = \Sigma p_i e_i, \qquad X = \Sigma x_i e_i, \qquad X_1 = \Sigma x_i^1 e_i,$$

ces nombres complexes après la substitution deviendront respectivement

$$\Sigma p_i = 1, \qquad \Sigma x_i, \qquad \Sigma x_i^1,$$

et nos égalités deviendront

$$\Sigma x_i = \omega \Sigma x_i, \qquad \Sigma x_i^1 = \omega \Sigma x_i^1 + \varepsilon_1 \Sigma x_i,$$

et par conséquent, si ω n'est pas égal à 1,

$$\Sigma x_i = 0, \qquad \Sigma x_i^1 = 0.$$

230. Nous avons dit qu'il y a une racine égale à 1; il reste à savoir s'il ne peut pas y avoir plusieurs racines dont le module soit égal à 1, ou encore si 1 n'est pas racine multiple. Pour que l'inégalité (4) se réduise à une égalité, il faut que tous les x_i aient même module, et, comme ces x_i ne sont déterminés que par leurs rapports, nous pouvons supposer qu'ils sont tous réels et positifs. Comme les p sont tous réels et positifs, il en sera de même de ω, c'est-à-dire que nous aurons

$$\omega = 1.$$

Soit alors x_j le plus grand de tous les x_i; nous aurons

$$\Sigma p_{h.j} x_h \leqq \Sigma p_{h.j} x_j = x_j,$$

cette inégalité ne pouvant se réduire à une égalité que si tous les p_{hj} sont nuls, sauf ceux qui multiplient un x_h égal à x_j. Mais l'équation (3) nous donne

$$\Sigma p_{h.j} x_h = \omega x_j = x_j.$$

Nous devons donc conclure que

$$p_{h.j} = 0 \qquad \text{si} \qquad x_h < x_j,$$

ce qui nous montre déjà que, si aucun des p_l et par conséquent aucun des p_{hj} n'est nul, tous les x_i seront égaux.

Nous dirons que la permutation S_i appartient à la catégorie C, si x_i est égal à x_j, c'est-à-dire au plus grand des x.

Je dirai d'autre part que la substitution S_k appartient à l'ensemble E si, toutes les fois que S_j appartient à la catégorie C, il en est de même de

$$S_h = S_k^{-1} S_j.$$

La condition nécessaire pour que $p_k = p_{hj}$ puisse ne pas être nul, c'est alors que S_k appartienne à l'ensemble E.

Je dis maintenant que l'ensemble E constitue un sous-groupe de G. Si en effet S_k et S_e appartiennent à cet ensemble, cela veut dire que S_j ne peut appartenir à C, sans qu'il en soit de même de $S_k^{-1} S_j$ et de $S_e^{-1} S_j$. Mais alors il devra en être de même de

$$S_k^{-1}(S_e^{-1} S_j) = (S_e S_k)^{-1} S_j,$$

ce qui veut dire que $S_e S_k$ appartiendra aussi à C.

Donc la circonstance qui nous occupe ne pourra se présenter que si tous les p_k sont nuls, sauf ceux qui correspondent aux permutations d'un certain sous-groupe, c'est-à-dire si l'on sait d'avance que le joueur en battant les cartes n'exécutera jamais que des permutations appartenant à ce sous-groupe.

Si on laisse de côté ce cas d'exception unique, l'équation

$$PX = X$$

ne peut être satisfaite que si tous les x_i sont égaux entre eux.

231. Une possibilité subsisterait encore ; on pourrait supposer qu'il existe un nombre complexe X_1 tel que

$$(5) \qquad PX_1 = X_1 + \varepsilon_1 X, \qquad \varepsilon_1 \gtrless o,$$
$$X = e_0 + e_1 + \ldots + e_r$$

et que la racine 1 est multiple. Mais de l'équation (1) on déduit

$$P^n X_1 = X_1 + n \varepsilon_1 X.$$

Les coefficients de X_1 et de $\varepsilon_1 X$ ne dépendent pas de n ; ceux de P^n dépendent de n, mais ils restent réels et positifs, et leur somme demeure égale à 1 ; puisque P^n représente symboliquement la loi des probabilités après n coups.

Les coefficients de $P^n X$ restent donc limités. Au contraire, ceux de $X_1 + n \varepsilon_1 X$ sont des polynomes du 1er degré en n ; ils ne peuvent donc être limités ; l'équation (5) est donc impossible.

Si nous reprenons l'équation de la forme

$$PX = \omega X,$$

nous avons vu que ω est donné par une équation d'ordre $r + 1$; et qu'à une racine d'ordre de multiplicité μ, *appar-*

tiennent μ nombres complexes distincts. La somme des ordres de multiplicité étant $r+1$, il y aura $r+1$ nombres complexes appartenant aux diverses racines, et ils seront linéairement indépendants. Un nombre complexe quelconque peut donc être considéré comme une combinaison linéaire de ceux qui appartiennent aux diverses racines.

Dans le cas qui nous occupe, un seul nombre appartient à la racine 1, c'est

$$e_0 + e_1 + \ldots + e_r ;.$$

tous les autres appartiennent à des racines < 1 en valeur absolue, et la somme des coefficients de chacun de ces nombres complexes est nulle. Il résulte de là que *tout nombre complexe, tel que la somme de ses coefficients soit nulle, peut être regardé comme une combinaison linéaire des nombres complexes qui appartiennent aux racines < 1 en valeur absolue.*

232. Considérons maintenant une racine ω telle que $|\omega| < 1$; nous aurons, si cette racine est multiple,

$$P X = \omega X, \quad P X_1 = \omega X_1 + \varepsilon_1 X, \quad P X_2 = \omega X_2 + \varepsilon_2 X_1, \quad \ldots,$$

et nous en déduirons aisément

$$P^n X = \omega^n X, \qquad P^n X_1 = \omega^n X_1 + n \omega^{n-1} \varepsilon_1 X,$$

$$P^n X_2 = \omega^n X_2 + n \omega^{n-1} \varepsilon_2 X_1 + \frac{n(n-1)}{2} \omega^{n-2} \varepsilon_1 \varepsilon_2 X, \qquad \ldots.$$

Comme ω^n, $n\omega^{n-1}$, $\dfrac{n(n-1)}{2} \omega^{n-2}, \ldots$ tendent vers zéro quand n croît indéfiniment, on voit que, pour un nombre complexe X quelconque appartenant à une racine < 1 en valeur absolue, on a

$$\lim P^n X = 0 \qquad (n = \infty).$$

Mais tout nombre complexe est une combinaison de ceux qui appartiennent aux racines < 1, pourvu que la somme de ses coefficients soit égale à zéro.

On aura donc encore

$$\lim P^n X = 0$$

toutes les fois que la somme des coefficients de X sera nulle.

Si au contraire X appartient à la racine 1, c'est-à-dire si tous ses coefficients sont égaux entre eux, on aura

$$P^n X = X.$$

Si X est un nombre complexe quelconque, nous pourrons poser

$$X = S X_0 + X',$$

où S est la somme des coefficients de X, où

$$X_0 = \frac{1}{r+1}(e_0 + e_1 + \ldots + e_r)$$

et où la somme des coefficients de X' est nulle. On aura alors

$$\lim P^n X = S X_0.$$

Remarquons maintenant que

$$X_0 X = X X_0 = S X_0.$$

On aura en effet

$$X = \Sigma x_i e_i, \qquad X_0 = \sum \frac{e_j}{r+1},$$

$$X_0 X = \sum_k \frac{e_k}{r+1} x_{k.j},$$

où l'on a posé $x_{kj} = x_i$ en admettant $e_j e_i = e_k$ ou bien

$$X_0 X = \sum_k \frac{e_k}{r+1} (\Sigma_j x_{k.j}).$$

Mais les $x_{k.j}$ qui figurent sous le signe Σ_j sont, dans un ordre différent, les x_i eux-mêmes, c'est-à-dire que

$$\Sigma_j x_{k.j} = \Sigma x_i = \mathbf{S},$$

d'où finalement

$$X_0 X = \mathbf{S} X_0$$

et

$$\lim (P^n - X_0) X = 0.$$

Mais X est un nombre complexe quelconque; nous pouvons donc prendre $X = e_0$, d'où

$$(P^n - X_0) X = (P^n - X_0) e_0 = P^n - X_0.$$

Il reste donc

$$\lim P^n = X_0,$$

ce qui veut dire qu'à la limite, toutes les probabilités, c'est-à-dire tous les coefficients du nombre complexe P^n qui représente symboliquement la loi de probabilité, sont égaux. C'est ce que nous nous étions proposé de démontrer.

Je renverrai à quelques-uns des ouvrages où il est traité des nombres complexes et de leurs rapports avec les groupes. Je citerai en première ligne les travaux de **M.** Frobenius publiés dans les *Sitzungsberichte* de l'Académie de Berlin de 1896 à 1901, et ensuite un mémoire de **M.** Cartan *Sur les groupes bilinéaires et les systèmes de nombres complexes* (*Annales de la Faculté de Toulouse*, t. **XII**). Je me suis moi-même occupé de la question, et je me suis en particulier efforcé de rapprocher les résultats présentés par ces deux savants éminents sous des formes très différentes à l'occasion d'une étude *Sur l'intégration algébrique des équations linéaires*, insérée dans le *Journal de Liouville*, 5ᵉ série, t. IX.

233. Répartition des décimales dans une table numérique.

— Supposons qu'on prenne dans une table de logarithmes un grand nombre de logarithmes consécutifs et que l'on considère la troisième décimale par exemple. On verra que les dix chiffres o, 1, 2, 3, ..., 9 sont également répartis sur cette liste ; et par conséquent la probabilité pour que cette troisième décimale soit paire est égale à $\frac{1}{2}$. Un instinct invincible porte à le penser, et d'ailleurs on peut le vérifier *a posteriori*. Y-a-t-il moyen de rendre compte de ce fait?

Envisageons les nombres

$$\log\left(1 + \frac{x}{100\,000}\right),$$

où nous donnerons à x toutes les valeurs entières depuis 1 jusqu'à 100000. Considérons la fonction

$$F\left[\log\left(1 + \frac{x}{100\,000}\right)\right],$$

$F(y)$ étant une fonction qui est égale à $+1$, si la troisième décimale de y est paire, et à -1, si cette décimale est impaire. Je me propose de démontrer que la valeur moyenne de $F(y)$ est nulle ou très petite.

D'après la définition de $F(y)$, on a

$$F\left(y + \frac{1}{500}\right) = F(y),$$

ce qui montre que $F(y)$ est une fonction périodique de

période $\dfrac{1}{500}$; il en est de même de

$$\sin(1000\pi y),$$

fonction que nous envisagerons d'abord. Nous devons donc évaluer la somme

$$S = \frac{1}{10\,000} \sum_{x=1}^{10\,000} \sin\left[1000\pi \log\left(1 + \frac{x}{100\,000}\right)\right]$$

Remplaçons-la par l'intégrale.

$$J = \frac{1}{10\,000} \int_{\frac{1}{2}}^{10\,000 + \frac{1}{2}} \sin\left[1000\pi \log\left(1 + \frac{x}{100\,000}\right)\right] dx.$$

Évaluons d'abord la différence $S - J$; nous nous appuierons sur la formule de Taylor

$$\varphi(n + h) = \varphi(n) + h\,\varphi'(n) + \frac{h^2}{1.2}\varphi''(n + \theta h) \quad (0 < \theta < 1)$$

d'où

$$\int_{n-\frac{1}{2}}^{n+\frac{1}{2}} \varphi(x)\,dx = \varphi(n) + \frac{1}{12}\theta' M,$$

où θ' est compris entre -1 et $+1$, où M est le maximum de $|\varphi''(x)|$ dans l'intervalle considéré. Si nous prenons

$$\varphi(x) = \sin\left[1000\pi \log\left(1 + \frac{x}{100\,000}\right)\right],$$

et que nous fassions $n = 1, 2, \ldots, 10000$ et que nous ajoutions; il viendra

$$J - S = \frac{1}{120\,000} \Sigma\,\theta' M.$$

Qu'est-ce que M? Posons pour abréger

$$1000\pi \log\left(1 + \frac{x}{100\,000}\right) = y; \qquad \frac{x}{100\,000} = z;$$

il viendra

$$\varphi'(x) = 1000\pi \frac{1}{100\,000} \frac{1}{1+z} \cos y,$$

$$\varphi''(x) = -(1000\pi)^2 \frac{1}{(100\,000)^2} \frac{1}{(1+z)^2} \sin y$$

$$- 1000\pi \frac{1}{(100\,000)^2} \frac{1}{(1+z)^2} \cos y,$$

d'où

$$M < \frac{\pi^2}{(100)^2} + \frac{\pi}{(100)^2 1000} < \frac{1}{1000}.$$

d'où

$$\Sigma\,\theta'\,M < \frac{10\,000}{1000} = 10,$$

$$|J - S| < \frac{1}{12\,000}.$$

Évaluons maintenant la limite supérieure de J. Posons

$$z = \frac{x}{100\,000}, \qquad \alpha = 1000\pi, \qquad u = \log(1+z),$$

d'où

$$J = 10 \int \sin\alpha u\,dz = 10 \int \sin\alpha u\, e^u\,du.$$

L'intégration par parties me donne

$$\frac{J}{10} = -\frac{\cos\alpha u\, e^u}{\alpha} + \int_{u_0}^{u_1} \frac{\cos\alpha u}{\alpha} e^u\,du,$$

$$\left|\frac{J}{10}\right| < \frac{e^{u_0} + e^{u_1}}{\alpha} + \int_{u_0}^{u_1} \frac{e^u\,du}{\alpha} < \frac{2 e^{u_1}}{\alpha}.$$

Or

$$e^{u_0} = 1 + \frac{1}{200\,000}, \qquad e^{u_1} = 1 + \frac{10\,000}{100\,000} = 1,1.$$

Donc

$$|\mathbf{J}| < \frac{2,2}{100\,\pi} < \frac{1}{100},$$

où, en comparant avec la limite $|\mathbf{J} - \mathbf{S}|$,

$$|\mathbf{S}| < \frac{1}{100}.$$

234. La démonstration a été donnée sur un exemple très particulier, mais il est aisé d'en apercevoir le véritable sens et par conséquent la portée générale.

On s'est appuyé en réalité sur trois faits :

1° Les dérivées successives du logarithme restent finies dans l'intervalle considéré;

2° Le nombre $\alpha = 1000\,\pi$ est très grand;

3° Bien que grand d'une manière absolue, il est très petit par rapport au nombre 100000 qui figure au dénominateur dans l'expression

$$\log\left(1 + \frac{x}{100\,000}\right).$$

On voit que ces mêmes circonstances se reproduiront dans un grand nombre de cas analogues, et que les mêmes raisonnements seront applicables à toutes les fonctions continues. Soit plus généralement à évaluer la somme

$$\mathbf{S} = \beta\,\Sigma\,\mathbf{F}\,[\alpha\,\varphi(\beta x)],$$

où α est un très grand nombre, $\mathbf{F}$ une fonction périodique limitée; β un nombre très petit et tel que $\alpha\beta$ soit lui-même très petit, et où l'on donne à x toutes les valeurs entières depuis 1 jusqu'à $\frac{1}{\beta}$. Nous comparerons cette somme à l'intégrale

$$\mathbf{J} = \int \mathbf{F}\,[\alpha\,\varphi(z)]\,dz.$$

Il viendra comme plus haut

$$\mathbf{J} - \mathbf{S} = \frac{\beta}{12} \Sigma\, \theta'\mathbf{M},$$

M étant le maximum de la dérivée seconde de $\mathbf{F}\left[\alpha\varphi(\beta x)\right]$ par rapport à x; or cette dérivée seconde est égale à

$$(\alpha\beta)^2\, \mathbf{F}''\, \varphi'^2 + \alpha\beta^2\, \mathbf{F}'\, \varphi'',$$

les lettres accentuées désignant les dérivées de F et φ par rapport à leurs arguments respectifs $\alpha\varphi$ et βx. On voit que, si ces dérivées sont limitées, $\mathbf{J} - \mathbf{S}$ est de l'ordre de $(\alpha\beta)^2$.

Soit maintenant $\Phi(u)$ la fonction primitive de $\mathbf{F}(u)$ de telle sorte que

$$\mathbf{F}(u) = \Phi'(u);$$

l'intégration par parties nous donnera

$$\mathbf{J} = \int \Phi'(\alpha\varphi)\, \frac{dz}{d\varphi}\, d\varphi = \frac{\Phi}{\alpha}\, \frac{dz}{d\varphi} - \frac{1}{\alpha} \int \Phi\, \frac{d^2 z}{d\varphi^2}\, d\varphi,$$

ce qui montre que J est de l'ordre $\frac{1}{\alpha}$. Il suffit donc, pour que notre raisonnement soit applicable, que $\frac{1}{\alpha}$ et $(\alpha\beta)^2$ soient très petits.

235. Deux difficultés subsistent encore cependant. Le résultat n'est-t-il pas vrai alors même que $\alpha\beta$ n'est pas très petit, pourvu que β et $\frac{1}{\alpha}$ le soient. Supposons qu'au lieu de raisonner sur la troisième décimale d'une table à 5 décimales, nous ayons raisonné sur la cinquième, au lieu de prendre

$$\alpha = 1000\,\pi, \qquad \beta = \frac{1}{100000},$$

nous aurions dû prendre

$$\alpha = 100000\pi, \qquad \beta = \frac{1}{100000},$$

et $\alpha\beta$ n'aurait plus été très petit. Et cependant l'instinct, qui nous pousse à croire que la troisième décimale doit être uniformément répartie, est aussi puissant en ce qui concerne la cinquième.

En ce qui concerne l'évaluation de J, il ne peut y avoir de difficulté même si $\alpha\beta$ n'est pas très petit; on n'aurait donc à s'occuper que de la différence J — S. D'autre part, la fonction périodique F que nous avions définie au début de cette étude et qui s'introduit quand on veut étudier la répartition des décimales dans une table de logarithmes, cette fonction à laquelle nous avions substitué un sinus pour faciliter le calcul, était égale à ± 1 suivant qu'un certain chiffre était pair ou impair. C'était donc une fonction *discontinue*, et nous ne pouvons nous appuyer, dans le calcul de J — S sur ce fait que ses dérivées sont limitées.

On pourrait, il est vrai, développer cette fonction périodique F en série de Fourier, et l'on serait ramené à des sinus auxquels on pourrait chercher à appliquer ce qui précède; mais pour les termes d'ordre élevé de cette série, le nombre α serait très grand et le produit $\alpha\beta$ ne serait pas très petit; on retomberait donc sur la première difficulté.

236. Force est donc de recourir à d'autres considérations. Soit $F(x)$ une fonction dont les dérivées sont limitées. Formons une table où nous donnerons à x toutes les valeurs multiples de $\frac{1}{10000}$. Est-il possible que dans cette table la cinquième décimale soit toujours égale à o? On aurait alors

$$F\left(\frac{\nu}{10000}\right) = \frac{n}{10000} + \varepsilon,$$

où ν et n sont des entiers et $\varepsilon < \dfrac{1}{100000}$. Nous nous appuierons sur la formule connue

$$F(x + 2h) + F(x) - 2F(x + h) = h^2 F''(x + 2\theta h)$$
$$(0 < \theta < 1).$$

Donnons à x une valeur multiple de $\dfrac{1}{10000}$ et faisons

$$h = \dfrac{1}{10000}.$$

Soient n_1 et ε_1, n_2 et ε_2, n_3 et ε_3 les valeurs de n et ε correspondant à x, $x + h$, $x + 2h$; il viendra

$$h^2 F'' = \dfrac{n_1 + n_3 - 2n_2}{10000} + \varepsilon_1 + \varepsilon_3 - 2\varepsilon_2.$$

Comme ε est plus petit que $\dfrac{1}{100000}$ nous pourrons poser

$$\varepsilon_1 + \varepsilon_3 - 2\varepsilon_2 = \dfrac{4\theta}{100000} \qquad (\theta < 1),$$
$$n_1 + n_3 - 2n_2 = N,$$

d'où

$$F'' = \left(N + \dfrac{4\theta}{10}\right) 10000.$$

Si F'' qui est limité n'est pas de l'ordre de 10000, il faut que $N = 0$; ou

$$n_1 + n_3 = 2n_2,$$

c'est-à-dire que les entiers n, ou encore les nombres qui figurent dans notre table, soient représentés par un polynome du 1er degré; ou encore que les différences secondes de notre table soient toutes nulles. Cela n'est évidemment qu'un cas très particulier, et, pour la plupart des fonctions, on pourra affirmer que cela n'a pas lieu.

On voit par là, sans que j'insiste davantage, sur quelles bases on pourrait appuyer une théorie de la probabilité de la répartition des décimales dans une table numérique.

237. Mélange des liquides. — Je ne dirai que quelques mots d'une autre question dont l'importance est très grande, mais que je ne suis pas en mesure de résoudre. Considérons un liquide enfermé dans un vase qu'il remplit entièrement. Les molécules de ce liquide sont en mouvement permanent; les lois de ce mouvement sont connues, et elles s'expriment par des équations différentielles que je considère comme données. Soient x, y, z les coordonnées d'une molécule; on aura pour les composantes de sa vitesse

$$\frac{dx}{dt} = \mathrm{X}, \qquad \frac{dy}{dt} = \mathrm{Y}, \qquad \frac{dz}{dt} = \mathrm{Z}.$$

Si le mouvement est permanent, X, Y, Z sont des fonctions des coordonnées x, y, z indépendantes du temps t, et je suppose que ces fonctions soient données. Le liquide étant incompressible, on aura la relation

$$\frac{d\mathrm{X}}{dx} + \frac{d\mathrm{Y}}{dy} + \frac{d\mathrm{Z}}{dz} = 0,$$

Si l'équation de la paroi du vase est

$$\varphi(x, y, z) = 0,$$

on aura en tous les points de cette paroi la relation

$$\mathrm{X}\frac{d\varphi}{dx} + \mathrm{Y}\frac{d\varphi}{dy} + \mathrm{Z}\frac{d\varphi}{dz} = 0,$$

qui exprime que la composante normale de la vitesse est nulle.

Cela posé, j'imagine que certaines molécules du liquide se distinguent des autres par quelque qualité apparente, qu'elles soient de couleur rose par exemple, tandis que les autres sont incolores; mais qu'elles obéissent d'ailleurs à la même loi de mouvement.

Au temps $t = 0$, elles sont distribuées d'une manière quelconque dans le vase; l'expérience courante nous apprend qu'au bout d'un certain temps elles seront entièrement mélangées avec les autres; elles seront uniformément répandues dans le vase.

Considérons un volume v intérieur au vase; quelle est, à un instant quelconque, la quantité de liquide rose qui y est contenue, ou, si l'on aime mieux, quelle est la probabilité P pour qu'une molécule prise au hasard dans cette région soit rose? Si la répartition est uniforme, cette probabilité sera une constante, quel que soit le volume v choisi à l'intérieur du vase.

Si l'on envisage deux volumes v_1 et v_2 pour lesquels cette probabilité soit P_1 et P_2, et qu'on appelle P la probabilité relative au volume total $v_1 + v_2$, on aura évidemment

$$P(v_1 + v_2) = P_1 v_1 + P_2 v_2,$$

et nous pourrons écrire, pour un volume quelconque,

$$Pv = \int p\, d\tau,$$

où l'intégration est étendue à tous les éléments $d\tau$ du volume v et où p est la probabilité relative au volume $d\tau$.

Cette probabilité p est une fonction de x, y, z, t définie par l'équation

$$\frac{dp}{dt} + X\frac{dp}{dx} + Y\frac{dp}{dy} + Z\frac{dp}{dz} = 0.$$

P. 21

Considérons alors deux volumes quelconques v et v', et les probabilités correspondantes P et P'; peut-on admettre que, quelle que soit la distribution initiale du liquide, c'est-à-dire la valeur de p pour $t = 0$, le rapport $\dfrac{P'}{P}$ tendra vers 1 quand t croîtra indéfiniment, et cela d'autant plus vite que les deux volumes v et v' seront plus grands et d'une forme plus simple?

Si nous ne pouvons admettre cela, pouvons-nous admettre au moins que le rapport

$$\frac{\displaystyle\int_0^T P\, dt}{\displaystyle\int_0^T P'\, dt}$$

tend vers 1 quand T croît indéfiniment?

238. Telle est la question qui se pose et qui n'est pas encore résolue; je voudrais expliquer en quelques mots ce qui en fait l'importance. Imaginons un système mécanique de situation définie par n coordonnées $q_1, q_2, \ldots, q_n$; son mouvement satisfera aux équations de Hamilton,

$$\frac{dq_i}{dt} = \frac{dF}{dp_i}, \qquad \frac{dp_i}{dt} = -\frac{dF}{dq_i}.$$

T est l'énergie cinétique, U l'énergie potentielle, $F = T + U$ l'énergie totale, et l'on a $p_i = \dfrac{dT}{dq'_i}$. Considérons $q_1, q_2, \ldots, q_n; p_1, p_2, \ldots, p_n$ comme les coordonnées d'un point dans l'espace à $2n$ dimensions. Écrivons les équations de Hamilton sous la forme

$$\frac{dq_i}{dt} = Q_i = \frac{dF}{dp_i}, \qquad \frac{dp_i}{dt} = P_i = -\frac{dF}{dq_i}.$$

Ces équations seront de même forme que celles du mouvement de notre liquide, car elles satisferont à la condition

$$\sum \frac{dQ_i}{dq_i} + \sum \frac{dP_i}{dp_i} = 0$$

analogue à la condition d'incompressibilité. Nous avons donc, pour ainsi dire, à étudier le mouvement d'un liquide dans un vase à $2\,n$ dimensions. Quelle que soit la probabilité de telle ou telle situation du système à l'instant zéro, n'allons-nous pas avoir une probabilité uniforme pour cette situation à l'instant t, pourvu que t soit assez grand?

C'est là ce qu'on postule dans la théorie cinétique des gaz, et en particulier quand on veut établir le théorème de Boltzmann-Maxwell. Il y aurait donc un grand intérêt à justifier ce postulat.

239. Le postulat doit être vrai en général; mais il est certain qu'il comporte des cas d'exception. Si les équations différentielles

$$\frac{dx}{X} = \frac{dy}{Y} = \frac{dz}{Z} = dt$$

comportent une intégrale

$$F(x,\ y,\ z) = \text{const.,}$$

où F est une fonction uniforme, l'intégrale

$$P\,v = \int p\,d\tau,$$

étendue au volume limité par deux surfaces

$$F(x, y, z) = a, \qquad F(x, y, z) = b$$

sera une constante; si alors nous envisageons deux sem-

blables volumes v et v', définis respectivement par les inégalités

$$a < \mathrm{F} < b, \qquad a' < \mathrm{F} < b',$$

et que nous appelions P et P' les probabilités correspondantes, le rapport $\dfrac{\mathrm{P}'}{\mathrm{P}}$ sera une constante indépendante du
temps, et, comme d'ailleurs la valeur initiale de cette cons-
tante est arbitraire, il ne pourra tendre vers 1.

Voici comment, dans ce cas, doit être modifié notre postulat. Considérons le volume limité par les deux surfaces
infiniment voisines

$$a < \mathrm{F} < a + da.$$

Soient $\mathrm{V}(a)\,da$ ce volume, $\mathrm{P}(a)\,da$ l'intégrale $\displaystyle\int p\,d\tau$ correspondante.

Considérons maintenant deux volumes quelconques
v' et v''. Soient P' et P'' les deux probabilités correspondantes. Soient $\mathrm{V}'(a)\,da$ le volume commun à $\mathrm{V}(a)\,da$ et à v',
et de même $\mathrm{V}''(a)\,da$ le volume commun à $\mathrm{V}(a)\,da$ et v'';
on aura pour $t = \infty$

$$\lim \frac{\mathrm{P}'}{\mathrm{P}''} = \frac{\displaystyle\int \mathrm{V}'\,(a)\,da}{\displaystyle\int \mathrm{V}''(a)\,da}.$$

En d'autres termes, dans chacune des couches infiniment
minces, définies par les inégalités $a < \mathrm{F} < a + da$, la probabilité sera *finalement* répartie d'une manière uniforme,
mais la « densité » de cette probabilité finale variera d'une
de ces couches à l'autre.

C'est précisément cette circonstance qui se présente dans
le cas des équations de Hamilton qui admettent l'équation
des forces vives $\mathrm{F} = \mathrm{const.}$

Mais ce n'est pas là la seule exception possible. Supposons que les équations n'admettent pas l'intégrale générale $F = \text{const.}$, mais qu'elles admettent l'intégrale particulière $F = 0$, c'est-à-dire que l'équation $F = 0$ entraîne la suivante,

$$X \frac{dF}{dx} + Y \frac{dF}{dy} + Z \frac{dF}{dz} = 0.$$

Alors la surface fermée $F = 0$ divisera le vase en deux régions; dans chacune de ces régions, la probabilité sera finalement répartie d'une manière uniforme, mais la densité de cette probabilité finale ne sera pas la même dans les deux régions.

240. **Autre cas d'exception.** Pour bien le faire comprendre, je prends d'abord un exemple particulier. Je suppose d'abord qu'il y ait une intégrale $F = \text{const.}$ et que la surface $F = 0$ soit un tore. Si le postulat était vrai, même avec la modification envisagée au numéro précédent, la probabilité finale devrait être uniformément répartie dans la couche infiniment mince comprise entre les deux surfaces $F = 0$ et $F = \varepsilon$, où ε est très petit. Pour représenter la position d'un point sur le tore $F = 0$, nous nous servirons de deux angles; l'un φ sera la longitude, l'autre ω sera l'angle compté sur la section méridienne et qu'on pourrait appeler la latitude s'il ne variait de $0°$ à $360°$, au lieu de varier de $-90°$ à $+90°$. Soient alors

$$\frac{d\varphi}{dt} = \Phi, \qquad \frac{d\omega}{dt} = \Omega$$

les équations différentielles du mouvement, et supposons d'abord que Φ et Ω soient des constantes. Nous pouvons supposer que la surface $F = \varepsilon$ a été choisie de telle sorte

que ces équations soient compatibles avec la condition d'incompressibilité (cela revient à supposer que la distance
normale des deux surfaces $F = o$ et $F = \varepsilon$ est en raison
inverse de la distance à l'axe de révolution). Nous aurons
alors

$$\varphi = \varphi_0 + \Phi t, \qquad \omega = \omega_0 + \Omega t,$$

φ_0 et ω_0 étant les valeurs initiales de φ et de ω; dans ces
conditions la valeur probable de l'expression

$$\sin(m\varphi + n\omega + h),$$

où m et n sont des entiers et h une constante, sera

$$\int p_0 \sin(m\varphi + n\omega + h)\, d\varphi_0\, d\omega_0,$$

où p_0 est une fonction donnée et d'ailleurs arbitraire de φ_0
et de ω_0. Cela fait

$$A \sin(m\Phi + n\Omega)t + B \cos(m\Phi + n\Omega)t,$$

où

$$\frac{A}{B} = \int p_0 \frac{\cos}{\sin}\left(m\varphi_0 + n\omega_0 + h\right) d\varphi_0\, d\omega_0.$$

Il est manifeste que cette expression oscillera sans tendre
vers aucune limite déterminée. Le premier postulat n'est
donc pas vrai dans ce cas. Il n'en est pas de même du deuxième
postulat qui se rapporte à l'intégrale $\int_0^T P\, dt$. Nous avons
en effet à envisager l'expression

$$\frac{1}{T}\int_0^T dt\left[\int p_0 \sin(m\varphi + n\omega + h)\, d\varphi_0\, d\omega_0\right]$$

qui est égale à

$$\frac{A}{T}\int_0^T \sin(m\Phi + n\Omega)t\,dt + \frac{B}{T}\int_0^T \cos(m\Phi + n\Omega)t\,dt.$$

Cette expression tend vers zéro quand T grandit indéfiniment, sauf dans le cas où $m\Phi + n\Omega$ est nul.

Or $m\Phi + n\Omega$ peut s'annuler d'abord si Φ et Ω étant commensurables entre eux, le rapport $\dfrac{m}{n}$ est égal à $-\dfrac{\Omega}{\Phi}$. Dans ce cas, la trajectoire décrite par une molécule liquide est une courbe fermée, ayant pour équation

$$F = 0, \qquad F_1 = \text{const.};$$

nous n'avons donc plus seulement une intégrale uniforme, mais nous en avons deux, et nous retombons sur le cas d'exception du numéro précédent.

Le coefficient $m\Phi + n\Omega$ peut encore s'annuler si Φ et Ω sont incommensurables et si m et n sont nuls. Soit alors Θ une fonction périodique quelconque de ω et de φ; envisageons sa valeur probable

$$\Pi(t) = \int p_0 \Theta\, d\omega_0\, d\varphi_0$$

et l'intégrale

$$J = \frac{1}{T}\int_0^T \Pi(t)\,dt.$$

Nous pouvons développer Θ en série de Fourier. A chacun des termes de cette série correspondra un terme de J. D'après ce qui précède, tous ces termes de J tendront vers zéro pour T très grand, sauf le terme où $m = n = 0$, c'est-à-dire celui qui correspond à la valeur moyenne de Θ, au terme constant de la série de Fourier.

Un raisonnement tout pareil à celui du paragraphe 239

nous montrerait que cela signifie que la probabilité représentée par l'intégrale $\int \Phi \, dt$ est uniformément répartie.

241. Il est essentiel de se rendre compte des véritables raisons de la nouvelle exception que nous venons de signaler. Considérons une des molécules de notre liquide qui occupera au temps o le point x_0, y_0, z_0 et au temps t le point x, y, z; considérons ensuite les molécules qui au temps o remplissent une sphère de rayon ε ayant pour centre le point x_0, y_0, z_0; au temps t elles rempliront un volume très petit; ce volume, si ε est infiniment petit, sera assimilable à un ellipsoïde ayant pour centre le point x, y, z.

Comment se comportera cet ellipsoïde quand on fera varier t? En général, ses axes deviendront de plus en plus inégaux, de telle sorte que le rapport de ces axes tende vers l'infini. Cela est essentiel pour que le postulat soit vrai; dans le cas d'exception signalé, il n'en est pas ainsi; si nous appelons x_0, y_0, z_0 les coordonnées initiales d'une molécule, et que nous décrivions, du point x_0, y_0, z_0 comme centre, une sphère de rayon ε, cette sphère découpera sur la surface du tore une aire qu'on pourra assimiler à un cercle de rayon très petit. Quand t croîtra, cette aire va se déplacer sur la surface du tore en restant assimilable à une petite ellipse; mais l'aplatissement de cette ellipse, au lieu de croître sans limite, va osciller entre certaines limites, ainsi qu'il est aisé de s'en rendre compte. Si nous considérions pour un instant ω et φ comme les coordonnées d'un point dans un plan, nous aurions une représentation de la surface de notre tore sur un plan; notre petite ellipse serait alors représentée sur le plan par une autre petite ellipse *qui resterait toujours égale à elle-même;* si donc nous revenons à l'ellipse infiniment petite tracée sur le tore, le rapport de ses axes ne dépendra que du rayon du parallèle du tore sur lequel se trouve son centre, en d'autres termes ce sera une fonction linéaire de cos ω; ce sera donc une fonction périodique du temps.

242. Voyons maintenant un exemple où cette exception ne se présente pas, mais en nous bornant toujours à un cas particulier. Reprenons notre tore $F = 0$, et nos équations

$$\frac{d\varphi}{dt} = \Phi, \qquad \frac{d\omega}{dt} = \Omega,$$

mais sans que Φ et Ω soient des constantes; nous pourrons toujours disposer de la surface $F = \varepsilon$ de façon à satisfaire à la condition d'incompressibilité. Supposons

$$\Phi = \alpha M, \qquad \Omega = \beta M,$$

où α et β sont deux constantes dont le rapport est incommensurable et M une fonction périodique de φ et de ω qui ne peut ni s'annuler, ni devenir infinie.

Nous pourrons introduire une fonction auxiliaire τ telle que

$$\frac{d\varphi}{d\tau} = \alpha, \qquad \frac{d\omega}{d\tau} = \beta, \qquad \frac{d\tau}{dt} = M,$$

d'où

$$\varphi = \alpha\tau + \varphi_0, \qquad \omega = \beta\tau + \omega_0, \qquad t = \int \frac{d\tau}{M};$$

$\dfrac{1}{M}$ est une fonction de τ, et de plus une fonction périodique de ω_0 et de φ_0. Considérée comme fonction de τ, elle est développable en série trigonométrique de la forme

$$\Sigma A \cos(\gamma t + h)$$

où les coefficients ne sont pas entiers; c'est ce que M. Esclangon appelle une fonction *quasi-périodique;* on tirera de là

$$ t = A_0 \tau + f(\tau, \omega_0, \varphi_0), $$

f étant une fonction quasi-périodique, et ensuite (dans certains cas)

$$ \tau = \frac{t}{A_0} + f_1(t, \omega_0, \varphi_0), $$

f étant une fonction quasi-périodique de t. Si A_0' dépendait de ω_0 et de φ_0, l'analyse pourrait se faire sans difficulté; mais il n'en est rien. A_0 qui est le terme indépendant de t, c'est-à-dire de ω et de φ dans le développement de $\frac{1}{M}$, ne dépend ni de ω_0, ni de φ_0.

Considérons la différence

$$ f_1(t, \omega_0 + \varepsilon, \varphi_0 + \eta) - f_1(t, \omega_0, \varphi_0), $$

où ε et η sont très petits; c'est encore une fonction quasi-périodique; si cette fonction reste limitée quand t varie de $-\infty$ à $+\infty$, nous retrouverons des résultats analogues à ceux du numéro précédent, et le postulat ne sera pas vrai. Si au contraire cette fonction quasi-périodique peut croître au delà de toute limite (et j'ai montré dans le *Bulletin astronomique*, Tome I, qu'il y a des fonctions quasi-périodiques pour lesquelles cela arrive) le postulat est probablement vrai, mais nous rencontrerions pour l'établir toutes les difficultés qui s'attachent à la théorie des fonctions quasi-périodiques.

Il en serait encore de même si nous supposions, d'une façon plus générale,

$$ \Phi = \alpha + \varepsilon\Phi_1, \qquad \Omega = \beta + \varepsilon\Omega_1, $$

α et β étant des constantes, ε une constante très petite, Φ et Ω des fonctions périodiques de φ et de ω. On pourrait alors intégrer par approximations successives en développant suivant les puissances de ε, et l'on trouverait

$$\dot{\varphi} = at + f\,(t, \omega_0, \varphi_0),$$
$$\dot{\omega} = bt + f_1(t, \omega_0, \varphi_0),$$

a et b étant des constantes, f et f_1 des fonctions périodiques par rapport à ω_0 et à φ_0 et quasi-périodiques par rapport à t. Seulement, ici encore, a et b ne dépendraient pas de ω_0 et φ_0, de sorte que nous retrouverions les mêmes difficultés.

243. Les difficultés que nous avons rencontrées dans ce cas si simple montrent celles qui nous attendraient dans le cas général. Disons quelques mots seulement d'un mode de raisonnement par à peu près auquel on pourrait être tenté d'avoir recours. Divisons le volume du vase en un nombre très grand n de volumes égaux ; soient $v_1, v_2, \ldots, v_n$ ces volumes ; soit p_i la probabilité pour qu'une molécule se trouve dans le volume v_i ; soient

$$x_1, \quad x_2, \quad \ldots, \quad x_n$$

n variables auxiliaires et considérons l'expression

$$P = p_1 x_1 + p_2 x_2 + \ldots + p_n x_n.$$

Soit q_{ik} la probabilité pour que la molécule se trouve à l'instant $t + \tau$ dans le volume v_i en admettant qu'on sache qu'elle se trouvait à l'instant t dans le volume v_k. Si alors la loi de probabilité, à l'instant t, est représentée par l'expression P, elle sera représentée, à l'instant $t + \tau$, par l'expression PS, qui représente ce que devient P quand on l̔ui fait subir la transformation linéaire S, c'est-à-dire quand on y change x_k en

$$q_{1.k}\,x_1 + q_{2.k}\,x_2 + \ldots + q_{n.k}\,x_n.$$

A l'instant $t + 2\tau$ elle sera représentée par PS^2, et à l'instant $t + h\tau$ par PS^h. Il serait aisé de démontrer que, quand h croît indéfiniment, la loi de probabilité représentée par PS^h tend vers une loi de probabilité uniforme.

Mais ce raisonnement prête à une objection grave. Il n'est pas démontré que la probabilité pour qu'une molécule soit à l'instant $t + 2\tau$ dans le volume v_l en admettant qu'on sache qu'elle était à l'instant $t + \tau$ dans le volume v_k reste la même si l'on ne sait pas du tout où elle était à l'instant t, ou bien si l'on sait qu'elle était à cet instant dans le volume v_l par exemple.

J'ai cru devoir le citer néanmoins parce que c'est sur ce type que sont construits beaucoup de raisonnements dans la théorie cinétique des gaz, et que dans certains cas ils peuvent devenir plausibles; ainsi, quand on envisage la probabilité pour qu'une molécule gazeuse subisse une déviation donnée par un choc avec une autre molécule, cette probabilité ne sera guère affectée par les chocs anté-rieurs subis par la même molécule.

Une grande partie des difficultés disparaîtrait si l'on supposait que les fonctions X, Y, Z ne sont pas entièrement données, mais qu'elles dépendent d'une fonction de t (ou même de plusieurs fonctions) dont la valeur est inconnue, et où l'on ne connaîtrait seulement que la probabilité pour que cette fonction ait une valeur comprise entre des limites données, a et $a + da$, par exemple. On pourrait alors rai-sonner à peu près comme nous l'avons fait à propos du battage des cartes.

Prenons un exemple dans la théorie cinétique des gaz. Supposons des molécules gazeuses enfermées dans un vase en forme de parallélépipède rectangle, pouvant choquer les parois, *mais ne pouvant se choquer entre elles*. Si elles ont *toutes la même vitesse*, elles ne seront pas uniformément réparties dans le vase au bout d'un temps quelconque, si elles ne le sont pas au temps $t = 0$. Elles le seront, au contraire, si leur vitesse varie suivant une loi de probabilité quelconque, suivant la loi de Maxwell, par exemple, et cela quelle que soit cette loi.

FIN.

TABLE DES MATIÈRES.

PARIS. — IMPRIMERIE GAUTHIER-VILLARS,

46762   Quai des Grands-Augustins, 55.

69184-13 Paris. — Imp. Gauthier-Villars et Cⁱᵉ, Quai des Grands-Augustins.

9 782329 089447